21 世纪本科院校电气信息类创新型应用人才培养规划教材

电工电子基础实验及综合设计指导

盛桂珍　主　编

内 容 简 介

本书的宗旨是改变以往传统的实验指导书编写方式，使之真正成为一本实践性教材。突出强调实验过程的描述，重点引导学生如何组织、设计和完成一个完整的实验，以达到实践综合能力的提高。全书分为基本仪器仪表使用技能、电工实验技能、模拟电子技术实验技能、数字电子技术实验技能和 Multisim 电路仿真实验 5 个模块，涵盖了电路基本理论、模拟电子技术、数字电子技术课程中常用的基本实验。各个模块从基础性实验技能、综合性实验和设计性实验等 3 个层面出发，阐述理论与实践关联的认识以及工程知识的扩展和工程素质的培养。对每个实验的目的和实施方案设计、实验步骤安排、仪器选择、数据记录、思考题等过程加以启发和引导，以增强学生的创新意识并培养其自主研究问题的兴趣，从而提高其分析问题和解决问题的能力。

本书可作为高等院校电子电气信息类本、专科“电路基本理论”、“模拟电子技术”和“数字电子技术”等相关课程的配套实践教材，或独立设课教材，也可以作为非电类专业“电工学”等课程的实践教材，并可供电气测量技术工程技术人员参考。

图书在版编目(CIP)数据

电工电子基础实验及综合设计指导/盛桂珍主编. —北京：北京大学出版社，2014.1
(21 世纪本科院校电气信息类创新型应用人才培养规划教材)
ISBN 978-7-301-23221-7

Ⅰ. ①电… Ⅱ. ①盛… Ⅲ. ①电工技术—高等学校—教材②电子技术—高等学校—教材 Ⅳ. ①TM②TN

中国版本图书馆 CIP 数据核字(2013)第 219636 号

书　　名：电工电子基础实验及综合设计指导
著作责任者：盛桂珍　主编
策 划 编 辑：程志强
责 任 编 辑：程志强
标 准 书 号：ISBN 978-7-301-23221-7/TM・0058
出 版 发 行：北京大学出版社
地　　址：北京市海淀区成府路 205 号　100871
网　　址：http://www.pup.cn　新浪官方微博：@北京大学出版社
电 子 邮 箱：编辑部 pup6@pup.cn　总编室 zpup@pup.cn
电　　话：邮购部 010-62752015　发行部 010-62750672　编辑部 010-62750667
印　刷　者：北京虎彩文化传播有限公司
发　行　者：北京大学出版社
经　销　者：新华书店
787 毫米×1092 毫米　16 开本　15.75 印张　366 千字
2014 年 1 月第 1 版　2025 年 1 月第 5 次印刷
定　　价：32.00 元

前　言

实验是研究自然科学的一种重要方法，是大学生学习电工电子技术的一个重要环节，对巩固和加深课堂教学内容，提高学生实际工作技能，培养科学作风具有重要的作用，为学习后续课程以及将来从事技术实践工作奠定基础。

传统意识里多数人认为实验课只是理论的验证，因而人们常常只注重实验结果和“填鸭”式的实验教学方法。在当今培养应用型人才的高等教育改革中，值得深思的问题是每门实验课程还能给学生提供哪些更多的知识和能力。任何注重学生创新意识和创新能力的培养，若要落实到实际中，作为教育工作者，首先应该要有创新教育意识和创新教育能力。

应用型本科院校的应用性是重在培养有高深知识和职业能力的应用型人才，因而理论知识以够用为度，实验技能应以工程素质的培养为目标。

能够编写一本有利于学生创新意识和创新能力培养的实验教材，一直是编者多年来的愿望。理论课程教学侧重于基本理论、基本概念和基本方法的阐述以及思维能力和学习能力的培养；而实践教学应该侧重于综合运用所学理论知识来分析和解决实际问题的能力以及实验研究的科学方法、实验手段、创新意识和能力等综合素质的培养。实验课不是理论课的辅助和简单验证，不应只是履行实验操作流程，其更重要的是作为知识的扩充和能力的提高延伸。这就要求实验教材的重点要放在实验过程的设计思路和方法的描述及引导，避免将实验的步骤描述得清清楚楚，导致学生只注重实验结果，而不去探索实验的方法、手段、过程以及相关知识的应用。实验教学和训练要达到的目标应该是能够引导和启发学生通过在项目选择、方案设计、仪器选择、实验中数据记录、理论与实际差别和误差分析等过程的训练，提高分析问题和解决问题的能力，提高理论和实践关联的认识以及工程素质的培养。

本书遵循上述编写思想，并力图体现 3 个层次：基础性、综合性和设计性。

(1) 基础性实验，强调以实验内容为载体，培养对基本仪器、仪表和器件性能的了解和使用以及实验技能、实验方法的基本训练，加深对相关理论与技术的理解。

(2) 综合性实验，强调工程实际应用，运用所学的多方面知识进行综合能力的训练。

(3) 设计性实验，强调解决实际问题的能力，运用所学的理论知识和已经掌握的实验技能以及初步具备的分析和解决问题的能力，能够为某个实际问题提出完整的解决方案。

本书基本内容分 5 个模块：第一模块为实验室常用电工测量仪器仪表的介绍和电工实验的基础训练；第二模块为电工技术实验；第三模块为模拟电子技术实验；第四模块为数字电子技术实验；第五模块为 MATLAB 电路仿真实验。

本书参与编写人员如下：盛桂珍老师负责全书的统稿以及第二、第五部分的编写；高运权老师负责第一部分及附录部分的编写；程凤琴老师负责第三、第四部分的编写；张佳莹老师负责第五部分的编写；全部书稿由电气信息工程系主任柏逢明老师主审。

由于水平有限，书中错误在所难免，衷心欢迎广大师生及读者批评指正。

编　者

2013 年 10 月

前言

目　录

绪　　论

实践是检验真理的唯一标准，是人们认识客观世界或事物的重要途径和手段，是理论的基础和源泉。从事任何实验，均要求实验人员具备相应的理论基础知识、实验基本技能以及归纳总结实验结果的能力。电工电子实验是电气工程与信息领域最基本的实验，其基础性决定了它在电类各专业的教学进程中起着巩固、提高学生的专业理论水平的作用，并能培养学生的基本实验技能，为创新能力的培养奠定基础。

能否顺利完成实验，都要从相关知识的预习开始，直至撰写出完整的实验报告为止，其中各个环节均影响实验的质量和效果。

一、学生实验守则

(1) 实验前，学生必须认真阅读实验指导书，明确实验目的、内容、实验步骤及方法。

(2) 学生应保持实验室内的整洁和安静，按实验要求熟悉实验仪器设备。未经许可，学生不得调换仪器设备。

(3) 当插接完实验电路后，学生应认真检查，经指导教师同意后再接通电源。当需改接电路时，必须切断电源，不得带电操作。

(4) 观测完实验后，学生应请指导教师审阅实验记录和实验数据，经同意后再拆除实验电路，将所用设备、导线整理好后，方可离开实验室。

(5) 应熟悉并爱护实验装置及仪器设备。因违反操作规程而造成仪器设备损坏者，应按规定赔偿。

(6) 学生不得将个人的器件和工具带进实验室。同时实验室的器件和工具等，学生不得擅自带出实验室，违反者按学校有关规定处理。

二、实验基本要求

1. 实验预习环节

1) 实验目的

理论教学实验通过对学生基本实验技能的训练，培养其用基本理论知识分析问题、解决问题的能力，以及严肃认真的科学态度、细致踏实的实验作风。通过实验培养学生连接电路、电工测量、故障排除等方面的实验技巧，学习常用电工仪器仪表的基本原理和使用方法，学习数据的采集处理以及提高对各种现象的观察和分析能力等。由于各个实验内容的不同，实验目的的侧重点也不同，因此在实验预习报告中要有所体现。

2）实验原理

实验原理包括基本理论的应用、实验线路的设计、测量仪表的选择和实验测量的方案确定等。应注意的是实验中的电路与课堂理论中的电路图是不同的，需要包括测量电路在内，考虑测量仪器应如何接入电路等。完成这一部分内容要求复习有关的理论知识，熟悉实验电路，了解所需的电路元件、仪器仪表及其使用方法。

3) 设计实验操作步骤

为保证达到实验目的，实验操作步骤必须细致，且充分考虑各种因素。在实验的初始阶段，某些细致的实验操作步骤设计是对今后从事电气工程工作良好习惯的培养。例如，充分考虑人身和仪器设备安全，多个数据测量的先后顺序，多功能仪表测量前必须严格遵守先接线后通电、先断电后拆线的操作顺序等。

4) 确定观测内容、待测数据和记录数据的表格

实验中需要测量的物理量，预习时必须拟定好所有需要记录数据和有关内容的表格，对于要求首先进行理论计算的内容也要在此时完成，并填入表格。

2. 实验操作

在详细的预习报告的指导下，进入实验室进行整个实验的操作过程，包括熟悉、检查以及使用实验仪器仪表与实验器件，连接实验线路，实际测试与数据记录和实验后的整理等工作。

选择实验用相关仪器仪表、实验器件或实验箱，连接实验线路。实验器件不同于理想元件，同一性质的器件会因型号、用途等不同而在外观上有较大差异。连接实验线路需要注意如下 3 个方面。

(1) 实验对象的摆放。实验用电源、负载、测量仪器仪表等应该合理摆放。一般原则如下：布局合理，位置、距离、跨线要求短；便于操作，调整和读数方便；连线简单，要求用线最少。

(2) 连接顺序。在考虑元件和仪表的极性、参考方向、公共地端与电路图的对应位置等因素后，要求能够按照电路图一一对应连接。一般先接串联支路，后接并联支路，最好每个接线点不要多于两根导线，最后接电源。

(3) 接线检查。对于初学者，这一项最困难，也最具挑战性，它既是对电路连接的再次实践，又是建立电路原理图与实物安装图之间内在联系的训练机会。对于连接好的线路的细致检查，也是保证实验顺利、防止事故发生的重要措施。因此，千万不能忽视接线的检查工作。对照实验电路原理图，接线检查一般依次由左到右或从电路有明显标记处开始，逐一检查，不能漏掉任何一根连线。

在正常情况下，检查好电路就可以进行实验测试了。但有时也会出现意想不到的故障，因此必须首先排除故障，以保障实验的顺利进行。实验中的故障一般是线路故障，查找这些故障可以采用以下两种方法。

① 断电检查法。当线路接错线，或出现电源短路、开路等错误时，应该立即关闭电源，然后使用万用表的欧姆挡，对照实验电路原理图，对电路中的每个元件和接线逐一检查，并根据检查点的电阻大小找出故障点。

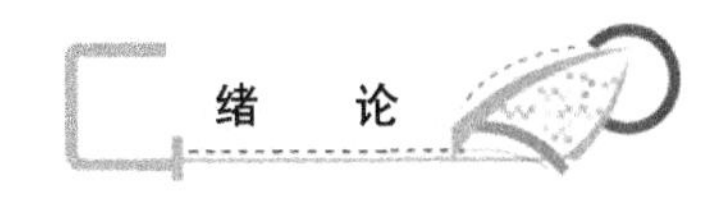

② 通电检查法。初次实验，通电检查法一般由指导教师完成。当实验电路工作不正常，或出现明显错误的结果时，使用万用表的电压挡，对照实验电路原理图，逐一对每个元件和接线进行检查，并根据电压的大小找出故障点。一般顺序如下：首先，检查接线是否有错；其次，检查电源输出是否正常；再其次，检查电路中的元件是否正常工作，元件与测量仪表的连接是否牢固以及导线是否良好；最后检查测量仪表的输入输出、量程、测试线等是否正常工作等。

3. 实际测试和记录数据

这一环节为实验过程中最重要的环节。一般为了保证实验数据的可信度，需要在实际测量之前进行预测。通过预测可以让实验者对实验有清晰的数量概念，了解被测量的变化范围，选择合适的仪表量程；了解被测量的变化趋势，从而在实际测量中选取合理的数据。

当预测结束后，就可以按照预习报告的实验步骤进行实际操作，观察现象，并完成实验任务。实验数据应记录在预习报告中拟定好的表格里，并注明名称和单位。如果需要重新测量，则要在原来的表格边重新记录所得到的数据，且不要轻易涂改原始数据。在测量过程中，应尽可能地及时对数据作初步分析，以便及时发现问题，并当即采取措施，提高实验的质量。

当实验完成后，不要忙于拆除线路。应首先关闭电源，待检查实验全部数据没有遗漏和明显错误后再拆线。一旦发现异常，需要在原有的实验线路下查找原因，并做出相应的分析处理。

4. 实验结束后的整理工作

当实验结束后，必须关闭电源，且将所用的实验仪器、仪表设备复归原位，导线整理成束，清理实验台桌，然后离开实验室。

三、撰写实验报告

实验报告是对于一项实验工作的全面总结，撰写实验报告的主要工作是实验数据的处理。充分发挥曲线和图表的作用，其中的公式、图表、曲线应该有符号、编号、标题、名称等说明，保证叙述条理清楚。为了保证实验的可信度，要求有实验指导老师签字的原始记录数据。此外，实验报告中还应该有实验中发现的问题、现象及事故的分析和处理过程的描述，实验的收获及心得体会等，并回答思考问题。实验报告最重要的部分是实验结论，它是实验的成果。对于实验结论，必须要有科学的根据和来自理论与实验的分析。

总之，一个高质量的实验，来自于充分的预习、认真的操作和全面的实验总结。每个环节都必须认真对待，才能达到预期的实验目的。

第1章

电工实验系统介绍

电工电子基础实验是电类本科学习期间实践课程的一部分，是锻炼学生动手能力最重要的基本训练之一。电工电子实验系统控制屏及其部件采用全方位的功能保护及人身安全保护体系，具有结构新颖、内容灵活、使用方便、安全可靠等特点，能更大程度地满足不同形式和要求的实验教学需要。

(1) 认识、掌握丰富的电工仪表知识。
(2) 学会正确使用电源及仪表的基本操作方法。
(3) 培养独立处理突发事故的工作能力。
(4) 拓展电工仪表发展知识。

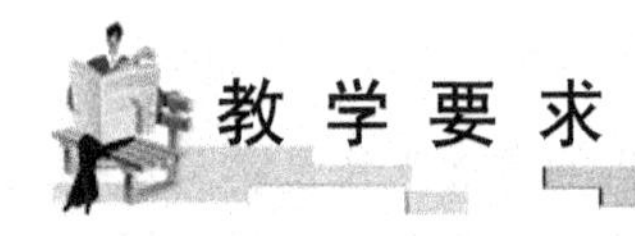

知识要点	能力要求	相关知识
电工仪表知识 电源设备常识	(1) 掌握电工仪表操作技能 (2) 熟悉仪器设备操作规程 (3) 了解常用仪器仪表工作原理	操作规程 智能仪表

推荐阅读资料

1. 蔡灏. 电工与电子技术实验指导书. 北京：中国电力出版社，2005(9).
2. 张海南. 电工技术电子技术实验指导书. 西安：西北工业大学出版社，2007(3).
3. 汤放奇，蔡灏. 电工实验指导书. 北京：中国电力出版社，2004(3).

基本概念

操作规范：企业为生产产品所必须遵循的、经监督管理机构认可的强制性作业规范。

引例

随着计算机技术的飞速发展和网络技术的进步及其拓展，21 世纪的仪器概念将是一个开放的系统概念。所谓智能仪表，就是计算机技术与测试技术相结合的产物，此类仪器内部带有很强的处理能力的智能软件，仪器仪表已不是简单的硬件实体，而是硬件、软件相结合的新型产品，突出表现在微型化、多功能化、智能化、仪器虚拟化、仪器仪表系统网络化等方面。智能仪器已开始从较为成熟的数据处理向知识处理发展，从而使其功能向更高层次发展。

从某种意义上说，计算机和现代仪器仪表已相互包容，计算机网络也就是通用的仪器网络，“网络就是仪器”这一新的概念，确切地概述了现代仪器网络化的发展趋势。

仪器网络虚拟实验研究中心

DGJ-1 型高性能电工技术实验装置(图 1.1.1)吸收了国内外先进的教学仪器的优点，充分考虑实验室的现状和发展趋势，并设有联网通信功能(多机通信联网型或局域网联网型)，具有综合性强、实验手段先进等特点，无论在性能上还是在结构上都能达到较先进水平。本设备整套实验测量仪表有指针式、数字式、数模双显式、智能式等多种方式可供选择，并对控制屏及其部件采用全方位的功能保护及人身安全保护体系，因此，使用方便、安全、可靠。该设备上的定时器兼报警记录仪既能方便实验室管理，又能减轻教师指导实验的工作量。整套设备控制屏供电采用三相隔离变压器隔离，并设有内、外电压型漏电保护器和电流型漏电保护器。采用三相四线供电，可提供三相 0～450V 连续可调交流电源，同时可得到单相 0～250V 连续可调交流电源。其面板上配有定时兼报警记录仪、数控智能函数信号发生器、直流稳压电源及电工技术、模拟电路、数字电路等实验电路挂件。该装置能满足“电路分析”、“电工基础”、“电工学”、“电工电子技术”等课程的教学大纲要求，可开设实验题目 20 余个。

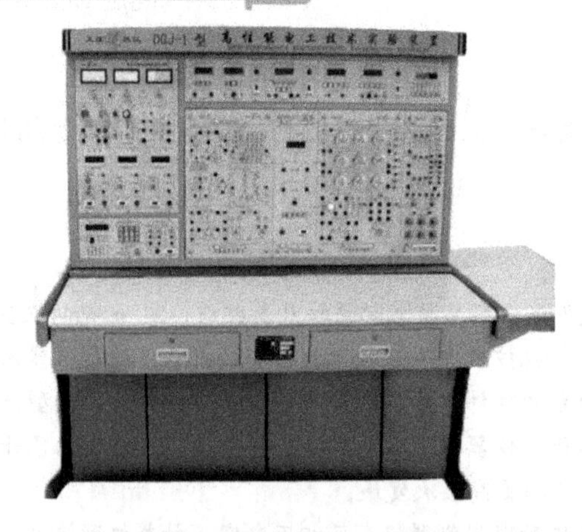

图 1.1.1　DGJ-1 型高性能电工技术实验装置

一、质量指标简介

本装置主要由电源仪器控制屏、实验桌、实验挂箱及三相电机等组成。

(一) DGJ1-01 电源仪器控制屏

控制屏为铁质双层亚光密纹喷塑结构，且为铝质面板，为实验提供交流电源、低压直流稳压电源、恒流源、数控信号源及各种测试仪表等，具体功能如下。

1. 主控功能板

主控功能板由三相交流电源及安全保护部分、低压稳压直流电压源、电流源及实验台照明电路等部分组成。

当合上实验室总断路器后，实验台便处于待机状态，此时只有实验台右侧的插座通电。

当打开“钥匙”开关后，电源“停止”按钮上的红色指示灯亮，此时实验台上各仪器仪表均可通电。实验用三相电源由主接触器控制，三相电源经断路器、电源保险丝、隔离变压器、主接触器、三相自耦调压器、过流保护电路后输出，因此，当打开“钥匙”开关后实验用三相电源没有输出。实验前必须将三相自耦调压器的旋钮逆时针旋到底，当实验接线完成后，按下电源“启动”按钮，主接触器吸合，电源“停止”按钮上红色指示灯灭，电源“启动”按钮上绿色指示灯亮，缓慢调节调压器旋钮，使三相电源输出至实验所需值。

1) 三相交流电源

三相交流电源控制屏如图 1.1.2 所示。本实验台配备了一台三相同轴联动自耦调压器，规格为 1.5kV～450V，可提供三相 0～450V 及单相 0～250V 连续可调交流电源。克服了 3 只单相调压器采用链条结构或齿轮结构组成电源的许多缺点。可调交流电源输出处设有过流保护器，相间、线间过电流及直接短路均能自动保护，克服了调换保险丝带来的不便。三只交流电压表的显示内容由指示切换开关切换：开关切向左边显示的是各相的电网电压，开关切相右边显示的是三相调压输出电压，这三只电压表主要用来监视电网是否缺相以及调压器的输出是否正常。

三相过流保护器内部由高灵敏度的电流互感器作为检测元件，当输出电流超过3A或发生短路时将快速切断主回路并告警，当排除故障后按下“复位”按钮即可解除告警并重新使用。

由于实验用三相电源是经过隔离变压器后输出的，因此，当学生在实验中不小心碰到某一相电源时，由于不形成电气回路，所以不会发生触电事故。但是需要说明的是当学生双手分别接触到两根电源线时，就不可避免地会发生触电事故，而双手触电是一种最危险的触电方式。虽然本实验装置在使用过程中学生接触不到强电部分，但还是有必要强调学生要遵守实验安全规则：必须先接线，检查确认无误后才可合上电源，实验完毕应先关电源再拆除连线。当需要带电插拔实验导线时，必须单手操作以保证人身安全。

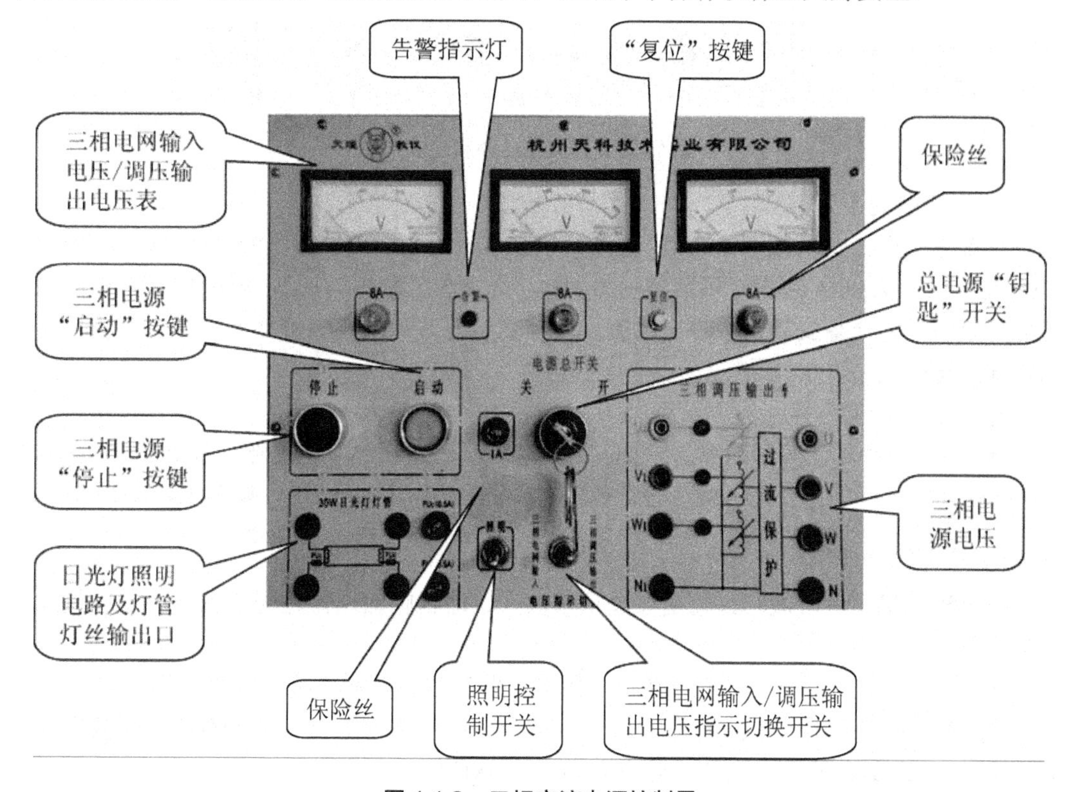

图1.1.2 三相交流电源控制屏

2) 直流电压源(恒压源)

直流电压源如图1.1.3所示。本实验台提供两路相互独立的低压稳压直流0.0～30V/A连续可调电源，每路电源配有数字式直流电压表指示输出电压，电压稳定度≤0.3%，电流稳定度≤0.3%，设有短路软截止保护和自动恢复功能。

当打开电源开关后，相应的电源开始工作，电压源带有输出指示，输出信号的大小首先由“输出粗调”旋钮(量程)选择决定，再在各自量程内由“输出细调”旋钮进行调节。可调电压源输出量程有0～10V、10～20V、20～30V三档。

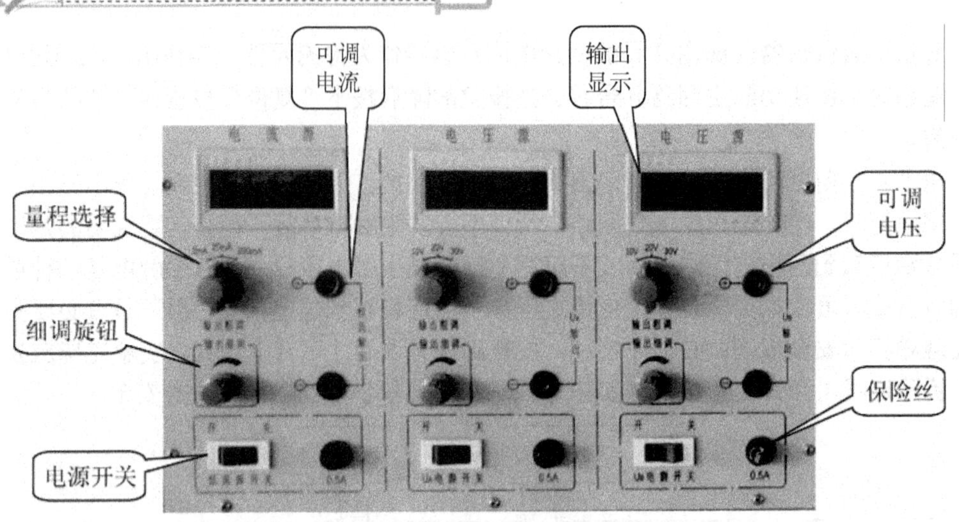

图 1.1.3 直流电压源和电流源

3) 直流电流源(恒流源)

直流电流源如图 1.1.3 所示。它能提供 0～200mA 连续可调恒流源，分 2mA、20mA、200mA 三档，从 0mA 起调，调节精度为 1‰，负载稳定度≤5×10^{-4}，额定变化率≤5×10^{-4}，其配有数字式直流毫安表指示输出电流，具有输出开路和短路保护功能。使用方法与电压源相同：先粗调，再细调。

4) 实验台照明电路

本实验台除设有实验台照明用的 220V/30W 的日光灯一盏外，还设有实验用的 220V/30W 日光灯灯管一支，将灯管灯丝的 4 个头引出，供实验用，如图 1.1.2 所示。

2. 信号源功能板

信号源能输出各种波形，输出经过功率放大，能稳幅输出，还配置有一个 6 位数码显示的频率计。

(1) 输出波形：正弦波、矩形波、三角波、锯齿波、四脉方列、八脉方列。

(2) 输出频率范围：正弦波为 1Hz～160kHz，矩形波为 1Hz～160kHz，三角波和锯齿波为 1Hz～10kHz，四脉方列和八脉方列固定为 1kHz。

(3) 最小频率调整步幅：1Hz～1kHz 为 1Hz，1～10kHz 为 10Hz，10～160kHz 为 100Hz。

(4) 输出脉宽选择：占空比分别固定为 1∶1、1∶3、1∶5 和 1∶7 四档。

(5) 输出幅度调节范围：A 口(正弦波、三角波、锯齿波)5mV～17.0V_{P-P}，多圈电位器调节；B 口(矩形波、四脉、八脉)5mV～3.8V_{P-P}，数控调节。A、B 口均带输出衰减(0dB、20dB、40dB、60dB)。

(6) 频率计：6 位数字显示，频率计测试范围为 1Hz～300kHz。用于外部测量和信号源频率指示。

(7) 特点：由单片机主控电路、锁相式频率合成电路及 A/D 转换电路等构成，输出频率、脉宽均采用数字控制技术，失真度小、波形稳定。其面板示意图如图 1.1.4 所示。

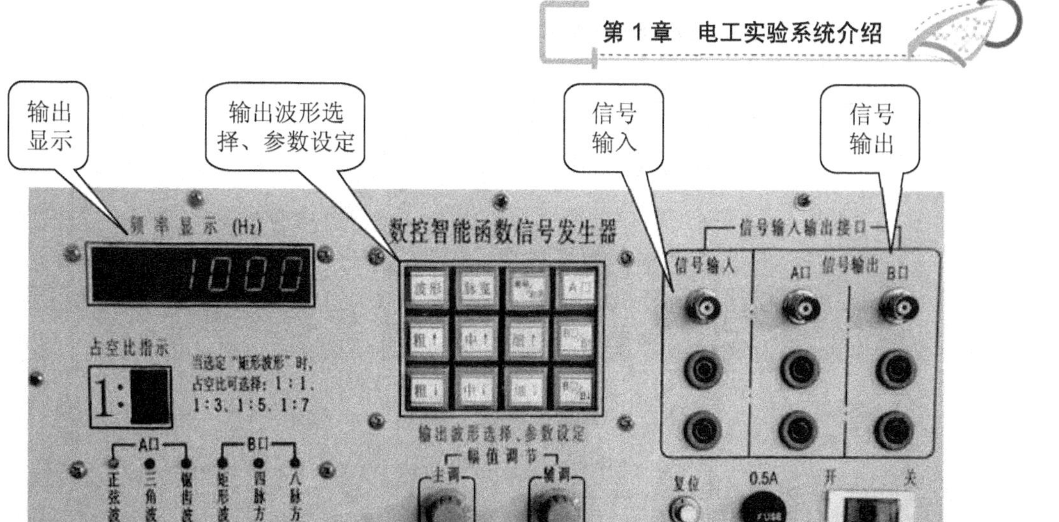

图 1.1.4　信号源功能板

3. 仪表功能板

仪表功能板上装有智能交流电压表、电流表、真有效值交流毫伏表、智能直流电压表和毫安表。分别用来测量交、直流电压、电流和真有效值。

1) 智能交流电压表、电流表(两只表)

由单片机主控测试电路构成全数显和全测程交流电流表、电压表各一只，通过键控、数显窗口实现人机对话功能控制模式。能对交流信号(20Hz～20kHz)进行真有效值测量，电流表测量范围为 0～5A，电压表测量范围为 0～500V，量程可自动判断、自动切换，精度为 0.5 级，4 位数码显示。同时能对数据进行存储、查询、修改(共 15 组，掉电保存)，并带有计算机通信功能。

使用时应先打开右侧电源开关，然后在电压或电流输出端口接入待测电路端子，依次按下“功能”、“复位”、“确认”按键，即可读出当前所测电压或电流值，其面板示意图如图 1.1.5 所示。

2) 真有效值交流毫伏表(一只表)

它能够对各种复杂波形的有效值进行精确测量，电压测试范围为 0.2～600V(有效值)，测试基本精度能达到±1%，量程分为 200mV、2V、20V、200V、600V 共 5 档，直键开关切换，3 位半数字显示，每档均有超量程告警指示，并带有通信功能。测试频率范围为 10Hz～1MHz，输入阻抗为 1MΩ，输入电容≤30pF。

使用时应先打开右侧电源开关，然后选择量程开关，再接入所测电路，依次按下“功能”、“复位”、“确认”按键，即可读出当前所测电压真有效值，其面板示意图如图 1.1.5 所示。

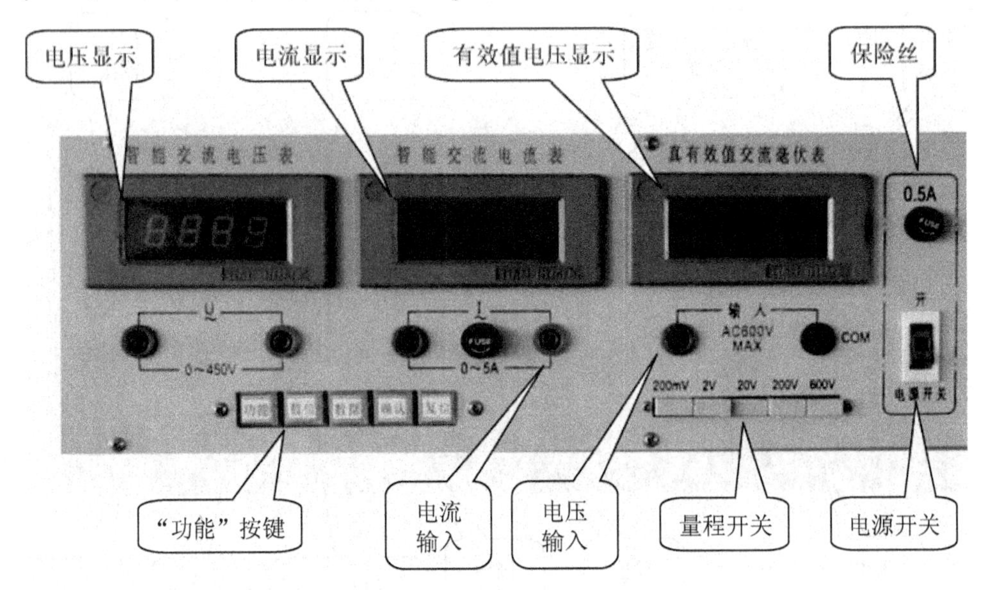

图 1.1.5　交流仪表控制屏

3) 智能直流电压表、毫安表(两只表)

智能直流电压表一只，测量范围为 0～300V，精度为 0.5 级；直流毫安表一只，测量范围为 0～500mA，精度为 0.5 级。以上两只表均为数字显示，用 5 个数码管指示。输入量程自动切换，通过键盘设定电压、电流保护值，且具有超值报警、指示及切断总电源等功能，可存储测量数据，并有计算机通信等功能。

使用时应先打开右侧电源开关，然后在电压或电流输出端口接入待测电路端子，依次按下“功能”、“复位”、“确认”按键，即可读出当前所测电压或电流值，其面板示意图如图 1.1.6 所示。

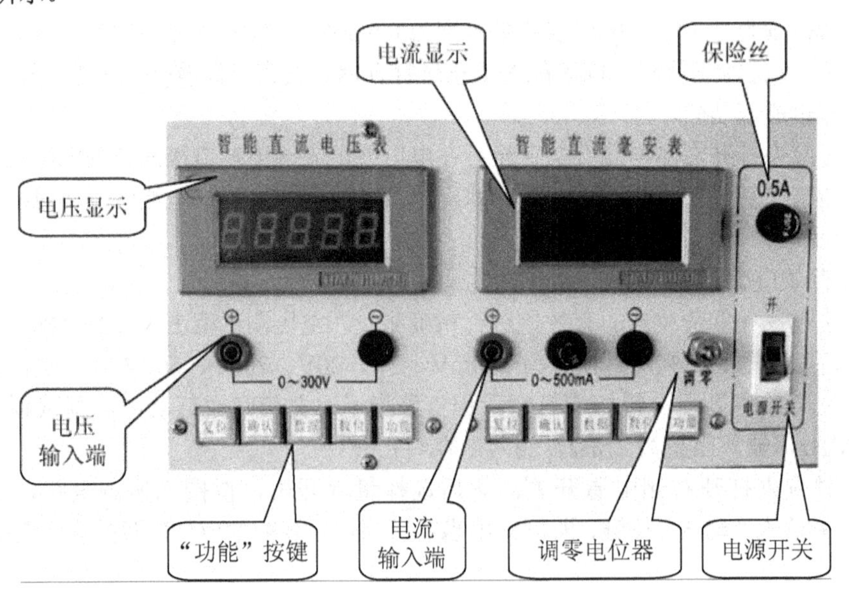

图 1.1.6　直流仪表控制屏

4) 定时器兼报警记录仪

定时器兼报警记录仪平时作为时钟使用，具有设定实验时间、定时报警、切断电源等功能；同时可以自动记录由于接线或操作错误所造成的漏电告警、过流告警及仪表超量程告警的总次数。其面板示意图如图 1.1.7 所示。

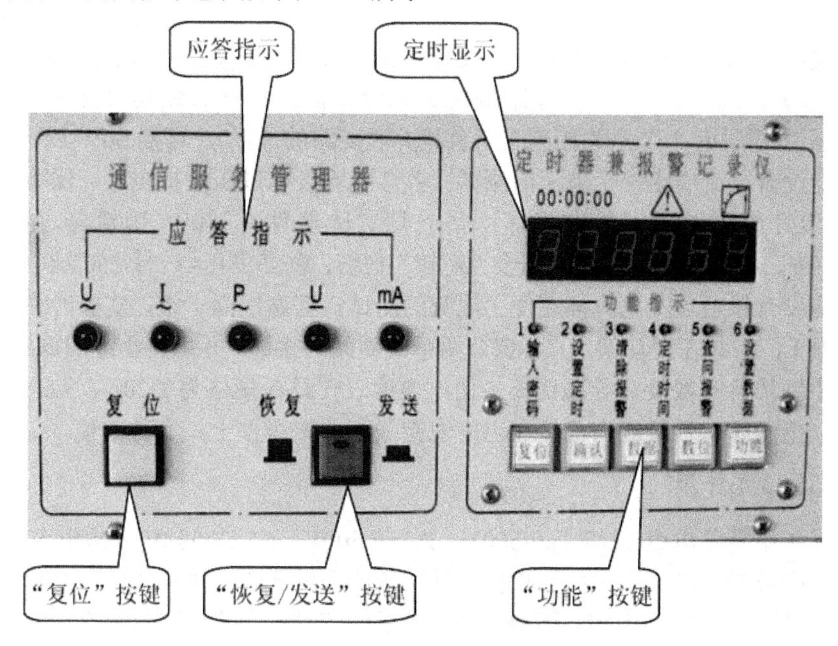

图 1.1.7　定时器兼报警记录仪及通信服务管理器

5) 通信服务管理器

它设有“恢复/发送”及“复位”按键，并具有应答指示功能，其面板示意图如图 1.1.7 所示。

4. 控制屏挂置挂件的具体方法

控制屏右边设有一个 88.8cm×48.5cm 的大凹槽，能容纳两个大挂箱和两个小挂箱，凹槽的上、下边各设有 8 个螺柱，易于装卸。

(二) DGJ1-02 实验桌

实验桌为铁质双层亚光密纹喷塑结构，桌面为防火、防水、耐磨高密度板，结构坚固，造型美观大方。桌子左右各设有两个抽屉，且右边设有放置示波器用的可拆卸搁板。

(三) 实验组件挂箱

整套设备配有 DGJ-03 电路基础实验箱，DGJ-04 交流电路实验箱，DGJ-05 元件箱，DGJ-06-1 与 DGJ-07-1 单相智能功率、功率因数表等实验挂件，根据不同实验内容选择相应的挂件进行实验。

1. DGJ-03 电路基础实验箱

它可提供基尔霍夫定律(可设置 3 个典型故障点)、叠加原理(可设置 3 个典型故障点)、戴维南定理、诺顿定理、二端口网络、互易定理、RLC 串联谐振电路、RC 串并联选频网络及一阶、二阶动态电路等实验。各实验器件齐全，实验单元隔离分明，实验线路完整清晰，且验证性实验与设计性实验相结合。

2. DGJ-04 交流电路实验箱

它可提供单相、三相负载电路、日光灯、变压器、互感器及电度表等实验。负载为 3 个完全独立的灯组，可连接成Y或△两种三相负载线路，每个灯组均设有 3 个并联的白炽灯螺口灯座(每组设有 3 个开关控制 3 个负载并联支路的通断)，可插 60W 以下的白炽灯 9 只，各灯组设有电流插座便于电流的测试；各灯组均设有过压保护电路，保障实验学生的安全及防治灯组因过压而导致损坏；日光灯实验器件有 30W 镇流器、高压电容器(0.47μF/500V、4.7μF/500V)、启辉器及“短接”按钮；铁芯变压器一只(50VA、36V/220V)，原、副边均设有保险丝及电流插座便于电流的测试；互感线圈一组，实验时临时挂上，两个空心线圈 L_1、L_2 装在滑动架上，可调节两个线圈间的距离，并可将小线圈放到大线圈内，配有大、小铁棒各一根及非导磁铝棒一根；电度表一只，规格为 220V、3/6A，实验时临时挂上，其电源线、负载线均已接在电度表接线架的接线柱上，实验方便。

3. DGJ-05 元件箱

它设有 3 组高压电容(每组 1μF/500V、2.2μF/500V、4.7μF/500V 高压电容各一只)，用于改变功率因数的实验；不仅能够提供实验所需的各种元件，如电阻、二极管、发光管、稳压管、电位器及 12V 灯泡等，还能够提供十进制可调电阻箱，阻值为 0～99999.9Ω/2W。

4. DGJ-06-1 三相智能功率、功率因数表

它由两套微电脑，高速、高精度 A/D 转换芯片和全数显电路构成。带有计算机通信功能，通过键控、数显窗口可实现人机对话的智能控制模式。为了提高测量范围和测试精度，将被测电压、电流瞬时值的取样信号经 A/D 变换，并采用专用 DSP 计算有功功率、无功功率。单相功率及三相功率 P_1、P_2 的测量精度为 0.5 级，电压、电流量程分别为 0～450V、0～5A，除可测量负载的有功功率、无功功率、功率因数及负载的性质等；还可以储存、记录 15 组功率和功率因数的测试结果数据，并可逐组查询。

通过两表法即可测量三相总功率，并直接显示总功率 P(即 P_1 和 P_2 之和)。

5. DGJ-07-1 单相智能功率、功率因数表

它由一套微电脑，高速、高精度 A/D 转换芯片和全数显电路构成。带有计算机通信功能，通过键控、数显窗口可实现人机对话的智能模式。为了提高测量范围和测试精度，将被测电压、电流瞬时值的取样信号经 A/D 变换，并采用 DSP 计算有功功率、无功功率。功率的测量精度为 0.5 级，电压、电流量程分别为 0～450V、0～5A，可测量负载的有功功率、无功功率、功率因数及负载的性质；此外，还可以储存、记录 15 组功率和功率因数的测试结果数据，并可逐组查询。

6. DGJ-07-2 交流数字毫伏表及功率、功率因数表

它是在 DGJ-07-1 单相智能型功率、功率因数表的基础上增加了一只真有效值交流毫

伏表，从而能够对各种复杂波形的有效值进行精确测量。其电压测试范围为 0.2mV～600V(有效值)，测试基本精度能达到±1%，量程分 200mV、2V、20V、200V、600V 共 5 档，直键开关切换，3 位半数字显示，每档均有超量程告警、指示及切断总电源的功能。其测试频率范围为 10Hz～600kHz，输入阻抗为 1MΩ，输入电容≤30pF。

7. DGJ-08 受控源(两路)、回转器、负阻抗变换器

它可提供 VCVS、CCCS 两路受控源、回转器、负阻抗变换器以及相关元器件。

8. DGJ-11 非正弦周期性电流电路

它可提供 3 只对称变压器、一只自耦变压器及电感、电容、电阻等元件。若将其接入到三相电路中可产生 3 倍频信号及非正弦周期性电压信号，并可验证非正弦周期性电压有效值与各次谐波电压有效值之间的关系。将其与 DGJ-05 挂箱配合使用，还可观察电感、电容对非正弦周期性电流的影响。

9. DG06-2 受控源(4 路)、回转器、负阻抗变换器

它可提供流控电压源 CCVS、压控电流源 VCCS、压控电压源 VCVS、流控电流源 CCCS、回转器及负阻抗变换器等实验模块。其中，4 组受控源、回转器、负阻抗变换器均采用标准网络符号。

10. DGJ-14 交流变频控制

它可提供欧姆龙 3G3JZ 系列变频器一只，并已将相应控制端引到面板接线座。

11. DG16-2 信号与系统实验箱(同“THKSS-B 型”功能)

它可提供函数信号发生器、6 位数显频率计、真有效值交流毫伏表、直流稳压电源、50Hz 非正弦多波形信号发生器及自由布线区等。

12. DG17-2 信号与系统实验箱(同“THKSS-A 型”功能)

它可提供 50Hz 非正弦信号发生器、阶跃函数信号发生器、直流稳压电源、自由布线区等。

13. DGJ-20 晶闸管电路实验箱

通过它可完成关于电力电子技术方面的单相晶闸管电路实验，包括单相半波可控整流电路实验、单相桥式半控整流电路实验、单相桥式全控整流电路实验、单相桥式有源逆变电路实验。挂件上除提供西门子 TC785 专用集成电路组成的晶闸管触发电路外，还可提供上述 4 个实验项目所需的触发脉冲；整流变压器可提供整流实验的电源及触发电路的同步信号等，面板上设有电路输出的电阻性负载等。此外，面板上还分别画出单相半波可控整流、单相桥式半控整流、单相桥式全控整流和单相桥式有源逆变电路 4 种形式的电路，学生通过示波器及其他仪器可对实验中发生的现象和结果进行观测和记录。

14. D83-2 真有效值交流数字毫伏表

它能够对各种复杂波形的有效值进行精确测量，其电压测试范围为 0.2mV～600V(有

效值)，测试基本精度能达到±1%，量程分 200mV、2V、20V、200V、600V 共 5 档，直键开关切换，3 位半数字显示，每档均有超量程告警、指示及切断总电源功能。其测试频率范围为 10Hz～600kHz，输入阻抗为 1MΩ，输入电容≤30pF。

二、使用说明

通过配套挂箱可完成电路分析、电工基础、电工学、模拟电路、数字电路等基础实验。同时，还可扩展其他实验内容，如控制理论、PLC 等。其配置的单相智能功率、功率因数表有计算机通信功能。

三、注意事项

本实验装置需与配套挂箱一起使用，且自带过流过压保护。

第2章 电工技术实验

电工技术实验是学生进入大学后的第一门电类实验课程，是整个电工技术教学过程中一个十分重要的环节，它与理论教学具有同样的重要性，是学生最重要的基本训练之一。

教学目标

(1) 验证、巩固、充实和丰富电工理论知识。
(2) 培养电工基本操作技能和处理实验结果基本方法。
(3) 根据理论分析与实验数据及实验现象得出结论。
(4) 培养研究和解决科学技术问题的独立工作能力。
(5) 拓展电工技术发展知识。

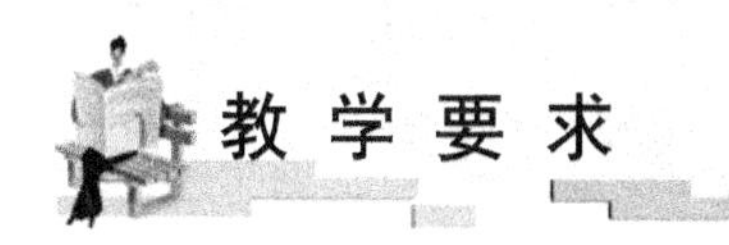

教学要求

知识要点	能力要求	相关知识
电路理论知识 电工实验技能	(1) 掌握电工理论知识，实验原理 (2) 熟悉电工实验操作技巧 (3) 了解常用仪器仪表工作原理	数据处理 误差分析

推荐阅读资料

1. 蔡灏. 电工与电子技术实验指导书. 北京：中国电力出版社，2005(9).
2. 张海南. 电工技术电子技术实验指导书. 西安：西北工业大学出版社，2007(3).
3. 汤放奇，蔡灏. 电工实验指导书. 北京：中国电力出版社，2004(3).

基本概念

(1) 基尔霍夫定律：包括基尔霍夫电流定律(KCL)和基尔霍夫电压定律(KVL)，它反映的是电路中所有支路电压和电流所遵循的基本规律。

(2) 一端口网络：在网络中对所研究的某支路来说，电路的其余部分就成为一个有源二端网络(或含源一端口网络)，其中含源一端口网络的等效电路有两种。

(3) 储能元件：电容元件是储能元件，储存电场能；电感元件是储能元件，储存磁场能。

(4) 三相电源：它是3个频率相同、振幅相同、相位彼此相差120°的正弦电源。

(5) 非线性电路：电路元件的参数随着电压或电流而变化，称为非线性元件，含有非线性元件的电路称为非线性电路。

引例

电工技术是基于电磁场理论的成熟技术，正处于高速发展时期。自1831年法拉第发现电磁感应定律后，1864年麦克斯韦创立了经典电磁学理论体系，1867年西门子研制成功世界第一台自激式发电机，到1883年恩格斯高度评价“电工技术革命”是一次巨大的革命，且指出：“蒸汽机教人们把热变成机械运动，而电的利用将为人们开辟一条道路，使一切形式的能——热、机械、电、磁、光——互相转化，并在工业中加以利用。”100多年间，人类生产力的进步在极大程度上依赖于电工技术的进步，电工技术已经渗透到了人类活动的所有方面，对人类文明的进步作出了突出的贡献。

电工作业中

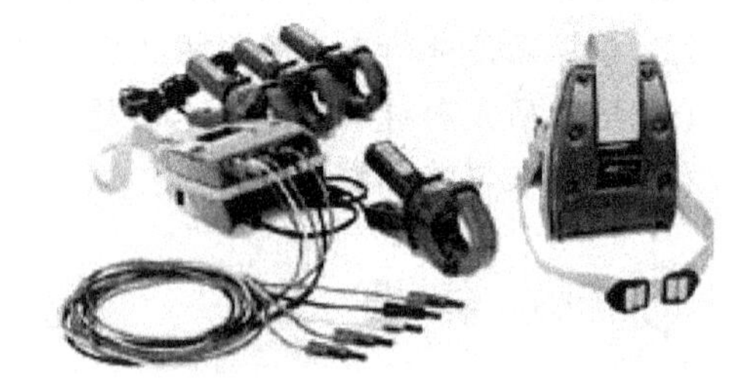

各种检测仪器

因为人类生产生活服务每一个环节都离不开电或者磁，或者电磁场，因此电气科技仍将是今后创新发展的最重要的学科基础。

现在人类所有的发明、产品，绝大部分都是跟电磁相互作用有关的，即使是其他的一些相互作用，如果要变成技术，变成产品，或多或少都要跟电磁相互作用发生关系，因此电磁处在应用中心的地位。

粒子对撞后的痕迹

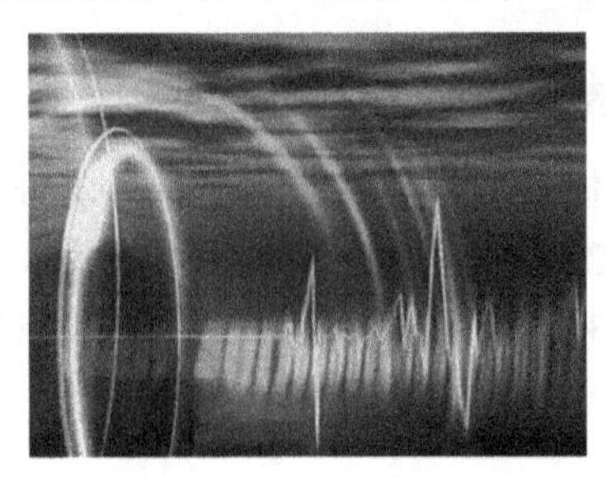

从麦克斯韦方程组，可以推出光波就是电磁波

当然，电工技术的发展离不开创新。新的电气科技的特征是世界将发生一场以绿色、智能和可持续发展为特征的科技革命，从科技与需求挑战看，在能源与资源领域、信息领域、先进材料与制造领域等，最容易有一些突破和重大的科技创新。

如能源领域，改变传统的能源结构，用清洁能源来替代原来传统的化石能源，同时还要强调环境保护。

新能源发电主要涉及太阳能电池，太阳能光伏发电并网技术、光伏电站，还有太阳跟踪技术，都是太阳能发电方面将来有巨大产业前景的一些新技术。

人们对太阳能热发电技术的关注比较少，但实际上，据估计，未来至少在10～20年之内，热发电的发展可能比光伏更有竞争潜力。

风能发电未来将朝着大型机组发展，例如做海上发电。生物质发电可以作为一种补充能源，在没有太阳能、风能的时候，可以靠生物质去替代，所以将来生物质替代储能技术也是非常有前景的。对于海洋能发电，人们改变对海洋能发电不是很重要，但是资源非常丰富。

太阳能光伏发电系统

风能发电

特高压直流输电工程

直流输配电技术：未来电网还是以直流为主，故直流并网有其优越性，且光伏发电发出来的本身也是直流电。伴随现在电力电子技术的高速发展，直流输配电技术的发展也令人刮目相看，由于大量信息设备用的是直流，且几乎有一半的设备用的都是直流，所以直流肯定会占相当大的作用，所以必须发展直流配电技术。

实验一　基本电工仪表的使用及测量误差的计算

一、实验目的

(1) 熟悉实验台上各类电源及各类测量仪表的布局和使用方法。

(2) 掌握指针式电压表、电流表内阻的测量方法。

(3) 熟悉电工仪表测量误差的计算方法。

二、原理说明

(1) 为了准确地测量电路中实际的电压和电流，必须保证仪表接入电路后不会改变被测电路的工作状态。这就要求电压表的内阻为无穷大，电流表的内阻为零。而实际使用的指针式电工仪表都不能满足上述要求。因此，只要将测量仪表接入电路，就会改变电路原有的工作状态，这就导致仪表的读数值与电路原有的实际值之间出现误差。误差的大小与仪表本身内阻的大小密切相关。只要测出仪表的内阻，即可计算出由其产生的测量误差。以下介绍几种测量指针式仪表内阻的方法。

① 用“分流法”测量电流表的内阻，如图 2.1.1 所示。A 为被测内阻(R_A)的直流电流表。测量时先断开开关 S，调节电流源的输出电流 I 使 A 表指针满偏转。然后合上开关 S，并保持 I 值不变，调节电阻箱 R_B 的阻值，使电流表的指针指在 1/2 满偏转位置，此时有

$$I_A=I_S=I/2$$

所以

$$R_A=R_B // R_1$$

R_1 为固定电阻器之值，R_B 则可由电阻箱的刻度盘上读得。

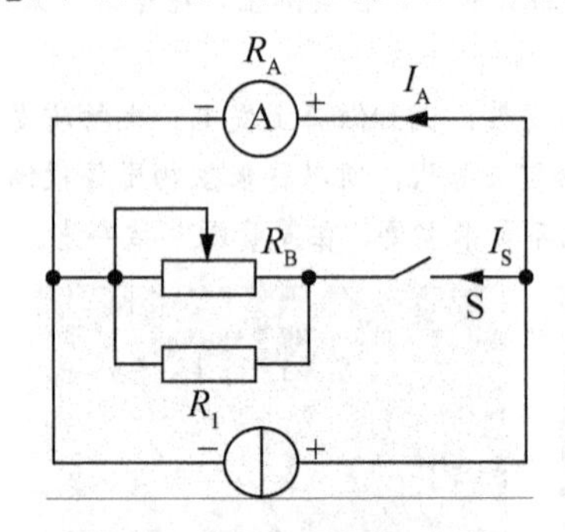

图 2.1.1　可调电流源

② 用“分压法”测量电压表的内阻，如图 2.1.2 所示。V 为被测内阻(R_V)的电压表。测量时先将开关 S 闭合，调节直流稳压电源的输出电压，使电压表 V 的指针为满偏转。然后断开开关 S，调节 R_B 使电压表 V 的指示值减半。

此时有

$$R_V=R_B+R_1$$

电压表的灵敏度为

$$S=R_V/U\ (\Omega/\text{V})$$

式中：U 为电压表满偏时的电压值。

(2) 仪表内阻引起的测量误差(通常称之为方法误差，而仪表本身结构引起的误差称为仪表基本误差)的计算。

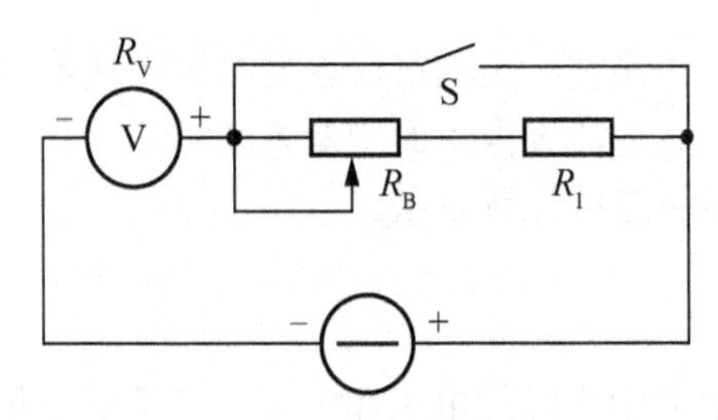

图 2.1.2　可调稳压源

① 以图 2.1.3 所示的电路为例，R_1 上的电压为 $U_{R1}=\dfrac{R_1}{R_1+R_2}U$，若 $R_1=R_2$，则 $U_{R1}=\dfrac{1}{2}U$。现用一内阻为 R_V 的电压表来测量 U_{R1} 值，当 R_V 与 R_1 并联后，$R_{AB}=\dfrac{R_VR_1}{R_V+R_1}$，以此来替

代上式中的 R_1，则得 $U'_{R1}=\dfrac{\dfrac{R_V R_1}{R_V+R_1}}{\dfrac{R_V R_1}{R_V+R_1}+R_2}U$

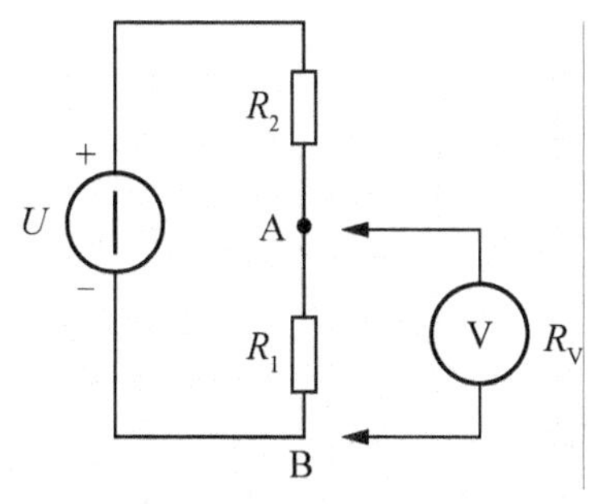

图 2.1.3

绝对误差为 $\Delta U=U'_{R1}-U_{R1}=U\left(\dfrac{\dfrac{R_V R_1}{R_V+R_1}}{\dfrac{R_V R_1}{R_V+R_1}+R_2}-\dfrac{R_1}{R_1+R_2}\right)$

化简后得 $\Delta U=\dfrac{-R_1^2 R_2 U}{R_V(R_1^2+2R_1R_2+R_2^2)+R_1R_2(R_1+R_2)}$

若 R_1=R_2=R_V，则得 $\Delta U=-\dfrac{U}{6}$

相对误差 $\Delta U\%=\dfrac{U'_{R1}-U_{R1}}{U_{R1}}\times100\%=\dfrac{-U/6}{U/2}\times100\%=-33.3\%$

由此可见，当电压表的内阻与被测电路的电阻相近时，测量的误差是非常大的。

② 伏安法测量电阻的原理：测出流过被测电阻 R_X 的电流 I_R 及其两端的电压降 U_R，则其阻值 $R_X=U_R/I_R$。在实际测量时，有两种测量线路，即 a.电流表 A(内阻为 R_A)接在电压表 V(内阻为 R_V)的内侧；b. A 接在 V 的外测。两种线路如图 2.1.4(a)、(b)所示。

由线路(a)可知，只有当 $R_X \ll R_V$ 时，R_V 的分流作用才可忽略不计，A 的读数接近于实际流过 R_X 的电流值。图 2.1.4(a)的接法称为电流表的内接法。

由线路(b)可知，只有当 $R_X \gg R_A$ 时，R_A 的分压作用才可忽略不计，V 的读数接近于 R_X 两端的电压值。图 2.1.4(b)的接法称为电流表的外接法。

在实际应用时，只有根据不同情况选用合适的测量线路，才能获得较准确的测量结果。以下列举一实例。

在图 2.1.4 中，设 U=20V，R_A=100Ω，R_V=20kΩ。假定 R_X 的实际值为 10kΩ。

如果采用线路(a)进行测量，经计算，A、V 的读数分别为 2.96mA 和 19.73V，故

$$R_X=19.73\div2.96=6.667(\text{k}\Omega),$$

相对误差为

$$(6.667-10)\div10\times100=-33.3\%$$

如果采用线路(b)进行测量，经计算，A、V 的读数分别为 1.98mA 和 20V，故

$$R_X=20\div1.98=10.1(\text{k}\Omega)$$

相对误差为

$$(10.1-10)\div10\times100=1\%$$

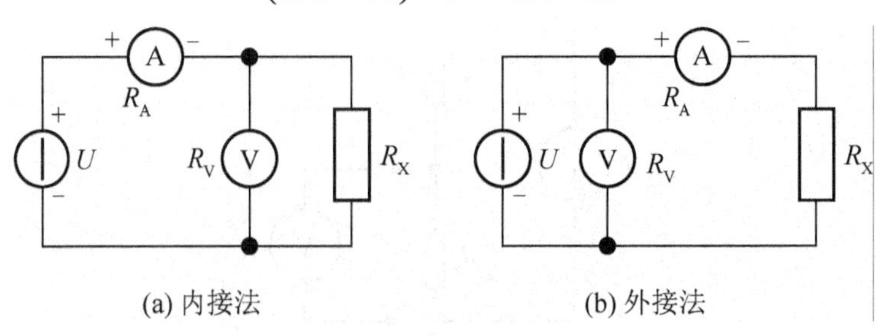

图 2.1.4　电流表的内接法和外接法

三、实验设备

序 号	名　　称	型号与规格	数　　量	备　　注
1	可调直流稳压电源	0～30V	两路	DG04
2	可调恒流源	0～500mA	1	DG04
3	指针式万用表	MF-47 或其他	1	自备
4	可调电阻箱	0～9999.9Ω	1	DG09
5	电阻器	按需选择		DG09

四、实验内容

(1) 根据“分流法”原理按图 2.1.4 接线，测定指针式万用表(MF-47 型或其他型号)直流电流 0.5mA 和 5mA 档量限的内阻将实验数据记入表 2-1-1 中。其中，R_B 可选用 DG09 中的电阻箱(下同)。

表 2-1-1　用“分流法”测量电流表内阻实验数据

被测电流表量限	S 断开时的表读数/mA	S 闭合时的表读数/mA	R_B/Ω	R_1/Ω	计算内阻 R_A/Ω
0.5 mA					
5 mA					

(2) 根据“分压法”原理按图 2.1.2 接线，测定指针式万用表直流电压 2.5V 和 10V 档量限的内阻将实验数据记入表 2-1-2 中。

表 2-1-2　用“分压法”测量电压表内阻实验数据

被测电压表量限	S 闭合时表读数/V	S 断开时表读数/V	R_B/kΩ	R_1/kΩ	计算内阻 R_V/kΩ	S/Ω/V
2.5V						
10V						

(3) 用指针式万用表直流电压 10V 档量程测量图 2.1.3 电路中 R_1 上的电压 U'_{R1} 之值，并计算测量的绝对误差与相对误差。最后，将实验数据记入表 2-1-3 中。

表 2-1-3 用指针式万用表测量 R_1 两端电压实验数据

U	R_2	R_1	R_{10V}/kΩ	计算值 U_{R1}/V	实测值 U'_{R1}/V	绝对误差 ΔU	相对误差 $(\Delta U/U)\times 100\%$
12V	10kΩ	50kΩ					

五、实验注意事项

(1) 在开启 DG04 挂箱的电源开关前，应将两路电压源的输出调节旋钮调至最小(逆时针旋到底)，并将恒流源的输出粗调旋钮拨到 2mA 档，且输出细调旋钮应调至最小。接通电源后，再根据需要缓慢调节。

(2) 当恒流源输出端接有负载时，如果需要将其粗调旋钮由低档位向高档位切换时，必须先将其细调旋钮调至最小。否则，输出电流会突增，这样可能会损坏外接器件。

(3) 电压表应与被测电路并接，电流表应与被测电路串接，并且都要注意正、负极性与量程的合理选择。

(4) 在实验内容(1)、(2)中，R_1 的取值应与 R_B 相近。

(5) 本实验仅测试指针式仪表的内阻。由于所选指针表的型号不同，本实验中所列的电流、电压量程及选用的 R_B、R_1 等均会不同。实验时应按选定的表型自行确定。

六、思考题

(1) 对于实验内容(1)和(2)，若已求出 0.5mA 档和 2.5V 档的内阻，可否直接计算出 5mA 档和 10V 档的内阻？

(2) 当用量程为 10A 的电流表测实际值为 8A 的电流时，实际读数为 8.1A，求测量的绝对误差和相对误差。

七、实验报告

(1) 列表记录实验数据，并计算各被测仪表的内阻值。

(2) 分析实验结果，总结应用场合。

(3) 对思考题的计算。

(4) 其他(包括实验的心得、体会及意见等)。

实验二 电路元件伏安特性的测绘

一、实验目的

(1) 学会识别常用电路元件的方法。

(2) 掌握线性电阻、非线性电阻元件伏安特性的测绘。

(3) 掌握实验台上直流电工仪表和设备的使用方法。

二、原理说明

任何一个二端元件的特性可用该元件上的端电压 U 与通过该元件的电流 I 之间的函数关系 $I=f(U)$来表示，即用 I-U 平面上的一条曲线来表征，这条曲线称为该元件的伏安特性曲线。

(1) 线性电阻器的伏安特性曲线是一条通过坐标原点的直线，如图 2.2.1 中 a 曲线所示，该直线的斜率等于该电阻器的电阻值。

(2) 一般的白炽灯在工作时灯丝处于高温状态，其灯丝电阻随着温度的升高而增大。通过白炽灯的电流越大，其温度越高，阻值也越大，一般灯泡的“冷电阻”与“热电阻”的阻值可相差几倍至十几倍，所以它的伏安特性如图 2.2.1 中 b 曲线所示。

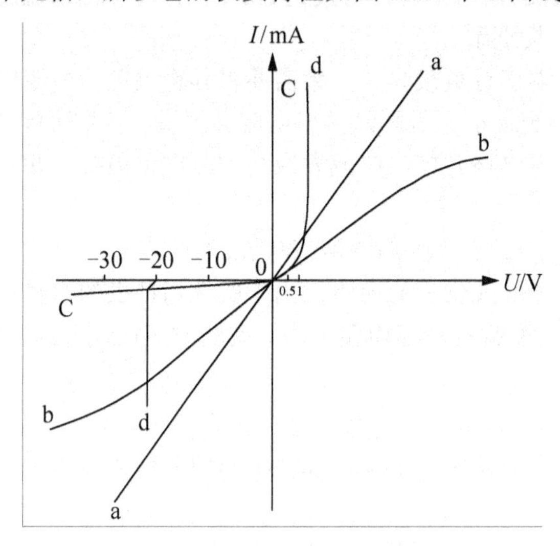

图 2.2.1 伏安特性曲线图

(3) 一般的半导体二极管是一个非线性电阻元件，其伏安特性如图 2.2.1 中 c 曲线所示。正向压降很小(一般的锗管为 0.2～0.3V，硅管为 0.5～0.7V)，正向电流随正向压降的升高而急骤上升，而反向电压从零一直增加到十几至几十伏时，其反向电流增加却很小，粗略地可视为零。可见，二极管具有单向导电性，且当如果反向电压加得过高，并超过管子的极限值时，会导致管子击穿损坏。

(4) 稳压二极管是一种特殊的半导体二极管，其正向特性与普通二极管类似，但其反向特性较特别，如图 2.2.1 中 d 曲线所示。在反向电压开始增加时，其反向电流几乎为零，但当电压增加到某一数值时(称为管子的稳压值，有各种不同稳压值的稳压管)电流将突然增加，之后它的端电压将基本维持恒定，当外加的反向电压继续升高时，其端电压仅有少量增加。

注意：流过二极管或稳压二极管的电流不能超过管子的极限值，否则管子会被烧坏。

三、实验设备

序号	名　　称	型号与规格	数　　量	备　　注
1	可调直流稳压电源	0～30V	1	DG04
2	万用表	FM-47 或其他	1	自备
3	直流数字毫安表	0～200mA	1	D31
4	直流数字电压表	0～200V	1	D31
5	二极管	IN4007	1	DG09
6	稳压管	2CW51	1	DG09
7	白炽灯	12V，0.1A	1	DG09
8	线性电阻器	200Ω，510Ω/8W	1	DG09

四、实验内容

1. 测定线性电阻器的伏安特性

按图 2.2.2 接线，调节稳压电源的输出电压 U，从 0 伏开始缓慢地增加，一直到 10V，记下相应的电压表和电流表的读数 U_R、I。将实验数据记入表 2-1-1 中。

表 2-2-1　线性电阻器伏安特性实验数据

U_R/V	0	2	4	6	8	10	
I/mA							

2. 测定非线性白炽灯泡的伏安特性

将图 2.2.2 中的 R 换成一只 12V，0.1A 的灯泡，重复步骤 1。U_L 为灯泡的端电压。将实验数据记入表 2-2-2 中。

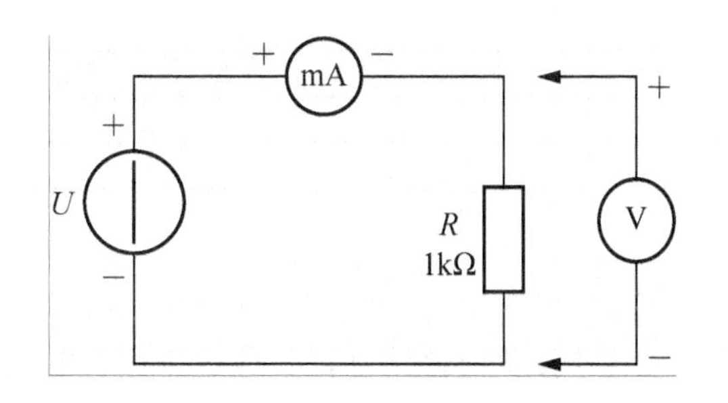

图 2.2.2　线性电阻伏安特性测定电路

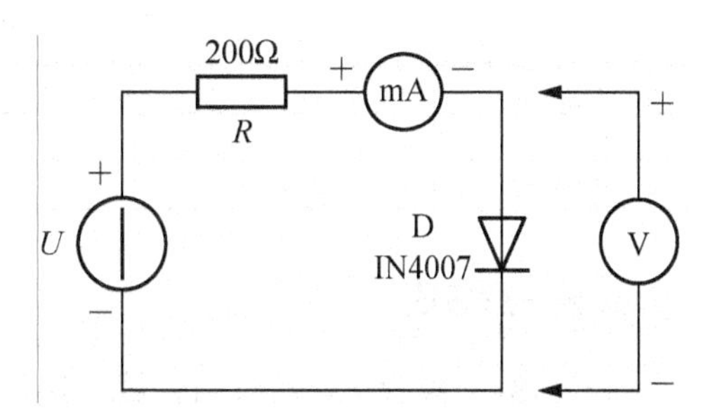

图 2.2.3　白炽灯泡伏安特性测定电路

表 2-2-2　白炽灯泡伏安特性实验数据

U_L/V	0.1	0.5	1	2	3	4	5
I/mA							

3. 测定半导体二极管的伏安特性

按图 2.2.3 接线，R 为限流电阻器。测二极管的正向特性时，其正向电流不得超过 35mA，二极管D的正向施压 U_{D+} 可在0～0.75V之间取值。在0.5～0.75V之间应多取几个测量点。当测反向特性时，只需将图2.2.3中的二极管D反接，且其反向施压 U_{D-} 可达30V。将实验数据记入表2-2-3和2-2-4中。

表2-2-3　二极管正向特性实验数据

U_{D+}/V	0.10	0.30	0.50	0.55	0.60	0.65	0.70	0.75
I/mA								

表2-2-4　二极管反向特性实验数据

U_{D-}/V	0	−5	−10	−15	−20	−25	−30
I/mA							

4. 测定稳压二极管的伏安特性

(1) 正向特性实验：将图2.2.3中的二极管换成稳压二极管2CW51，重复实验内容3中的正向测量。U_{Z+} 为2CW51的正向施压。将实验数据记入表2-2-5中。

表2-2-5　稳压二极管正向特性实验数据

U_{Z+}/V	0.2	0.4	0.45	0.5	0.55	0.60	0.65	0.75
I/mA								

(2) 反向特性实验：将图2.2.3中的 R 换成510Ω，2CW51反接，测量2CW51的反向特性。稳压电源的输出电压 U_O 从0～20V，测量2CW51两端的电压 U_{Z-} 及电流 I，由 U_{Z-} 可看出其稳压特性。将实验数据记入表2-2-6中。

表2-2-6　稳压二极管反向特性实验数据

U_O/V	0	−5	−10	−15	−18	−20	−25	−20
U_{Z-}/V								
I/mA								

五、实验注意事项

(1) 当测二极管正向特性时，稳压电源输出应由小至大逐渐增加，且应时刻注意电流表读数不得超过35mA。

(2) 如果要测定2AP9的伏安特性，则正向特性的电压值应取0V、0.10V、0.13V、0.15V、0.17V、0.19V、0.21V、0.24V、0.30V，反向特性的电压值取0V、2V、4V、…、10V。

(3) 在进行不同实验时，应先估算电压和电流值，并合理选择仪表的量程，勿使仪表超量程，且仪表的极性不可接错。

六、思考题

(1) 线性电阻与非线性电阻的概念是什么？电阻器与二极管的伏安特性有何区别？

(2) 设某器件伏安特性曲线的函数式为 $I=f(U)$，则在逐点绘制曲线时，其坐标变量应如何放置？

(3) 稳压二极管有什么用途？与普通二极管有何区别？

(4) 在图2.2.3中，设 U=2V，U_{D+}=0.7V，则毫安表读数应为多少？

七、实验报告

(1) 根据各实验数据，分别在方格纸上绘制出光滑的伏安特性曲线(其中，二极管和稳压管的正、反向特性均要求画在同一张图中，正、反向电压可取不同的比例尺)。

(2) 根据实验结果，总结、归纳被测各元件的伏安特性。

(3) 必要的误差分析。

(4) 心得体会及其他。

实验三　电位、电压的测定及基尔霍夫定律的验证

一、实验目的

(1) 学会测量电路中各点电位和电压的方法，加深对电路中电位的相对性、电压的绝对性的理解。

(2) 验证基尔霍夫定律的正确性，加深对基尔霍夫定律的理解，并牢记基尔霍夫定律是电路的基本定律。

二、原理说明

在一个确定的闭合电路中，各点电位的大小视所选的电位参考点的不同而异，但任意两点之间的电压(即两点之间的电位差)是不变的，这一性质称为电位的相对性和电压的绝对性。据此性质，人们可用电压表来测量电路中各点的电位及任意两点间的电压。

基尔霍夫定律是电路的基本定律。测量某电路的各支路电流及每个元件两端的电压，应分别能满足基尔霍夫电流定律和电压定律，即对电路中的任一个节点而言，应有 $\Sigma I=0$；对任何一个闭合回路而言，应有 $\Sigma U=0$。

当运用上述定律时，必须注意各支路电流的正方向，且此方向可预先任意设定。

三、实验设备

序号	名　　称	型号与规格	数　量	备　注
1	直流稳压电源	0～30V 可调	两路	DG04
2	万用表		1	自备
3	直流数字电压表	0～200V	1	D31
4	直流数字毫安表	0～200mV	1	D31
5	叠加原理实验电路板		1	DG05

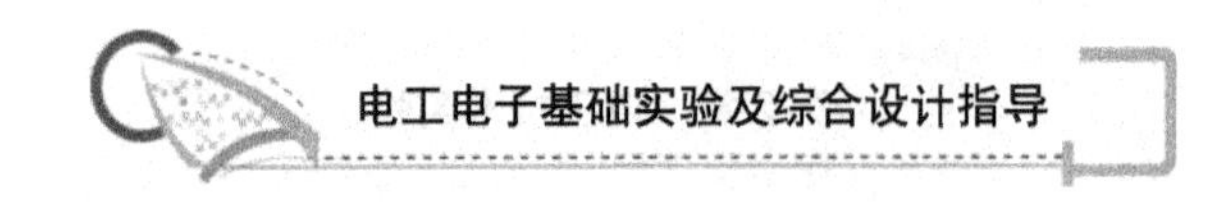

四、实验内容

实验电路如图 2.3.1 所示。将两路稳压源的输出分别调节为 12V 和 6V，接入 U_1 和 U_2 处。

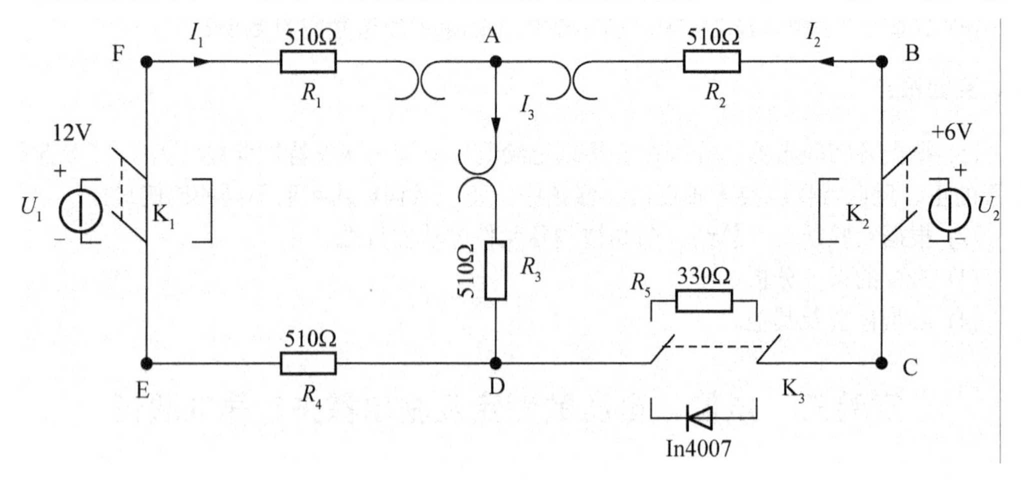

图 2.3.1　实验三实验电路

1. 测量电路中各点电位

以图 2.3.1 中的 A 点作为电位参考点，分别测量 B、C、D、E、F 各点的电位。

用电压表的黑笔端插入 A 点，红笔端分别插入 B、C、D、E、F 各点进行测量，将实验数据记入表 2-3-1 中。

以 D 点作为电位参考点，重复上述步骤，并将测得数据记入表 2-3-1 中。

表 2-3-1　电路中各点电位和电压数据

电位参考点/V	V_A	V_B	V_C	V_D	V_E	V_F	U_{AB}	U_{BC}	U_{CD}	U_{DE}	U_{EF}	U_{FA}
A	0											
D				0								

2. 测量电路中相邻两点之间的电压值

在图 2.3.1 中，测量电压 U_{AB}：将电压表的红笔端插入 A 点，黑笔端插入 B 点，并读取电压表读数；然后，按同样方法测量 U_{BC}、U_{CD}、U_{DE}、U_{EF} 及 U_{FA}，并将测量数据记入表 2-3-1 中。

3. 测量支路电流

实验前先任意设定 3 条支路和 3 个闭合回路的电流正方向。图 2.3.1 中的 I_1、I_2、I_3 的方向已设定。3 个闭合回路的电流正方向可设为 ADEFA、BADCB 和 FBCEF。

将电流插头分别插入 3 条支路的 3 个电流插座中，读出电流值，并记录表 2-3-2 中。

表 2-3-2 支路电流数据

支路电流/mA	I_1	I_2	I_3
计算值			
测量值			
相对误差			

4. 测量各元件电压

用直流数字电压表分别测量两路电源及电阻元件上的电压值，并将实验数据记入表 2-3-3 中。

表 2-3-3 各元件电压数据

各元件电压/V	U_1	U_2	U_{FA}	U_{BA}	U_{AD}	U_{DE}	U_{DC}
计算值							
测量值							
相对误差							

五、实验注意事项

(1) 当用电流插头测量各支路电流时，需用到电流插座；当用电压表测量电压降时，应注意仪表的极性，正确判断测得值的正、负号后，记入数据表格。注意各仪表量程的及时更换。

(2) 所有需要测量的电压值，均应以电压表测量的读数为准。且 U_1、U_2 也需要测量，不应取电源本身的显示值。

(3) 防止稳压电源两个输出端碰线短路。

(4) 当用指针式电压表或电流表测量电压或电流时，如果仪表指针反偏，则必须调换仪表极性，重新测量。此时指针正偏，可读得电压或电流值。若用数显电压表或电流表测量，则可直接读出电压或电流值。但应注意，所读得的电压或电流值的正确正、负号应根据设定的电流参考方向来判断。

六、预习思考题

(1) 若电位参考点不同，各点电位是否相同？任意两点的电压是否相同？为什么？

(2) 在测量电位、电压时，为何数据前会出现±号，它们各表示什么意义？

(3) 根据图 2.3.1 的电路参数，计算出待测的电流 I_1、I_2、I_3 和各电阻上的电压值，并记入表 2-3-2 中，以便实验测量时，可正确地选定毫安表和电压表的量程。

(4) 实验中，若用指针式万用表直流毫安挡测各支路电流，在什么情况下可能出现指针反偏，应如何处理？在记录数据时应注意什么？若用直流数字毫安表进行测量，会显示什么内容？

七、实验报告

(1) 根据实验数据，选定节点 A，验证 KCL 的正确性。

(2) 根据实验数据，选定实验电路中的任一个闭合回路，验证 KVL 的正确性。

(3) 将支路和闭合回路的电流方向重新设定，重复 1、2 两项验证。

(4) 误差原因分析。

(5) 回答思考题，心得体会及其他。

实验四　线性电路叠加性和齐次性的研究

一、实验目的

(1) 验证线性电路叠加原理的正确性。

(2) 加深对线性电路的叠加性和齐次性的认识和理解。

二、原理说明

叠加原理指出：在有多个独立源共同作用下的线性电路中，通过每一个元件的电流或其两端的电压，可以看成是由每一个独立源单独作用在该元件上时所产生的电流或电压的代数和。

线性电路的齐次性是指当激励信号(某独立源的值)增加或减小 K 倍时，电路的响应(即在电路中各电阻元件上所建立的电流和电压值)也将增加或减小 K 倍。

三、实验设备

序　号	名　　称	型号与规格	数　　量	备　　注
1	直流稳压电源	0～30V 可调	两路	DG04
2	万用表		1	自备
3	直流数字电压表	0～200V	1	D31
4	直流数字毫安表	0～200mV	1	D31
5	叠加原理实验电路板		1	DG05

四、实验内容

实验线路如图 2.4.1 所示，本实验用 DG05 挂箱的“基尔夫定律/叠加原理”线路。

(1) 将两路稳压源的输出分别调节为 12V 和 6V，接入 U_1 和 U_2 处。

(2) 令 U_1 电源单独作用(将开关 K_1 投向 U_1 侧，开关 K_2 投向短路侧)。用直流数字电压表和毫安表(接电流插头)测量各支路电流及各电阻元件两端的电压，并将实验数据记入表 2-4-1。

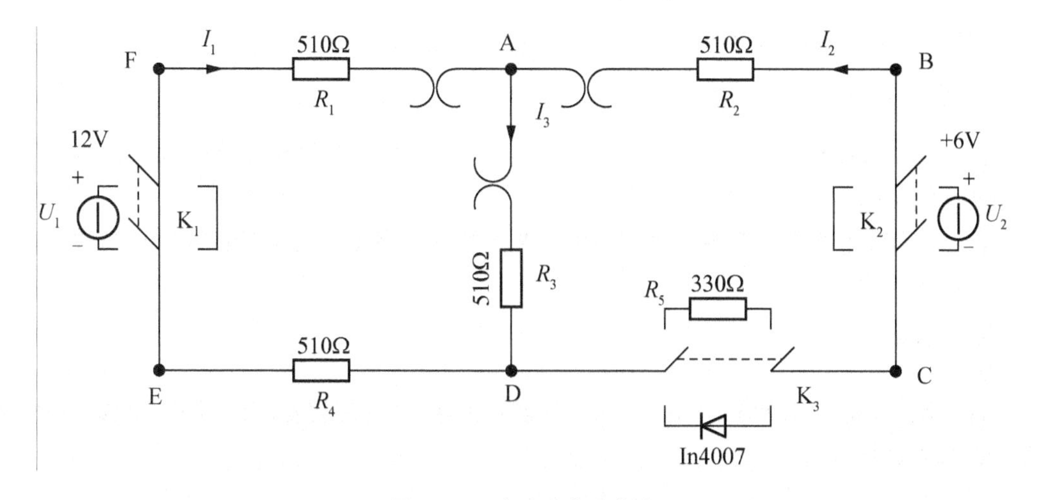

图 2.4.1　实验四实验电路

表 2-4-1　各支路电流及各电阻元件两端电压数据表 1

测量项目 实验内容	U_1/V	U_2/V	I_1/mA	I_2/mA	I_3/mA	U_{AB}/V	U_{CD}/V	U_{AD}/V	U_{DE}/V	U_{FA}/V
U_1 单独作用										
U_2 单独作用										
U_1、U_2 共同作用										
$2U_2$ 共同作用										

(3) 令 U_2 电源单独作用(将开关 K_1 投向短路侧，开关 K_2 投向 U_2 侧)，重复实验步骤(2)的测量并记录，将数据记入表 2-4-1。

(4) 令 U_1 和 U_2 共同作用(开关 K_1 和 K_2 分别投向 U_1 和 U_2 侧)，重复实验步骤(2)的测量并记录，将数据记入表 2-4-1。

(5) 将 U_2 的数值调至＋12V，重复实验步骤(2)的测量并记录，将数据记入表 2-4-1。

(6) 将 R_5(330Ω)换成二极管 1N4007(即将开关 K_3 投向二极管 IN4007 侧)，重复(1)～(5)的测量过程，并将实验数据记入表 2-4-2。

表 2-4-2　各支路电流及电阻元件两端的电压数据表 2

测量项目 实验内容	U_1/V	U_2/V	I_1/mA	I_2/mA	I_3/mA	U_{AB}/V	U_{CD}/V	U_{AD}/V	U_{DE}/V	U_{FA}/V
U_1 单独作用										
U_2 单独作用										
U_1、U_2 共同作用										
$2U_2$ 共同作用										

五、实验注意事项

(1) 当用电流插头测量各支路电流或者用电压表测量电压降时，应注意仪表的极性，正确判断测得值的正、负号后，将其记入数据表格。

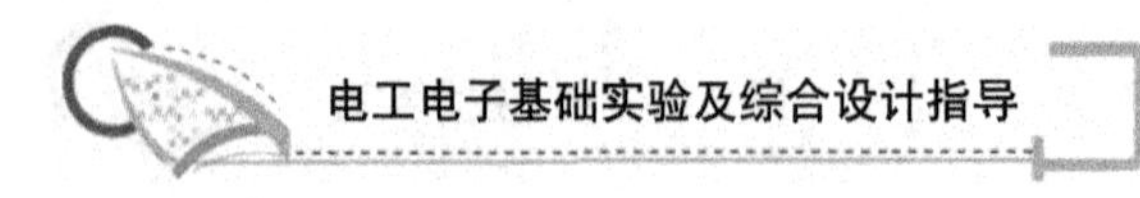

(2) 注意仪表量程的及时更换。

六、思考题

(1) 在叠加原理实验中，要令 U_1、U_2 分别单独作用，应如何操作？可否直接将不作用的电源(U_1 或 U_2)短接置零？

(2) 在实验电路中，若有一个电阻器改为二极管，试问叠加原理的迭加性与齐次性还成立吗？为什么？

七、实验报告

(1) 根据实验数据表格，进行分析、比较，归纳、总结实验结论，即验证线性电路的叠加性与齐次性。

(2) 各电阻器所消耗的功率能否用叠加原理计算得出？试用上述实验数据，进行计算并作结论。

(3) 通过实验步骤(6)及分析表格 2-4-2 的数据，能得出什么样的结论？

(4) 实验总结。

实验五　戴维南定理的验证

一、实验目的

(1) 验证戴维南定理的正确性，加深对该定理的理解。

(2) 掌握测量有源二端网络等效参数的一般方法。

二、原理说明

(1) 任何一个线性含源网络，如果仅研究其中一条支路的电压和电流，则可将电路的其余部分看作是一个有源二端网络(或称为含源一端口网络)。

戴维南定理指出：任何一个线性有源网络，总可以用一个电压源与一个电阻的串联来等效代替，此时，电压源的电动势 U_S 等于这个有源二端网络的开路电压 U_{oc}，其等效内阻 R_o 等于该网络中所有独立源均置零(理想电压源视为短接，理想电流源视为开路)时的等效电阻。

U_S、I_S 和 R_o 称为有源二端网络的等效参数。

(2) 有源二端网络等效参数的测量方法。

① 开路电压、短路电流法测 R_o。在有源二端网络输出端开路时，用电压表直接测其输出端的开路电压 U_{oc}，然后再将其输出端短路，用电流表测其短路电流 I_{sc}，则等效内阻为

$$R_o = \frac{U_{oc}}{I_{sc}}$$

此法必须在短路电流 I_{sc} 的数值小于有源二端网络允许范围内进行，否则会因短路电流

过大而损坏网络内的器件。

② 伏安法测 R_o。用电压表、电流表测出有源二端网络的外特性曲线，如图 2.5.1 所示。根据外特性曲线求出斜率 $\tan\phi$，则内阻为

$$R_o = \tan\phi = \frac{\Delta U}{\Delta I} = \frac{U_{oc}}{I_{sc}}$$

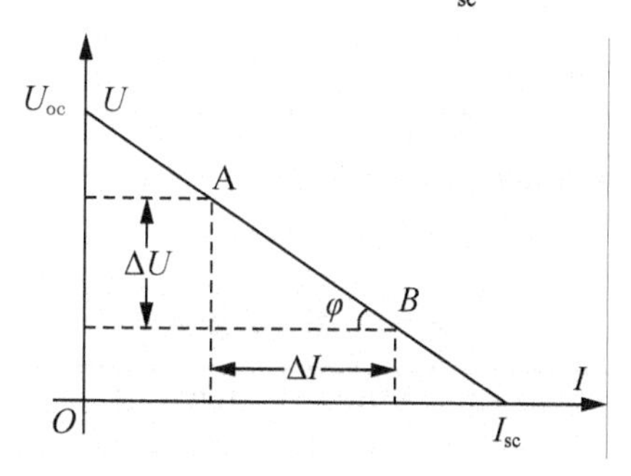

图 2.5.1　有源二端网络外特性曲线

三、实验设备

序　　号	名　　称	型号与规格	数　　量	备　　注
1	可调直流稳压电源	0～30V	1	DG04
2	可调直流恒流源	0～500mA	1	DG04
3	直流数字电压表	0～200V	1	D31
4	直流数字毫安表	0～200mA	1	D31
5	万用表		1	自备
6	可调电阻箱	0～99999.9Ω	1	DG09
7	电位器	1K/2W	1	DG09
8	戴维南定理实验电路板		1	DG05

四、实验内容

被测有源二端网络如图 2.5.2(a)所示。

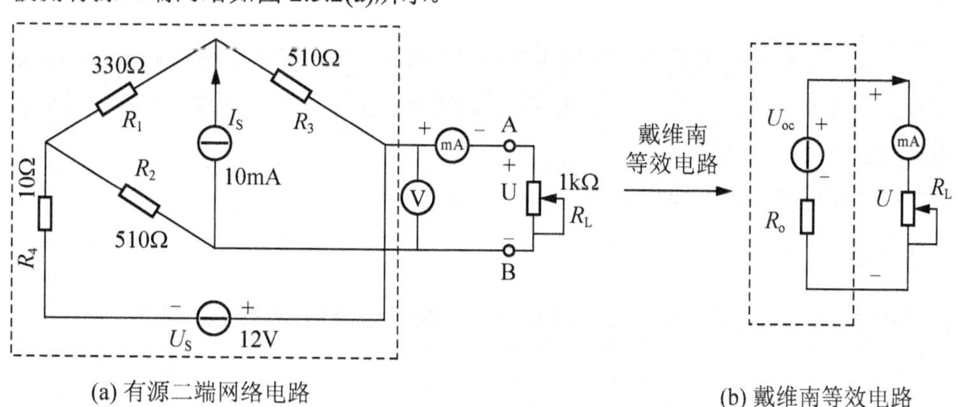

(a) 有源二端网络电路

(b) 戴维南等效电路

图 2.5.2　有源二端网络电路及其等效电路

(1) 用开路电压、短路电流法测定戴维南等效电路的 U_{oc}、R_o。按图 2.5.2(a)接入稳压电源 U_S=12V 和恒流源 I_S=10mA，不接入 R_L。测出 U_{oc} 和 I_{sc}，并计算出 R_o。(在测 U_{oc} 时，不接入毫安表。)将实验数据记入表 2-5-1。

表 2-5-1 开路电压、短路电流法测 R_0 实验数据

U_{oc}/V	I_{sc}/mA	$R_o=U_{oc}/I_{sc}$/Ω

(2) 负载实验。按图 2.5.2(a)接入 R_L。从实验台上选取合适的 R_L 阻值，测量有源二端网络的外特性。将实验数据记入表 2-5-2。

表 2-5-2 负载实验数据

R_L/Ω	51	200	510	1000	1200	1500	2000
U/V							
I/mA							

(3) 验证戴维南定理。从十进制可变电阻箱上取得按步骤(1)所得的等效电阻 R_0 之值，然后令其与直流稳压电源(调到步骤(1)时所测得的开路电压 U_{oc} 值)相串联，如图 2.5.2(b)所示，仿照步骤(2)测其外特性，对戴氏定理进行验证。将实验数据记入表 2-5-3。

表 2-5-3 验证戴维南定理实验数据

R_L/Ω	51	200	510	1000	1200	1500	2000
U/V							
I/mA							

五、实验注意事项

(1) 在测量时，应注意电流表量程的更换。

(2) 改接线路时，要关掉电源。

六、思考题

(1) 在求戴维南等效电路时，做短路试验，测 I_{sc} 的条件是什么？在本实验中可否直接做负载短路实验？在实验前，应对线路 2.5.2(a)预先做好计算，以便调整实验线路以及在测量时准确地选取电表的量程。

(2) 说明戴维南定理的应用场合。

七、实验报告

(1) 根据步骤(2)、(3)、(4)，分别绘出曲线，验证戴维南定理的正确性，并分析产生误差的原因。

(2) 归纳、总结实验结果。

(3) 回答思考题、心得体会及其他。

实验六　电源模型的设计及其等效变换(设计性实验)

一、实验目的

(1) 根据电源外特性曲线进行电源模型的设计。

(2) 掌握电源外特性的测试方法。

(3) 验证电压源与电流源等效变换外特性的一致性。

二、原理说明

(1) 一个实际电源，其外特性曲线不变，根据其外特性曲线，可设计出电源的两种模型。

(2) 一个实际的电源，就其外部特性而言，既可以看成是一个电压源，又可以看成是一个电流源。若视为电压源，则可用一个理想的电压源 U_S 与一个电阻 R_o 相串联的组合来表示，如图 2.6.1(a)所示；若视为电流源，则可用一个理想电流源 I_S 与一电导 g_o 相并联的组合来表示如图 2.6.1(b)所示。如果这两种电源能向同样大小的负载供出同样大小的电流和端电压，则称这两个电源是等效的，即具有相同的外特性。

一个电压源与一个电流源等效变换的条件如下：$I_S=U_S / R_o$ 或 $U_S=I_SR_o$，$R_o=1/g_o$。

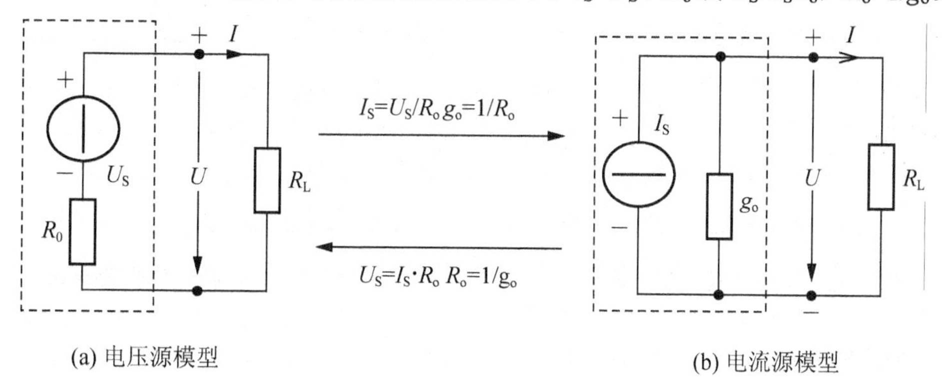

图 2.6.1　电源的两种模型

三、实验设备

序号	名　称	型号与规格	数　量	备　注
1	可调直流稳压电源	0～30V	1	DG04
2	可调直流恒流源	0～500mA	1	DG04
3	直流数字电压表	0～200V	1	D31
4	直流数字毫安表	0～200mA	1	D31
6	电阻器	120Ω，200Ω 510Ω，1kΩ		DG09
7	可调电阻箱	0～99999.9Ω	1	DG09

四、实验内容

(1) 某电源外特性曲线如图 2.6.2 所示，自行给定曲线上的 U_{oc} 和 I_{sc} 值，计算出 R_o(即 R_S)，设计出该电源的电压源和电流源两种模型。

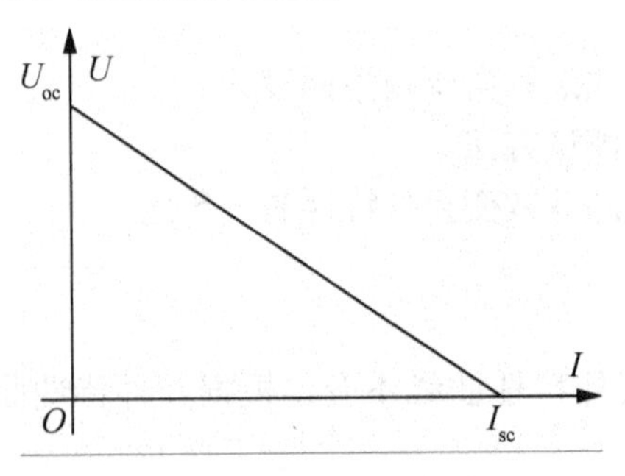

图 2.6.2 某电源外特性曲线

(2) 测定电压源模型的外特性。测定步骤(1)的电压源模型的外特性，按图 2.6.3 接线，调节 R_L(从 0 至 1kΩ)，自拟表格并记录两表的读数。

(3) 测定电流源模型的外特性。测定步骤(1)的电流源模型的外特性，按图 2.6.4 接线，调节 R_L(从 0 至 1kΩ)，自拟表格并记录两表的读数。

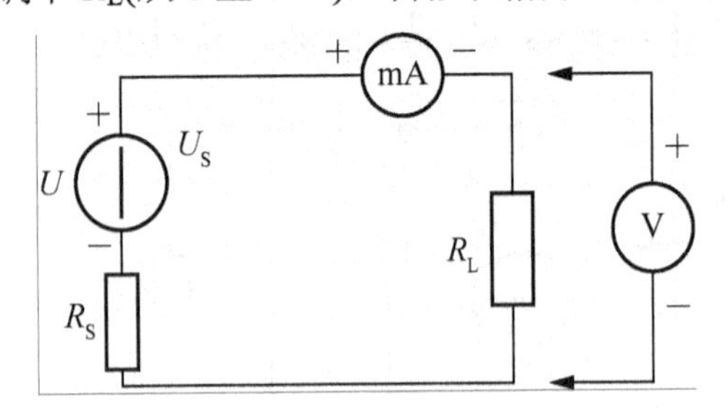

图 2.6.3 电压源模型实验电路

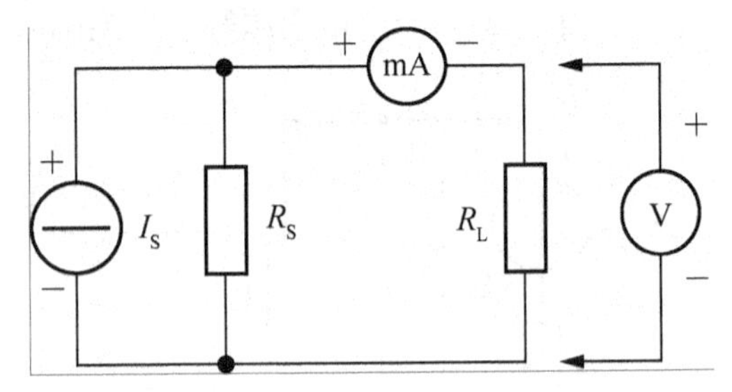

图 2.6.4 电流源模型实验电路

五、实验注意事项

(1) 自行给定曲线上的 U_{oc} 和 I_{sc}，且取值要适当，可以反复修改，但不宜过大或过小。

(2) 在测电压源外特性时，不要忘记测空载时的电压值；在测电流源外特性时，不要忘记测短路时的电流值，注意恒流源负载电压不要超过 20V，且负载不要开路。

(3) 换接线路时，必须关闭电源开关。

(4) 直流仪表的接入应注意其极性与量程。

六、实验报告

(1) 根据实验数据，在同一坐标平面上绘出两种电源模型的两条外特性曲线，并总结、归纳各类电源的特性。

(2) 分析实验结果，验证电源等效变换的条件。

(3) 回答思考题、设计体会及总结。

实验七　RC 一阶电路的响应测试

一、实验目的

(1) 测定 RC 一阶电路的零输入响应、零状态响应及完全响应。

(2) 学习电路时间常数的测量方法。

(3) 掌握有关微分电路和积分电路的概念。

(4) 进一步学会用示波器观测波形。

二、原理说明

(1) 动态网络的过渡过程是十分短暂的单次变化过程。要用普通示波器观察过渡过程和测量有关的参数，就必须使这种单次变化的过程重复出现。为此，利用信号发生器输出的方波来模拟阶跃激励信号，即利用方波输出的上升沿作为零状态响应的正阶跃激励信号；利用方波的下降沿作为零输入响应的负阶跃激励信号。只要选择方波的重复周期远大于电路的时间常数τ，那么，电路在这样的方波序列脉冲信号的激励下，它的响应就和直流电接通与断开的过渡过程是基本相同的。

(2) 图 2.7.1(b)所示的 RC 一阶电路的零输入响应和零状态响应分别按指数规律衰减和增长，其变化的快慢决定于电路的时间常数τ。

(3) 时间常数τ的测定方法。用示波器测量零输入响应的波形如图 2.7.1(a)所示。

根据一阶微分方程的求解得知$u_C = U_m e^{-t/RC} = U_m e^{-t/\tau}$。当 $t=\tau$ 时，$u_C(\tau)=0.368U_m$。此时所对应的时间就等于τ。亦可用零状态响应波形增加到 $0.632U_m$ 所对应的时间测得，如图 2.7.1(c)所示。

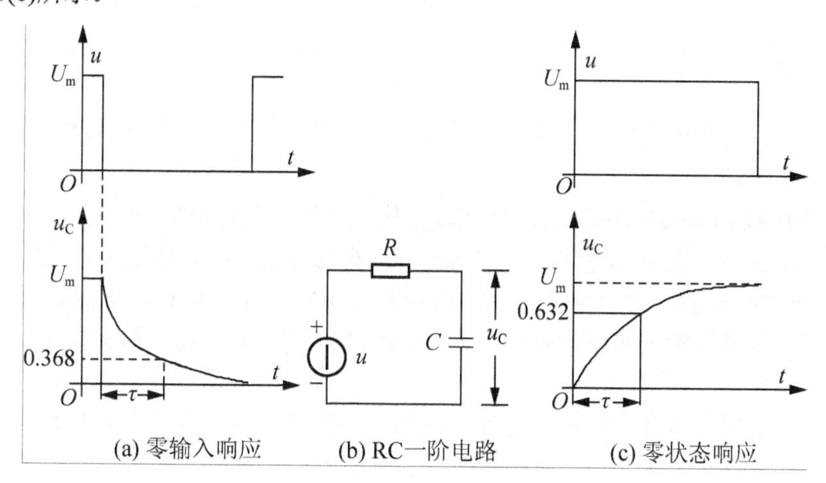

图 2.7.1　RC 一阶电路及其响应曲线

(4) 微分电路和积分电路是 RC 一阶电路中较典型的电路，它对电路元件参数和输入信号的周期有着特定的要求。一个简单的 RC 串联电路，在方波序列脉冲的重复激励下，

当满足 $\tau = RC \ll \frac{T}{2}$ (T 为方波脉冲的重复周期)，且由 R 两端的电压作为响应输出时，该电路就是一个微分电路。因为此时电路的输出信号电压与输入信号电压的微分成正比。如图 2.7.2(a)所示。利用微分电路可以将方波转变成尖脉冲。

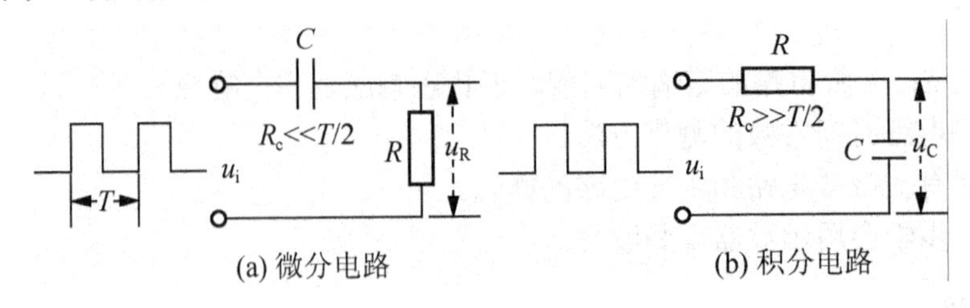

图 2.7.2　典型的 RC 一阶电路

若将图 2.7.2(a)中的 R 与 C 位置调换一下，如图 2.7.2(b)所示，由 C 两端的电压作为响应输出，且当电路的参数满足 $\tau = RC \gg \frac{T}{2}$ 时，该 RC 电路称为积分电路。因为此时电路的输出信号电压与输入信号电压的积分成正比。利用积分电路可以将方波转变成三角波。

从输入输出波形来看，上述两个电路均起着波形变换的作用，因此在实验过程中应仔细观察与记录。

三、实验设备

序　号	名　　称	型号与规格	数　　量	备　　注
1	函数信号发生器		1	DG03
2	双踪示波器		1	自备
3	动态电路实验板		1	DG07

四、实验内容

实验线路板的器件组件，如图 2.7.3 所示，请认清 R、C 元件的布局及其标称值，各开关的通断位置等。

(1) 从电路板上选 R=10kΩ，C=6800pF，组成如图 2.7.1(b)所示的 RC 充放电电路。u_i 为脉冲信号发生器，输出 U_m=3V、f=1kHz 的方波电压信号，并通过两根同轴电缆线，将激励源 u_i 和响应 u_C 的信号分别连至示波器的两个输入口 Y_A 和 Y_B。这时，可在示波器的屏幕上观察到激励与响应的变化规律，请测算出时间常数 τ，并用方格纸按 1:1 的比例描绘波形。

少量地改变电容值或电阻值，定性地观察对响应的影响，并记录观察到的现象。

(2) 令 R=10kΩ，C=0.1μF，观察并描绘响应的波形，然后，继续增大 C 之值，定性地观察对响应的影响。

(3) 令 C=0.01μF，R=100Ω，组成如图 2.7.2(a)所示的微分电路。在同样的方波激励信号(U_m=3V，f=1kHz)作用下，观测并描绘激励与响应的波形。

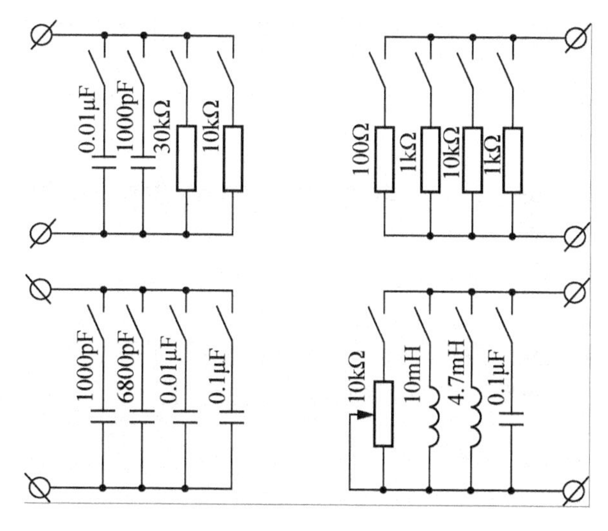

图 2.7.3 动态电路、选频电路实验板

增减 R 之值，定性地观察对响应的影响，并作记录。当 R 增至 1MΩ时，输入输出波形有何本质上的区别？

五、实验注意事项

(1) 当调节电子仪器各旋钮时，动作不要过快、过猛。实验前，需熟读双踪示波器的使用说明书。在观察双踪时，要特别注意相应开关、旋钮的操作与调节。

(2) 信号源的接地端与示波器的接地端要连在一起(称共地)，以防外界干扰而影响测量的准确性。

(3) 示波器的辉度不应过亮，尤其是当光点长期停留在荧光屏上不动时，应将辉度调暗，以延长示波管的使用寿命。

六、思考题

(1) 什么样的电信号可作为 RC 一阶电路零输入响应、零状态响应和完全响应的激励源？

(2) 已知 RC 一阶电路 R=10kΩ，C=0.1μF，试计算时间常数τ，并根据τ值的物理意义，拟定测量τ的方案。

(3) 何谓积分电路和微分电路？它们必须具备什么条件？它们在方波序列脉冲的激励下，其输出信号波形的变化规律如何？这两种电路有何功用？

(4) 预习要求：熟读仪器使用说明，回答上述问题，准备方格纸。

七、实验报告

(1) 根据实验观测结果，在方格纸上绘出 RC 一阶电路充放电时 u_C 的变化曲线，由曲线测得τ值，并与参数值的计算结果作比较，分析误差原因。

(2) 根据实验观测结果，归纳、总结积分电路和微分电路的形成条件，阐明波形变换的特征。

(3) 心得体会及其他。

实验八　二阶动态电路响应的研究

一、实验目的

(1) 测试二阶动态电路的零状态响应和零输入响应，了解电路元件参数对响应的影响。

(2) 观察、分析二阶电路响应的 3 种状态轨迹及其特点，以加深对二阶电路响应的认识与理解。

二、原理说明

一个二阶电路在方波正、负阶跃信号的激励下，可获得零状态与零输入响应，其响应的变化轨迹决定于电路的固有频率。当调节电路的元件参数值，使电路的固有频率分别为负实数、共轭复数及虚数时，可获得单调地衰减、衰减振荡和等幅振荡的响应。此外，在实验中还可获得过阻尼、欠阻尼和临界阻尼 3 种响应图形。

简单而典型的二阶电路是一个 RLC 串联电路和 GCL 并联电路，且这二者之间存在着对偶关系。本实验仅对 GCL 并联电路进行研究。

三、实验设备

序　　号	名　　称	型号与规格	数　　量	备　　注
1	函数信号发生器		1	DG03
2	双踪示波器		1	自备
3	动态实验电路板		1	DG07

四、实验内容

动态电路实验板如图 2.7.3 所示。利用动态电路板中的元件与开关的配合作用，组成如图 2.8.1 所示的 GCL 并联电路。

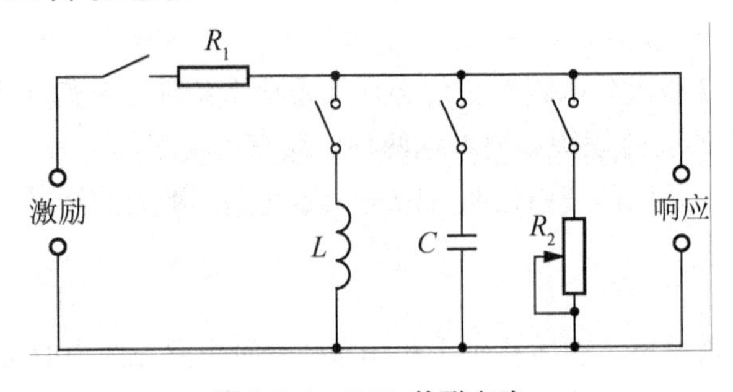

图 2.8.1　GCL 并联电路

令 R_1=10kΩ，L=4.7mH，C=1000pF，R_2 为 10kΩ可调电阻。令脉冲信号发生器的输出为 U_m=1.5V，f=1kHz 的方波脉冲，通过同轴电缆接至图中的激励端，同时用同轴电缆将激励端和响应输出接至双踪示波器的 Y_A 和 Y_B 两个输入口。

(1) 调节可变电阻器 R_2 之值，观察二阶电路的零输入响应和零状态响应由过阻尼过渡到临界阻尼，最后过渡到欠阻尼的变化过渡过程，分别定性地描绘、记录响应的典型变化波形。

(2) 调节 R_2 使示波器荧光屏上呈现稳定的欠阻尼响应波形，定量测定此时电路的衰减常数α和振荡频率ω_d。

(3) 改变一组电路参数，如增、减 L 或 C 之值，重复步骤(2)的测量，且仔细观察，当改变电路参数时，ω_d 与α的变化趋势，并作记录。将实验数据记入表 2-8-1 中。

表 2-8-1　实验八的实验数据

<table>
<tr><th rowspan="2">电路参数
实验次数</th><th colspan="4">元件参数</th><th colspan="2">测　量　值</th></tr>
<tr><th>R_1</th><th>R_2</th><th>L</th><th>C</th><th>α</th><th>ω</th></tr>
<tr><td>1</td><td>10kΩ</td><td rowspan="5">调至某一欠阻尼状态</td><td>4.7mH</td><td>1000pF</td><td></td><td></td></tr>
<tr><td>2</td><td>10kΩ</td><td>4.7mH</td><td>0.01μF</td><td></td><td></td></tr>
<tr><td>3</td><td>30kΩ</td><td>4.7mH</td><td>0.01μF</td><td></td><td></td></tr>
<tr><td>4</td><td>10kΩ</td><td>10mH</td><td>0.01μF</td><td></td><td></td></tr>
<tr><td></td><td></td><td></td><td></td><td></td><td></td></tr>
</table>

五、实验注意事项

(1) 当调节 R_2 时，要细心、缓慢，且临界阻尼要找准。

(2) 观察双踪示波器时，显示要稳定，如不同步，则可采用外同步法触发(看示波器说明)。

六、思考题

(1) 根据二阶电路实验电路元件的参数，计算出处于临界阻尼状态的 R_2 之值。

(2) 在示波器荧光屏上，如何测得二阶电路零输入响应欠阻尼状态的衰减常数α和振荡频率ω_d？

七、实验报告

(1) 根据观测结果，在方格纸上描绘二阶电路过阻尼、临界阻尼和欠尼的响应波形。

(2) 测算欠阻尼振荡曲线上的α与ω_d。

(3) 归纳、总结电路元件参数的改变对响应变化趋势的影响。

(4) 心得体会及其他。

实验九　R、L、C元件阻抗特性的测定

一、实验目的

(1) 研究电阻、感抗、容抗与频率的关系，并测定它们随频率变化的特性曲线。

(2) 了解滤波器的原理和基本电路。

(3) 学习使用信号源、交流毫伏表。

二、原理说明

1. 单个元件阻抗与频率的关系

(1) 对于电阻元件，根据$\frac{\dot{U}_R}{\dot{I}_R}=R\angle 0^\circ$，其中$\frac{U_R}{I_R}=R$，电阻$R$与频率无关。

(2) 对于电感元件，根据$\frac{\dot{U}_L}{\dot{I}_L}=jX_L$，其中$\frac{U_L}{I_L}=X_L=2\pi fL$，感抗$X_L$与频率成正比。

(3) 对于电容元件，根据$\frac{\dot{U}_C}{\dot{I}_C}=-jX_C$，其中$\frac{U_C}{I_C}=X_C=\frac{1}{2\pi fC}$，容抗$X_C$与频率成反比。

测量元件阻抗频率特性的电路如图2.9.1所示，其中，r是提供测量回路电流用的标准电阻，流过被测元件的电流(I_R、I_L、I_C)可由r两端的电压U_r除以r阻值所得，再根据上述3个公式，用被测元件的电流除对应的元件电压，便可得到R、X_L和X_C的数值。

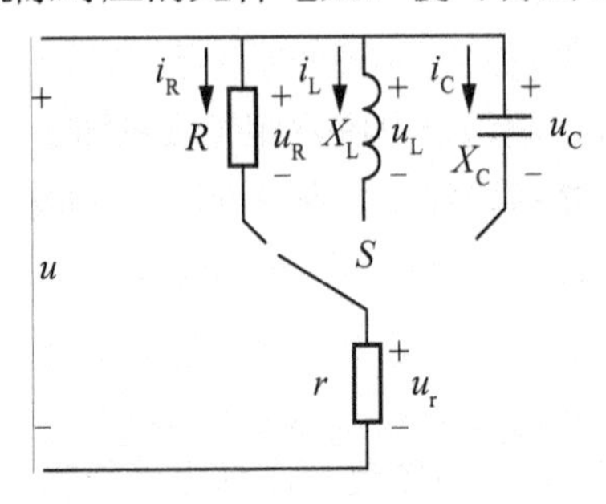

图2.9.1　元件频率性测量电路

2. 交流电路的频率特性

由于交流电路中感抗X_L和容抗X_C均与频率有关，因而，输入电压(或称激励信号)在大小不变的情况下，改变频率大小，电路电流和各元件电压(或称响应信号)也会发生变化。这种电路响应随激励频率变化的特性称为频率特性。

若电路的激励信号为$E_x(j\omega)$，响应信号为$R_e(j\omega)$，则频率特性函数为

$$N(j\omega)=\frac{R_e(j\omega)}{E_x(j\omega)}=A(\omega)\angle\varphi(\omega)$$

式中：$A(\omega)$为响应信号与激励信号的大小之比，是ω的函数，称为幅频特性；$\varphi(\omega)$为响应

信号与激励信号的相位差角，也是ω的函数，称为相频特性。

在本实验中，研究几个典型电路的幅频特性，如图 2.9.2 所示，其中，图 2.9.2(a)在高频时有响应(即有输出)，称为高通滤波器，图 2.9.2(b)在低频时有响应(即有输出)，称为低通滤波器，其中，对应 A=0.707 的频率f_C称为截止频率，在本实验中用 RC 网络组成的高通滤波器和低通滤波器，它们的截止频率f_C均为 1/2πRC。图 2.9.2(c)在一个频带范围内有响应(即有输出)，称为带通滤波器，其中，f_{C1}称为下限截止频率，f_{C2}称为上限截止频率，通频带 $BW=f_{C2}-f_{C1}$。

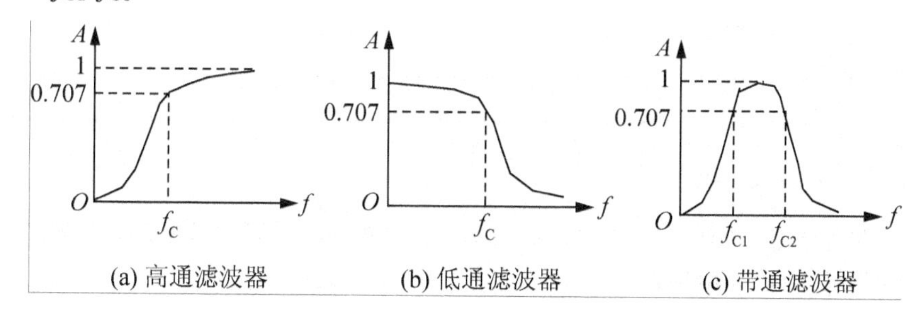

图 2.9.2　三种滤波器的频率特性曲线

三、实验设备

序　号	名　　称	型号与规格	数　量	备　注
1	低频信号发生器(频率计)		1	DG03
2	交流毫伏表	0～600V	1	D83
3	双踪示波器		1	
4	实验线路元件	R=1kΩ，C=1μF　L≈1H	1	DG09
5	电阻	30Ω	1	DG09

四、实验内容

1. 测量 R、L、C 元件的阻抗频率特性

实验电路如图 2.9.1 所示，其中，r=300Ω，R=1kΩ，L=15mH，C=0.01μF。选择信号源正弦波输出作为输入电压 u，调节信号源输出电压幅值，并用交流毫伏表测量，使输入电压 U 的有效值 U=2V，并保持不变。

用导线分别接通 R、L、C 3 个元件，调节信号源的输出频率，从 1kHz 逐渐增至 20kHz(用频率计测量)，用交流毫伏表分别测量 U_R、U_L、U_C 和 U_r，将实验数据记入表 2-9-1 中。并通过计算得到各频率点的 R、X_L 和 X_C。

表 2-9-1　R、L、C 元件的阻抗频率特性实验数据

频率 f/kHz		1	2	5	10	15	20
R /kΩ	U_r/V						
	$U_r/r=I_R$/mA						
	U_R/V						
	$R=U_R/I_R$						

续表

频率 f/kHz		1	2	5	10	15	20
X_L/kΩ	U_r/V						
	$U_r/r=I_L$/mA						
	U_L/V						
	$X_L=U_L/I_L$						
X_C/kΩ	U_r/V						
	$U_r/r=I_C$/mA						
	U_C/V						
	$X_C=U_C/I_C$						

2. 高通滤波器频率特性

实验电路如图 2.9.3 所示，其中，R=1kΩ，C=0.022μF。用信号源输出正弦波电压作为电路的激励信号(即输入电压)。

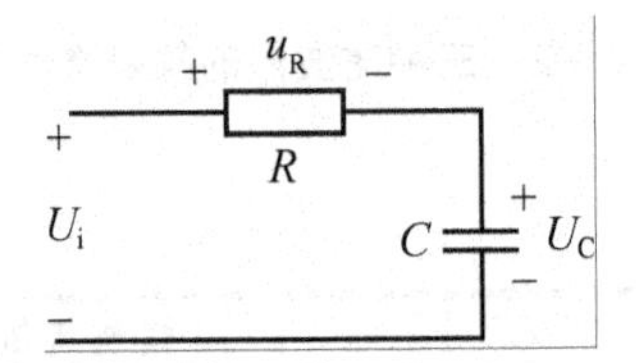

图 2.9.3　频率特性实验电路

调节信号源正弦波输出电压幅值，并用交流毫伏表测量，使激励信号 u_i 的有效值 U_i=2V，并保持不变。调节信号源的输出频率，从 1kHz 逐渐增至 20kHz(用频率计测量)，用交流毫伏表测量响应信号(即输出电压)U_R，将实验数据记入表 2-9-2 中。

表 2-9-2　频率特性实验数据

f/kHz	1	3	6	8	10	15	20
U_R/V							
U_C/V							

3. 低通滤波器频率特性

实验电路和步骤同实验 2，只是响应信号(即输出电压)取自电容两端电压 U_C，将实验数据记入表 2-9-2 中。

五、实验注意事项

交流毫伏表属于高阻抗电表，测量前必须先调零。

六、思考题

(1) 如何用交流毫伏表测量电阻 R、感抗 X_L 和容抗 X_C？它们的大小和频率有何关系？

(2) 什么是频率特性？高通滤波器、低通滤波器和带通滤波器的幅频特性有何特点？如何测量？

七、实验报告要求

(1) 根据表 2-9-1 实验数据，定性画出 R、X_L、X_C 与频率关系的特性曲线。

(2) 根据表 2-9-2 实验数据，定性画出 R、L、C 串联电路的阻抗与频率关系的特性曲线。

实验十　日光灯电路的设计及功率因数的提高(设计性实验)

一、实验目的

(1) 明确交流电路中电压、电流和功率之间的关系。

(2) 了解电容和电感对功率因数的影响及提高功率因数的方法。

(3) 学习功率表的使用方法。

二、设计要求及技术指标

(1) 以日光灯电路作为感性负载，要求电路的功率因数由 0.4 左右提高到 0.8 左右。

(2) 设计并计算功率因数由 0.4 提高到 0.8 左右的各元器件参数。

(3) 设计实验电路及实验步骤，动手制作完成上述功能。

(4) 分别测量功率因数提高前、后两种情况下的电路参数(包括电路端电压 U、灯管电压 U_R，镇流器电压 U_L、电路电流 I 以及电路功率 P，电容电流 I_c)。

三、设计原理与提示

1. 交流电路的功率因数

交流电路中功率因数的大小，关系到电源设备及输电线路能否得到充分利用，在图 2.10.1 的电路中，由于有电感负载，使电路的功率因数较低，从供电方面来看，在同一电压下输送给负载一定大小的有功功率时，所需的电流较大，$P=UI\cos\varphi$。相反，若该线路功率因数较高，所需的电流就可小些。因此，线路的功率因数高，既可提高电源设备的利用率(用较小的电流输送同样的功率)，又可减少线路的能量损失。

为了提高图 2.10.1 电路的功率因数，可在负载端并联一电容，如图 2.10.2 所示。当并联电容后，对于原感性负载来说，所加电压和负载参数均未改变，即没有改变原电路的工作状态，但是并联电容后，由于 I_C 的出现，电路的总电流(即电源向外输送的电流)减小了，如图 2.10.3 所示。由上述分析可知，当并联电容前后，电源向外供出的有功功率未变，但是总电流却因并联电容而减少，这就是改善功率因数的意义。

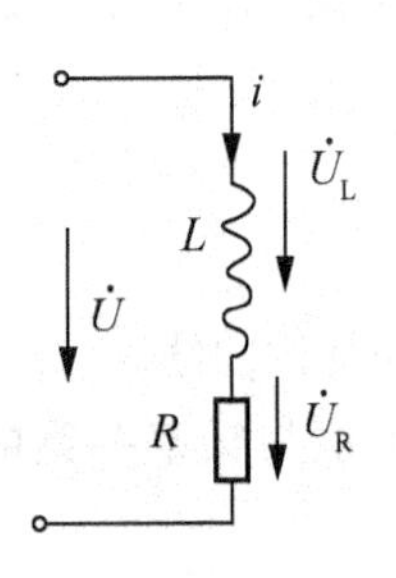

图 2.10.1 交流电路图 1

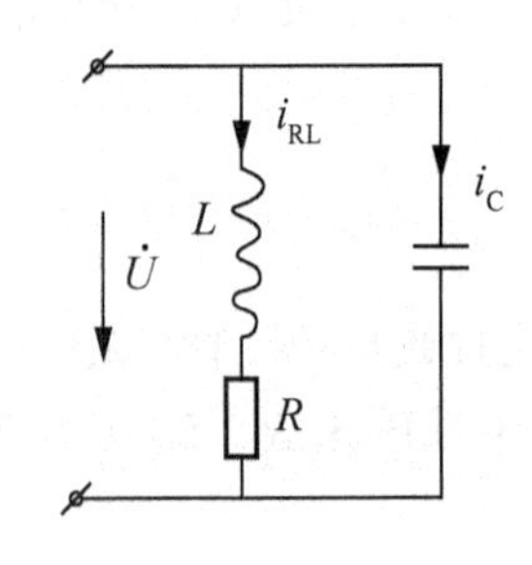

图 2.10.2 交流电路图 2

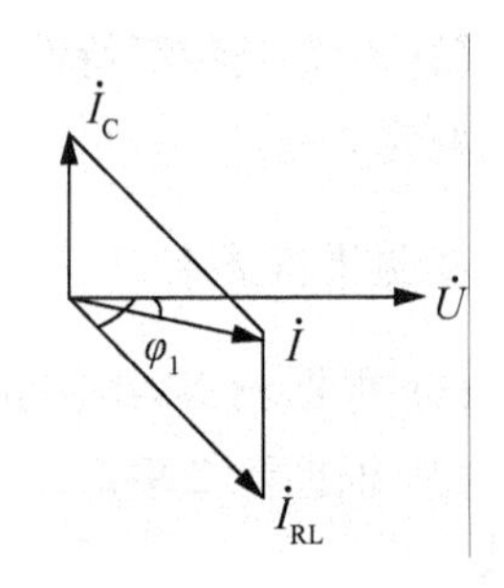

图 2.10.3 交流电路的向量图

2. 日光灯电路

日光灯电路由灯管、镇流器、启辉器组成，原理接线图自拟。

3. 仪器设备及元器件提示

交流电源 220V	DG01
交流电压表 0～450V	1 块
交流伏特表 0～5A	1 块
低功率因数功率表 DGJ-07-1	1 块
30W 日光灯管、启辉器、镇流器	各 1 个
电容器 1MF/450V、2.2μF/450V、4.7μF/450V	各 1 个

四、实验步骤

自拟实验步骤。

五、实验报告要求

(1) 分别测量功率因数提高前、后两种情况下电路的端电压 U、灯管电压 U_R、镇流器电压 U_L、电路电流 I 以及电路功率 P、电容电流 I_c，并将所测数据记入自拟表格中。

(2) 根据实验所测得的数据进行数据处理。

(3) 总结实验结果，分析问题，撰写设计报告。

(4) 装接日光灯线路的心得体会及其他。

(5) 工程实践延伸，上网查找相关案例或视频 1～2 例，以真实案例为引导，设计开放性问题引发思考，增强生活常识、工作责任心以及安全意识。

(6) 工程知识拓展，以基本知识为导向，上网查找工程实际素材。例如，基于日光灯电路的工程知识拓展：“现代 LED 照明时代”。

六、实验注意事项

(1) 本实验采用交流市电 220V，应注意安全用电和人身安全，手切勿接触金属裸露部分。

(2) 正确使用仪表，注意量程的选择。

(3) 镇流器不能短路，否则会烧坏灯管。

(4) 当线路接完后，先经本组同学互查，然后经老师检查后方可通电。当日光灯不能启辉时，应检查启辉器及其接触是否良好。

实验十一　RLC 串联谐振电路的研究

一、实验目的

(1) 学习用实验方法绘制 RLC 串联电路的幅频特性曲线。

(2) 加深理解电路发生谐振的条件、特点，掌握电路品质因数(电路 Q 值)的物理意义及其测定方法。

二、原理说明

(1) 在图 2.11.1 所示的 RLC 串联电路中，当正弦交流信号源的频率 f 改变时，电路中的感抗、容抗随之而变，电路中的电流也随 f 而变。取电阻 R 上的电压 U_o 作为响应，当输入电压 U_i 的幅值维持不变时，在不同频率的信号激励下，测出 U_o 之值，然后以 f 为横坐标，以 U_o/U_i 为纵坐标(因 U_i 不变，故也可直接以 U_o 为纵坐标)绘出光滑的曲线，此曲线即为幅频特性曲线，亦称谐振曲线。如图 2.11.2 所示。

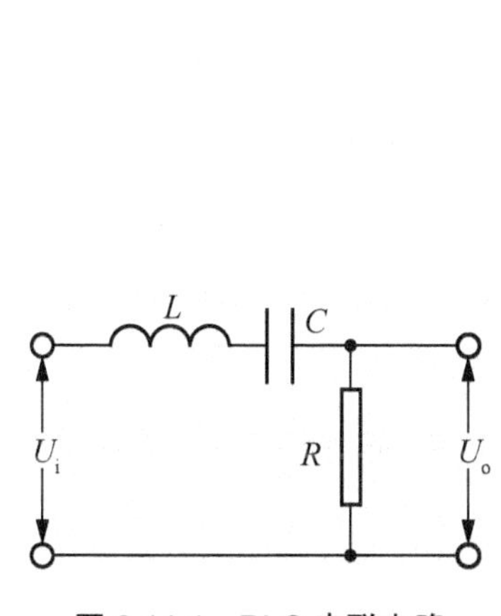

图 2.11.1　RLC 串联电路

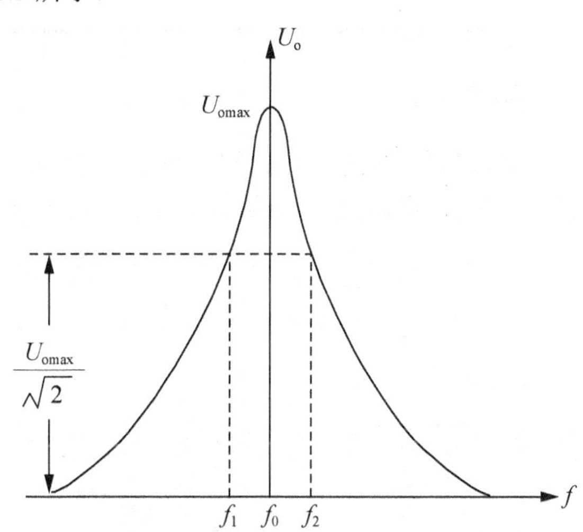

图 2.11.2　RLC 串联电路的幅频特性曲线

(2) 在 $f=f_0=\dfrac{1}{2\pi\sqrt{LC}}$ 处，即幅频特性曲线尖峰所在的频率点称为谐振频率。此时 $X_L=X_c$，电路呈纯阻性，电路阻抗的模为最小。当输入电压 U_i 为定值时，电路中的电流达到最大值，且与输入电压 U_i 同相位。从理论上讲，此时 $U_i=U_R=U_o$，$U_L=U_C=QU_i$，式中：Q 为电路的品质因数。

(3) 电路品质因数 Q 值的两种测量方法。一种方法是根据公式 $Q=\frac{U_L}{U_o}=\frac{U_C}{U_o}$ 测定，U_C 与 U_L 分别为谐振时电容器 C 和电感线圈 L 上的电压；另一方法是通过测量谐振曲线的通频带宽度 $\Delta f=f_2-f_1$，再根据 $Q=\frac{f_0}{f_2-f_1}$ 求出 Q 值。式中：f_0 为谐振频率，f_2 和 f_1 是失谐时，亦即输出电压的幅度下降到最大值的 $1/\sqrt{2}$ (≈0.707)倍时的上、下频率点。Q 值越大，曲线越尖锐，通频带越窄，电路的选择性越好。电路的品质因数、选择性与通频带只决定于电路本身的参数，而与信号源无关。

三、实验设备

序　号	名　　称	型号与规格	数　量	备　注
1	低频函数信号发生器		1	DG03
2	交流毫伏表	0～600V	1	D83
3	双踪示波器		1	自备
4	频率计		1	DG03
5	谐振电路实验电路板	R=200Ω，1kΩ C=0.01μF，0.1μF， L=≈30mH		DG07

四、实验内容

(1) 按图 2.11.3 组成监视、测量电路。先选用 C_1、R_1，并用交流毫伏表测电压，用示波器监视信号源输出。令信号源输出电压 U_i=4V_{P-P}，并保持不变。

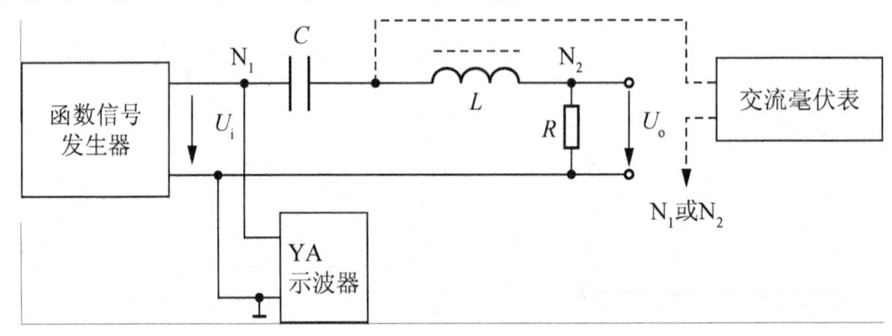

图 2.11.3　监视、测量电路

(2) 找出电路的谐振频率 f_0，其方法如下：将毫伏表接在 R(200Ω)两端，令信号源的频率由小逐渐变大(注意要维持信号源的输出幅度不变)，当 U_o 的读数为最大时，读得频率计上的频率值即为电路的谐振频率 f_0，并测量 U_C 与 U_L 之值(注意及时更换毫伏表的量限)。

(3) 在谐振点两侧，按频率递增或递减 500Hz 或 1kHz，依次各取 8 个测量点，逐点测出 U_o、U_L、U_C 之值，将数据记入表 2-11-1 中。

表 2-11-1　RLC 串联电路幅频特性实验数据

f/kHz														
U_o/V														
U_L/V														
U_C/V														
U_i=4V_{P-P},　C=0.01μF,　R=200Ω,　f_0=　　,　f_2-f_1=　　,　Q=														

(4) 将电阻改为 R_2，重复步骤(2)、(3)的测量过，将实验数据记入表 2-11-2 中。

表 2-11-2　改变 R_2 值后的实验数据

f/kHz														
U_o/V														
U_L/V														
U_C/V														
U_i=4V_{P-P},　C=0.01μF,　R=1kΩ,　f_0=　　,　f_2-f_1=　　,　Q=														

五、实验注意事项

(1) 测试频率点的选择应在靠近谐振频率附近多取几点。在变换频率测试前，应调整信号输出幅度(用示波器监视输出幅度)，使其维持在 4V_{P-P}。

(2) 在测量 U_C 和 U_L 数值前，应将毫伏表的量限改大，而且在测量 U_L 与 U_C 时毫伏表的“＋”端应接 C 与 L 的公共点，其接地端应分别触及 L 和 C 的近地端 N_2 和 N_1。

(3) 实验中，信号源的外壳应与毫伏表的外壳绝缘(不共地)。如能用浮地式交流毫伏表测量，则效果更佳。

六、思考题

(1) 根据实验线路板给出的元件参数值，估算电路的谐振频率。

(2) 改变电路的哪些参数可以使电路发生谐振，电路中 R 的数值是否影响谐振频率值？

(3) 如何判别电路是否发生谐振?测试谐振点的方案有哪些？

(4) 当电路发生串联谐振时，为什么输入电压不能太大，如果信号源给出 3V 的电压，当电路谐振时，用交流毫伏表测 U_L 和 U_C，应该选择用多大的量限？

(5) 要提高 RLC 串联电路的品质因数，电路参数应如何改变？

(6) 本实验在谐振时，对应的 U_L 与 U_C 是否相等？如有差异，原因何在？

七、实验报告

(1) 根据测量数据，绘出不同 Q 值时 3 条幅频特性曲线，即

$$U_o=f(f),\ U_L=f(f),\ U_C=f(f)$$

(2) 计算出通频带与 Q 值，说明不同的 R 值对电路通频带与品质因数的影响。

(3) 对两种不同的测 Q 值的方法进行比较，分析误差原因。

(4) 当谐振时，比较输出电压 U_o 与输入电压 U_i 是否相等？试分析原因。

(5) 通过本次实验，总结、归纳 RLC 串联谐振电路的特性。

(6) 心得体会及其他。

实验十二　三相交流电路电压、电流的测量

一、实验目的

(1) 掌握三相负载作星形连接、三角形连接的方法，并验证在这两种接法下线、相电压及线、相电流之间的关系。

(2) 充分理解三相四线供电系统中中线的作用。

二、原理说明

(1) 三相负载可接成星形(又称“Y”接法)或三角形(又称“△”接法)。当三相对称负载作Y形连接时，线电压 U_L 是相电压 U_p 的 $\sqrt{3}$ 倍。线电流 I_L 等于相电流 I_p，即

$$U_L=\sqrt{3}U_p\text{，}I_L=I_p$$

在这种情况下，流过中线的电流 $I_0=0$，所以可以省去中线。

当对称三相负载作△形连接时，有 $I_L=\sqrt{3}I_p$，$U_L=U_p$。

(2) 当不对称三相负载作Y连接时，必须采用三相四线制接法，即Y_o接法。而且中线必须牢固连接，以保证三相不对称负载的每相电压维持对称不变。

倘若中线断开，会导致三相负载电压的不对称，致使负载轻的那一相的相电压过高，使负载遭受损坏；负载重的一相相电压又过低，使负载不能正常工作。尤其是对于三相照明负载，应无条件地一律采用Y_o接法。

(3) 当不对称负载作△形连接时，$I_L\neq\sqrt{3}I_p$，但只要电源的线电压 U_L 对称，加在三相负载上的电压仍是对称的，对各相负载工作便没有影响。

三、实验设备

序　号	名　　称	型号与规格	数　　量	备　　注
1	交流电压表	0～500V	1	D33
2	交流电流表	0～5A	1	D32
3	三相自耦调压器		1	DG01
4	三相灯组负载	220V，15W 白炽灯	9	DG08

四、实验内容

1. 三相负载星形连接(三相四线制供电)

按图 2.12.1 线路组接实验电路。即三相灯组负载经三相自耦调压器接通三相对称电源。

将三相调压器的旋柄置于输出为 0V 的位置(即逆时针旋到底)。经指导教师检查合格后，方可开启实验台电源，然后调节调压器的输出，使输出的三相线电压为 220V，并按下述内容完成各项实验，分别测量三相负载的线电压、相电压、线电流、相电流、中线电流、电源与负载中点间的电压。将所测得的数据记入表 2-12-1 中，并观察各相灯组亮暗的变化程度，特别要注意观察中线的作用。

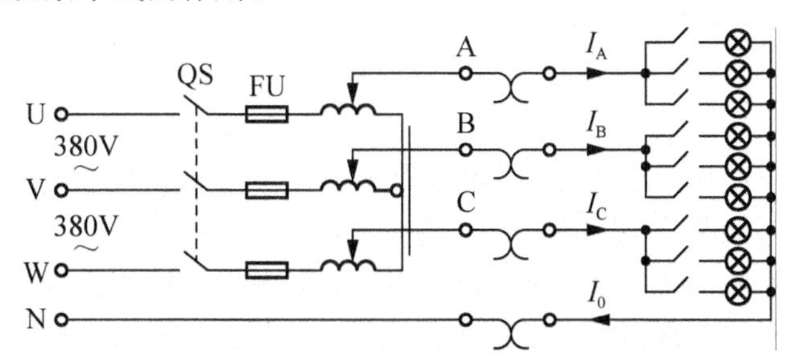

图 2.12.1　三相负载星形连接实验电路

表 2-12-1　三相负载星形连接实验数据

测量数据 实验内容 (负载情况)	开灯盏数			线电流/A			线电压/V			相电压/V			中线电流 I_0/A	中点电压 U_{N0}/V
	A 相	B 相	C 相	I_A	I_B	I_C	U_{AB}	U_{BC}	U_{CA}	U_{A0}	U_{B0}	U_{C0}		
Y_0 接平衡负载	3	3	3											
Y 接平衡负载	3	3	3											
Y_0 接不平衡负载	1	2	3											
Y 接不平衡负载	1	2	3											
Y_0 接 B 相断开	1		3											
Y 接 B 相断开	1		3											
Y 接 B 相短路	1		3											

2. 三相负载三角形连接(三相三线制供电)

按图 2.12.2 改接线路，经指导教师检查合格后接通三相电源，并调节调压器，使其输出线电压为 220V，按表 2-12-2 的内容进行测试，并将实验数据记入表 2-12-2 中。

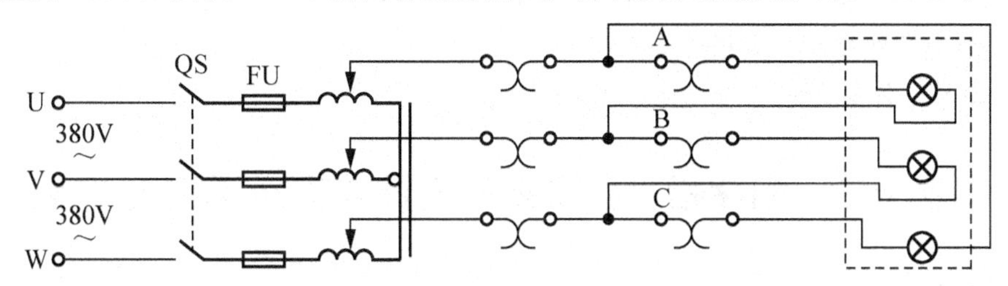

图 2.12.2　三相负载三角形连接实验电路

表 2-12-2　三相负载三角形连接实验电路

测量数据 负载情况	开 灯 盏 数			线电压=相电压/V			线电流/A			相电流/A		
	A-B 相	B-C 相	C-A 相	U_{AB}	U_{BC}	U_{CA}	I_A	I_B	I_C	I_{AB}	I_{BC}	I_{CA}
三相平衡	3	3	3									
三相不平衡	1	2	3									

五、实验注意事项

(1) 本实验采用三相交流市电，线电压为 380V，实验时，应穿绝缘鞋进实验室。且要注意人身安全，不可触及导电部件，防止意外事故发生。

(2) 每次接线完毕，同组同学应自查一遍，然后由指导教师检查后，才可接通电源，且必须严格遵守先断电、再接线、后通电，先断电、后拆线的实验操作原则。

(3) 当星形负载作短路实验时，必须首先断开中线，以免发生短路事故。

(4) 为避免烧坏灯泡，DG08 实验挂箱内设有过压保护装置。当任一相电压大于 245～250V 时，即声光报警并跳闸。因此，在做 Y 接不平衡负载或缺相实验时，所加线电压应以最高相电压小于 240V 为宜。

六、预习思考题

(1) 三相负载根据什么条件作星形或三角形连接？

(2) 复习与三相交流电路有关内容，试分析三相星形连接不对称负载在无中线情况下，当某相负载开路或短路时会出现什么情况？如果接上中线，情况又如何？

(3) 本次实验中为什么要通过三相调压器将 380V 的市电线电压降为 220V 的线电压使用？

七、实验报告

(1) 用实验测得的数据验证对称三相电路中的 $\sqrt{3}$ 关系。

(2) 用实验数据和观察到的现象，总结三相四线供电系统中中线的作用。

(3) 不对称三角形连接的负载，能否正常工作？实验是否能证明这一点？

(4) 根据不对称负载三角形连接时的相电流值作相量图，并求出线电流值，然后与实验测得的线电流作比较，并进行分析。

(5) 心得体会及其他。

实验十三　相序指示器电路的设计与实现(设计性实验)

一、设计要求

(1) 独立设计实验电路，在不确定三相对称电源相序的情况下，能够用白炽灯的明亮程度判断相序。

(2) 确定试验参数，自拟实验步骤，完成实验接线。

(3) 自拟实验数据表格，并记录与实验相关的数据。

二、原理说明

图 2.13.1 为相序指示器电路，用以测定三相电源的相序 A、B、C(或 U、V、W)。它是由一个电容器和两个电灯连接成的星形不对称三相负载电路。如果电容器所接的是 A 相，则灯光较亮的是 B 相，较暗的是 C 相。相序是相对的，任何一相均可作为 A 相。但 A 相确定后，B 相和 C 相也就确定了。为了分析问题简单起见，

设

$$X_C=R_B=R_C=R,\quad \dot{U}_A=U_p\angle 0°$$

则

$$\dot{U}_{N'N}=\frac{U_p\left(\frac{1}{-jR}\right)+U_p\left(-\frac{1}{2}-j\frac{\sqrt{3}}{2}\right)\left(\frac{1}{R}\right)+U_p\left(-\frac{1}{2}+j\frac{\sqrt{3}}{2}\right)\left(\frac{1}{R}\right)}{-\frac{1}{jR}+\frac{1}{R}+\frac{1}{R}}$$

$$\dot{U}'_B=\dot{U}_B-\dot{U}_{N'N}=U_p(-0.3-j1.466)=1.49\angle-101.6°\ U_p$$

$$\dot{U}'_C=\dot{U}_C-\dot{U}_{N'N}=U_p(-0.3+j0.266)=0.4\angle-138.4°\ U_p$$

由于$U'_B>U'_C$，故 B 相灯光较亮。

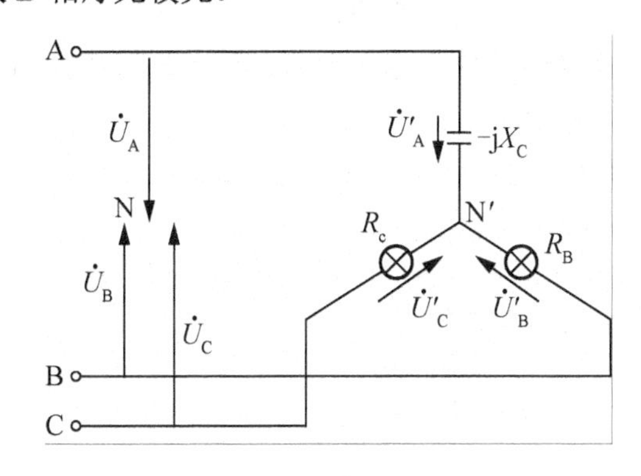

图 2.13.1 相序指示器电路

三、可供选择的设备

综合实验台，包括三相对称电源(调压器输出)；220V/15W 白炽灯若干(可串联、并联或单只运行)；220V 电容若干(0.22μF、0.47μF、1μF、2. 2μF、4. 7μF，可并联使用)等。

四、实验注意事项

(1) 注意电容与灯泡电阻的参数及连接方式选择。

(2) 每次改接线路都必须先断开电源。

(3) 为考虑实验设备的安全，电源线电压为 220V。

五、预习思考题

三相电源的相序是如何规定的？

六、实验报告要求

(1) 设计相序指示器电路，并选择所用设备或器件，确定元件参数。
(2) 简述相序指示器的工作原理。
(3) 自拟实验数据表格。

实验十四　二端口网络测试

一、实验目的

(1) 加深对二端口网络的基本理论理解。
(2) 掌握直流二端口网络传输参数的测量技术。

二、原理说明

对于任何一个线性网络，人们所关心的往往只是输入端口和输出端口的电压和电流之间的相互关系，并通过实验测定方法求取一个极其简单的等值二端口电路来替代原网络，此即为“黑盒理论”的基本内容。

(1) 一个二端口网络两端口的电压和电流 4 个变量之间的关系，可以用多种形式的参数方程来表示。本实验以输出口的电压 U_2 和电流 I_2 作为自变量，以输入口的电压 U_1 和电流 I_1 作为应变量，所得的方程称为二端口网络的传输方程，如图 2.14.1 所示的无源线性二端口网络(又称为四端网络)的传输方程为

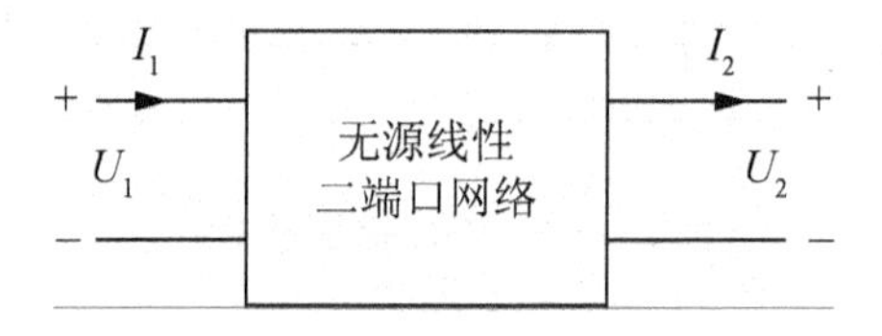

图 2.14.1　无源线性二端口网络

$$U_1=AU_2+BI_2$$
$$I_1=CU_2+DI_2$$

式中：A、B、C、D 为二端口网络的传输参数，其值完全取决于网络的拓扑结构及各支路元件的参数值。这 4 个参数表征了该二端口网络的基本特性，它们的含义如下。

$$A=\frac{U_{1o}}{U_{2o}}\text{（令 }I_2=0\text{，即输出口开路时）}$$

$$B=\frac{U_{1s}}{U_{2s}}\text{（令 }U_2=0\text{，即输出口短路时）}$$

$$C=\frac{I_{1o}}{U_{2o}}\text{(令 }I_2=0\text{，即输出口开路时)}$$

$$D=\frac{I_{1s}}{I_{2s}}\text{(令 }U_2=0\text{，即输出口短路时)}$$

由上式可知，只要在网络的输入口加上电压，并在两个端口同时测量其电压和电流，即可求出 A、B、C、D 这 4 个参数，此即为双端口同时测量法。

(2) 若要测量一条远距离输电线构成的二端口网络，则采用同时测量法就很不方便。这时，可采用分别测量法，即先在输入口加电压，而将输出口开路和短路，在输入口测量电压和电流，由传输方程可得

$$R_{1o}=\frac{U_{1o}}{I_{1o}}=\frac{A}{C}\text{(令 }I_2=0\text{，即输出口开路时)}$$

$$R_{1s}=\frac{U_{1s}}{I_{1s}}=\frac{B}{D}\text{(令 }U_2=0\text{，即输出口短路时)}$$

然后在输出口加电压，而将输入口开路和短路，测量输出口的电压和电流。此时可得

$$R_{2o}=\frac{U_{2o}}{I_{2o}}=\frac{D}{C}\text{(令 }I_1=0\text{，即输入口开路时)}$$

$$R_{2s}=\frac{U_{2s}}{I_{2s}}=\frac{B}{A}\text{(令 }U_1=0\text{，即输入口短路时)}$$

式中：R_{1o}、R_{1s}、R_{2o}、R_{2s} 分别表示一个端口开路和短路时另一端口的等效输入电阻，这 4 个参数中只有 3 个是独立的(因为 $AD-BC=1$)。因此，可求出 4 个传输参数。

$$A=\sqrt{R_{1o}/(R_{2o}-R_{2s})}\text{，}B=AR_{2s}\text{，}C=A/R_{1o}\text{，}D=CR_{2o}$$

(3) 二端口网络级联后的等效二端口网络的传输参数亦可采用前述的方法之一求得。从理论推得两个二端口网络级联后的传输参数与每一个参加级联的二端口网络的传输参数之间有如下的关系。

$$A=A_1A_2+B_1C_2;\qquad B=A_1B_2+B_1D_2$$
$$C=C_1A_2+D_1C_2;\qquad D=C_1B_2+D_1D_2$$

三、实验设备

序　号	名　　称	型号与规格	数　量	备　注
1	可调直流稳压电源	0～30V	1	DG04
2	数字直流电压表	0～200V	1	D31
3	数字直流毫安表	0～200mA	1	D31
4	二端口网络实验电路板		1	DG05

四、实验内容

二端口网络实验线路如图 2.14.2 所示。将直流稳压电源的输出电压调到 10V，作为二端口网络的输入。

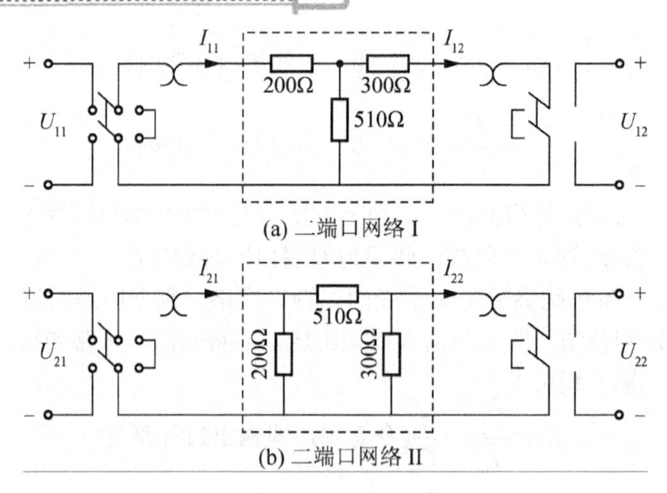

图 2.14.2　二端口网络实验电路

(1) 按同时测量法分别测定两个二端口网络的传输参数 A_1、B_1、C_1、D_1 和 A_2、B_2、C_2、D_2，并列出它们的传输方程。将实验数据分别记入表 2-14-1 和表 2-14-2 中。

表 2-14-1　同时测量法测二端口网络 I 参数实验数据

		测　量　值			计　算　值	
二端口网络 I	输出端开路 $I_{12}=0$	U_{11o}/V	U_{12o}/V	I_{11o}/mA	A_1	B_1
	输出端短路 $U_{12}=0$	U_{11s}/V	I_{11s}/mA	I_{12s}/mA	C_1	D_1

表 2-14-2　同时测量法测二端口网络 II 参数实验数据

		测　量　值			计　算　值	
二端口网络 II	输出端开路 $I_{22}=0$	U_{21o}/V	U_{22o}/V	I_{21o}/mA	A_2	B_2
	输出端短路 $U_{22}=0$	U_{21s}/V	I_{21s}/mA	I_{22s}/mA	C_2	D_2

(2) 将两个二端口网络级联，即将网络 I 的输出接至网络 II 的输入。采用分别测量法测量级联后等效二端口网络的传输参数 A、B、C、D，并验证等效二端口网络传输参数与级联的两个二端口网络传输参数之间的关系。将实验数据记入表 2-14-3 中。

表 2-14-3　分别测量法测二端口网络参数实验数据

输出端开路 $I_2=0$			输出端短路 $U_2=0$			计算传输参数
U_{1o}/V	I_{1o}/mA	R_{1o}/kΩ	U_{1s}/V	I_{1s}/mA	R_{1s}/kΩ	
输入端开路 $I_1=0$			输入端短路 $U_1=0$			$A=$
U_{2o}/V	I_{2o}/mA	R_{2o}/kΩ	U_{2s}/V	I_{2s}/mA	R_{2s}/kΩ	$B=$
						$C=$ $D=$

五、实验注意事项

(1) 当用电流插头插座测量电流时，要注意判别电流表的极性及选取合适的量程(根据所给的电路参数，估算电流表量程)。

(2) 当两个二端口网络级联时，应将二端口网络 I 的输出端与二端口网络 II 输入端相接。

六、预习思考题

(1) 试简述二端口网络同时测量法与分别测量法的测量步骤、优缺点及其适用情况。

(2) 本实验方法可否用于交流二端口网络的测定？

七、实验报告

(1) 完成对数据表格的测量和计算任务。

(2) 列写参数方程。

(3) 验证级联后等效二端口网络的传输参数与级联的两个二端口网络传输参数之间的关系。

(4) 总结、归纳二端口网络的测试技术。

(5) 心得体会及其他。

实验十五　三相鼠笼式异步电动机点动和自锁控制

一、实验目的

(1) 通过对三相鼠笼式异步电动机点动控制和自锁控制线路的实际安装接线，掌握由电气原理图变换成安装接线图的知识。

(2) 通过实验进一步加深理解点动控制和自锁控制的特点。

二、原理说明

(1) 继电—接触控制在各类生产机械中获得广泛地应用，凡是需要进行前后、上下、左右、进退等运动的生产机械，均采用传统的典型的正、反转继电—接触控制。

交流电动机继电—接触控制电路的主要设备是交流接触器。

(2) 在控制回路中常采用接触器的辅助触头来实现自锁和互锁控制。要求接触器线圈得电后能自动保持动作后的状态，这就是自锁。通常用接触器自身的动合触头与启动按钮相并联来实现，以达到电动机的长期运行，这一动合触头称为自锁触头。使两个电器不能同时得电的动作控制，称为互锁控制，如为了避免正、反转两个接触器同时得电而造成三相电源短路事故，必须增设互锁控制环节，包括由接触器的动断辅助触头的电气互锁以及由复合按钮机械互锁的双重互锁的控制环节。

(3) 控制按钮通常用以短时通、断小电流的控制回路来实现近、远距离控制电动机等执行部件的起、停或正、反转控制。按钮是专供人工操作使用的。

(4) 故障保护环节有短路保护、过载保护以及欠压、失压保护。

常采用熔断器实现短路保护，当电动机或电器发生短路时，能及时熔断熔体，达到保护线路、保护电源的目的；常采用热继电器实现过载保护，使电动机免受长期过载的危害。

在电气控制线路中，最常见的故障发生在接触器上，其线圈的电压等级通常有 220V 和 380V 等，使用时必须认清，电压过高易烧坏线圈；电压过低容易导致吸力不够、不易吸合或吸合频繁，这不但会产生噪声，也会因磁路气隙增大，致使电流过大，从而易烧坏线圈。

三、实验设备

序　号	名　　称	型号与规格	数　量	备　注
1	三相交流电源	220V		DG01
2	三相鼠笼式异步电动机	DJ24	1	
3	交流接触器		1	D61-2
4	按钮		2	D61-2
5	热继电器	D9305d	1	D61-2
6	交流电压表	0～500V		D33

四、实验内容

认识各电器的结构、图形符号、接线方法；鼠笼机接成“△”接法，实验线路电源端接三相自耦调压器输出端 U、V、W，供电线电压为 220V。

1. 点动控制

按图 2.15.1 点动控制线路进行安装接线。接线原则如下：先接主电路，即从 220V 三相交流电源的输出端 U、V、W 开始，经接触器 KM 的主触头，热继电器 FR 的热元件到电动机 M 的 3 个线端 A、B、C，用导线按顺序串联起来。当主电路连接完整无误后，再连接控制电路，即从 220V 三相交流电源某输出端(如 V)开始，经过常开按钮 SB1、接触器 KM 的线圈、热继电器 FR 的常闭触头到三相交流电源另一输出端(如 W)。显然，这是对接触器 KM 线圈供电的电路。

接好线路，经指导教师检查后，方可进行通电及如下操作。

(1) 开启电源总开关，按启动按钮，调节调压器输出，使输出线电压为 220V。

(2) 按启动按钮 SB1，对电动机 M 进行点动操作，比较按下 SB1 与松开 SB1 电动机和接触器的运行情况。

(3) 实验完毕，按控制屏停止按钮，切断实验线路三相交流电源。

2. 自锁控制电路

按图 2.15.2 所示自锁线路进行接线，它与图 2.15.1 的不同点在于控制电路中多串联了一只常闭按钮 SB2，同时，在 SB1 上并联了 1 只接触器 KM 的常开触头，它起自锁作用。

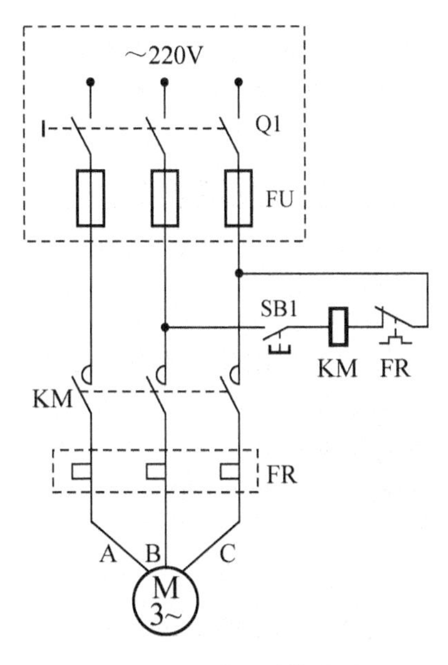

图 2.15.1　点动控制电路

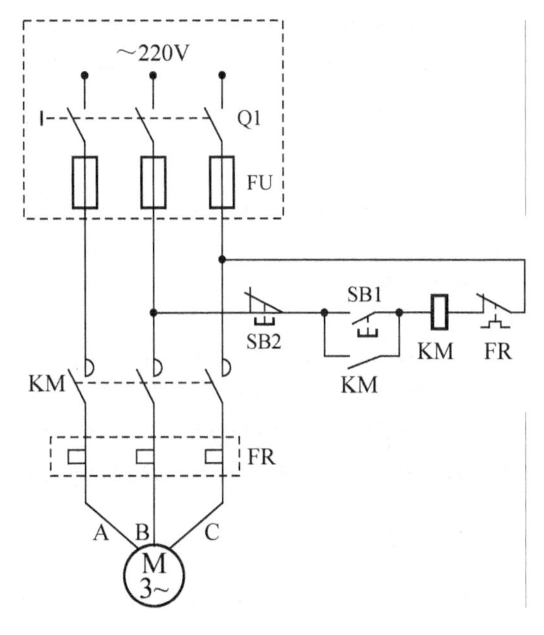

图 2.15.2　自锁控制电路

接好线路，经指导教师检查后，方可进行通电及如下操作。

(1) 按控制屏启动按钮，接通 220V 三相交流电源。

(2) 按启动按钮 SB1，松手后观察电动机 M 是否继续运转。

(3) 按停止按钮 SB2，松手后观察电动机 M 是否停止运转。

(4) 按控制屏停止按钮，切断实验线路三相电源，拆除控制回路中自锁触头 KM，再接通三相电源，启动电动机，观察电动机及接触器的运转情况，从而验证自锁触头的作用。

实验完毕，将自耦调压器调回零位，按控制屏停止按钮，切断实验线路的三相交流电源。

五、实验注意事项

(1) 接线时应合理安排挂箱位置，接线要求牢靠、整齐、清楚、安全可靠。

(2) 操作时要心细、谨慎，不许用手触及各电器元件的导电部分及电动机的转动部分，以免触电及意外损伤。

(3) 当通电观察继电器动作情况时，要注意安全，防止碰触带电部位。

六、预习思考题

(1) 从结构上看点动控制线路与自锁控制线路的主要区别是什么？从功能上看主要区别是什么？

(2) 自锁控制线路在长期工作后可能出现失去自锁作用的现象，试分析这种现象产生的原因是什么？

(3) 交流接触器线圈的额定电压为 220V，若误接到 380V 电源上会产生什么后果？反之，若接触器线圈电压为380V，而电源线电压为220V，其结果又如何？

(4) 在主回路中，熔断器和热继电器热元件可否少用一只或两只？熔断器和热继电器两者可否只采用其中一种就可起到短路和过载保护作用？为什么？

实验十六　三相鼠笼式异步电动机正、反转控制

一、实验目的

(1) 通过对三相鼠笼式异步电动机正、反转控制线路的安装接线，掌握由电气原理图接成实际操作电路的方法。

(2) 加深对电气控制系统各种保护、自锁、互锁等环节的理解。

(3) 学会分析、排除继电—接触控制线路故障的方法。

二、原理说明

在鼠笼机正、反转控制线路中，通过相序的更换来改变电动机的旋转方向。本实验给出两种不同的正、反转控制线路如图2.16.1及2.16.2所示，其具有如下特点。

(1) 电气互锁。为了避免接触器KM1(正转)、KM2(反转)同时得电吸合造成三相电源短路，在KM1(KM2)线圈支路中串接有KM1(KM2)动断触头，它们保证了线路工作时KM1、KM2不会同时得电(图2.16.1)，以达到电气互锁目的。

(2) 电气和机械双重互锁。除电气互锁外，还可再采用复合按钮SB1与SB2组成的机械互锁环节(图2.16.2)，以求线路工作更加可靠。

(3) 线路具有短路保护、过载保护以及失压、欠压保护等功能。

三、实验设备

序　号	名　　称	型号与规格	数　量	备　注
1	三相交流电源	220V		DG01
2	三相鼠笼式异步电动机	DJ24	1	
3	交流接触器	CJX4	2	D61-2
4	按钮		3	D61-2
5	热继电器	JR16B-20/3D	1	D61-2
6	交流电压表	0～500V	1	D33
7	万用电表		1	自备

四、实验内容

认识各电器的结构、图形符号、接线方法；抄录电动机及各电器铭牌数据；用万用电表欧姆挡检查各电器线圈、触头是否完好。

鼠笼机接成“△”接法；实验线路电源端接三相自耦调压器输出端U、V、W，供电

线电压为 220V。

(1) 接触器联锁的正反转控制线路。按图 2.16.1 接线，经指导教师检查后，方可进行通电及如下操作。

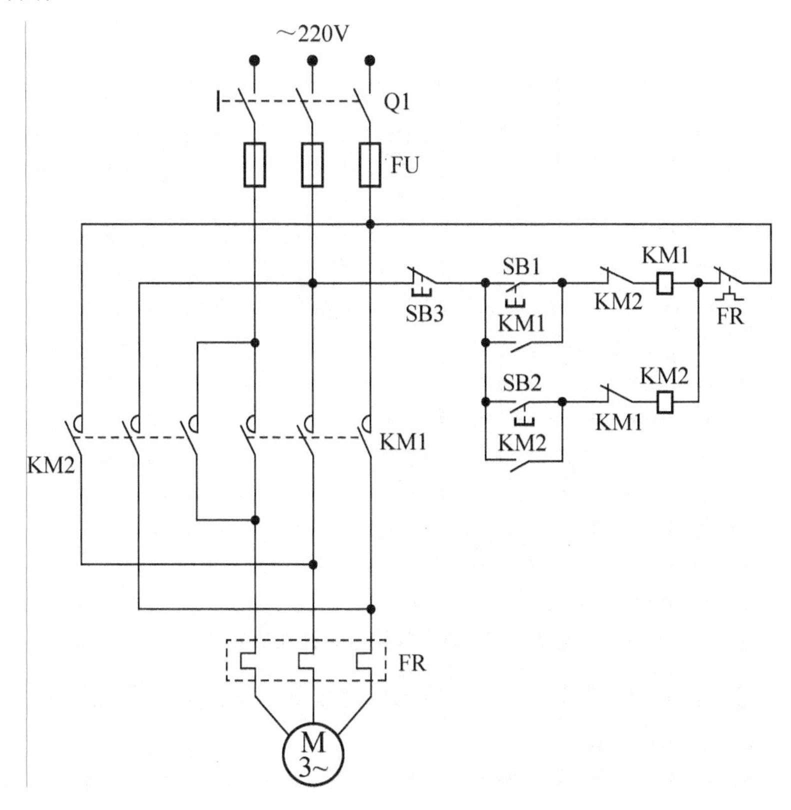

图 2.16.1　电气互锁电路

① 开启控制屏电源总开关，按启动按键，调节调压器输出，使输出线电压为 220V。

② 按正向启动按键 SB1，观察并记录电动机的转向和接触器的运行情况。

③ 按反向启动按键 SB2，观察并记录电动机和接触器的运行情况。

④ 按停止按键 SB3，观察并记录电动机的转向和接触器的运行情况。

⑤ 再按反向启动按键 SB2，观察并记录电动机的转向和接触器的运行情况。

⑥ 实验完毕，按控制屏停止按键，切断三相交流电源。

(2) 接触器和按键双重联锁的正反转控制线路。按图 2.16.2 接线，经指导教师检查后，方可进行通电及如下操作。

① 按控制屏启动按键，接通 220V 三相交流电源。

② 按正向启动按键 SB1，电动机正向启动，观察电动机的转向及接触器的动作情况。按停止按键 SB3，使电动机停转。

③ 按反向启动按键 SB2，电动机反向启动，观察电动机的转向及接触器的动作情况。按停止按键 SB3，使电动机停转。

④ 按正向(或反向)启动按键，当电动机启动后，再去按反向(或正向)启动按键，观察有何情况发生？

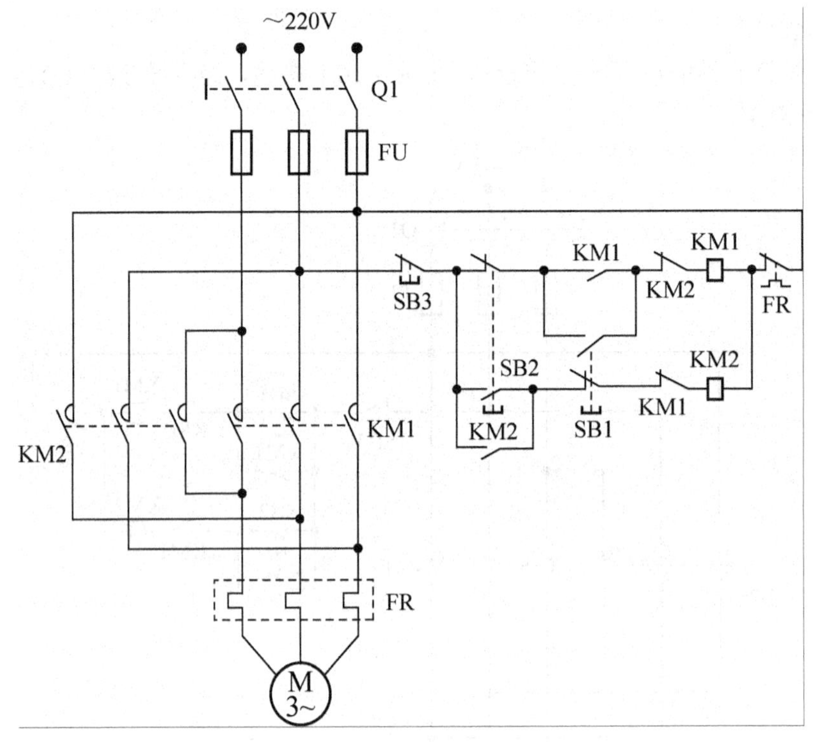

图 2.16.2　电气和机械双重互锁电路

⑤ 电动机停稳后，同时按正、反向两只启动按键，观察有何情况发生？

⑥ 失压与欠压保护。

a. 按启动按键 SB1(或 SB2)电动机启动后，按控制屏停止按键，断开实验线路三相电源，模拟电动机失压(或零压)状态，观察电动机与接触器的动作情况，随后，再按控制屏上启动按键，接通三相电源，但不按 SB1(或 SB2)，观察电动机能否自行启动？

b. 重新启动电动机后，逐渐减小三相自耦调压器的输出电压，直至接触器释放，观察电动机是否自行停转。

实验完毕，将自耦调压器调回零位，按控制屏停止按键，切断实验线路电源。

五、故障分析

(1) 当接通电源后，按启动按键(SB1 或 SB2)，接触器吸合，但电动机不转且发出“嗡嗡”声响；或者虽能启动，但转速很慢。这种故障大多是主回路一相断线或电源缺相。

(2) 当接通电源后，按启动按键(SB1 或 SB2)，若接触器通断频繁，且发出连续的“劈啪”声或吸合不牢，发出颤动声，此类故障原因可能包括以下几个方几面：①线路接错，将接触器线圈与自身的动断触头串在一条回路上了；②自锁触头接触不良，时通时断；③接触器铁芯上的短路环脱落或断裂；④电源电压过低或与接触器线圈电压等级不匹配。

六、预习思考题

(1) 在电动机正、反转控制线路中，为什么必须保证两个接触器不能同时工作？采用哪些措施可解决此问题？这些方法有何利弊？最佳方案是什么？

(2) 在控制线路中，短路、过载、失、欠压保护等功能是如何实现的？在实际运行过程中，这几种保护有何意义?

实验十七　三相鼠笼式异步电动机Y—△降压启动控制

一、实验目的

(1) 进一步提高按图接线的能力。

(2) 了解时间继电器的结构、使用方法、延时时间的调整及在控制系统中的应用。

(3) 熟悉异步电动机Y—△降压启动控制的运行情况和操作方法。

二、原理说明

(1) 按时间原则控制电路的特点是各个动作之间有一定的时间间隔，使用的元件主要是时间继电器。时间继电器是一种延时动作的继电器，延时动作的时间间隔可按需要预先设定，以协调和控制生产机械的各种动作。其基本功能可分为通电延时式和断电延时式两类，延时时间通常可在 0.4～80s 范围内调节。

(2) 按时间原则控制鼠笼式电动机Y—△降压自动换接启动的控制线路，如图 2.17.1 所示。

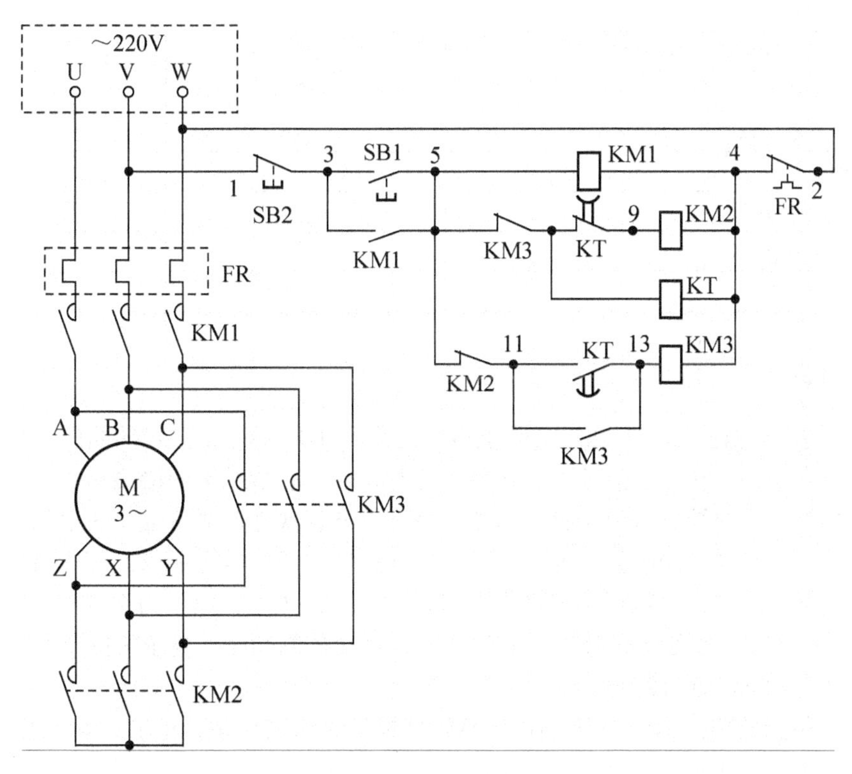

图 2.17.1　三相鼠笼式电动机Y—△降压自动换接启动线路

从主回路看，当接触器 KM1、KM2 主触头闭合，KM3 主触头断开时，电动机三相定子绕组作“Y”连接；而当接触器 KM1 和 KM3 主触头闭合，KM2 主触头断开时，电动机三相定子绕组作“△”连接。因此，所设计的控制线路若能先使 KM1 和 KM2 得电闭合，后经一定时间的延时，使 KM2 失电断开，而后使 KM3 得电闭合，则电动机就能实现降压启动后自动转换到正常工作运转。图 2.17.1 的控制线路能满足上述要求。该线路具有以下特点。

① 接触器 KM3 与 KM2 通过动断触头 KM3(5～7)与 KM2(5～11)实现电气互锁，以保证 KM3 与 KM2 不会同时得电，从而防止三相电源的短路事故发生。

② 依靠时间继电器 KT 延时动合触头(11～13)的延时闭合作用，保证在按下 SB1 后，使 KM2 先得电，并依靠 KT(7～9)先断，KT(11～13)后合的动作次序，保证 KM2 先断，而后再自动接通 KM3，以避免换接时电源可能发生的短路事故。

③ 当线路正常运行(△接)时，接触器 KM2 及时间继电器 KT 均处断电状态。

④ 由于实验装置提供的三相鼠笼式电动机每相绕组额定电压为 220V，而Y/△换接启动的使用条件是正常运行时电机必须作△接，故实验时，应将自耦调压器输出端(U、V、W)电压调至 220V。

三、实验设备

序　号	名　　称	型号与规格	数　量	备　注
1	三相交流电源	220V	1	DG01
2	三相鼠笼式异步电动机	DJ24	1	
3	交流接触器	CJX4	2	D61-2
4	时间继电器	JS14S	1	D61-2
5	按钮		1	D61-2
6	热继电器	D9305d	1	D61-2
7	万用电表		1	自备
8	切换开关	三刀双掷	1	D62-2

四、实验内容

(1) 时间继电器控制Y—△自动降压启动线路。摇开 D61-2 挂箱的面板，观察空气阻尼式时间继电器的结构，认清其电磁线圈和延时动合、动断触头的接线端子。用手推动时间继电器衔铁，模拟继电器通电吸合动作，用万用电表欧姆挡测量触头的通与断，以此来大致判定触头延时动作的时间。通过调节进气孔螺钉，即可整定所需的延时时间。

实验线路电源端接自耦调压器输出端(U、V、W)，供电线电压为 220V。

① 按图 2.17.1 线路进行接线，先接主回路后接控制回路。要求按图示的节点编号从左到右、从上到下，逐行连接。

② 在不通电的情况下，用万用电表欧姆挡检查线路连接是否正确，特别注意 KM2 与 KM3 两个互锁触头 KM3(5～7)与 KM2(5～11)是否正确接入。经指导教师检查后，方可通电。

③ 开启控制屏电源总开关，按控制屏启动按键，接通 220V 三相交流电源。

④ 按启动按键 SB1，观察电动机的整个启动过程及各继电器的动作情况，记录Y—△换接所需时间。

⑤ 按停止按键 SB2，观察电机及各继电器的动作情况。

⑥ 调整时间继电器的整定时间，观察接触器 KM2、KM3 的动作时间是否相应地改变。

⑦ 实验完毕，按控制屏停止按键，切断实验线路电源。

(2) 接触器控制Y—△降压启动线路。按图 2.17.2 线路接线，经指导教师检查后，方可进行通电及如下操作。

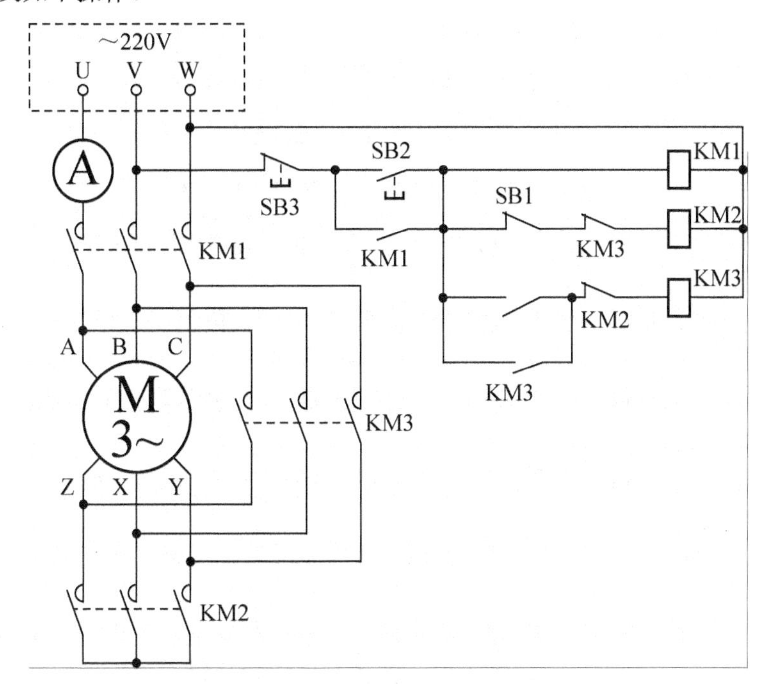

图 2.17.2　接触器控制Y—△降压启动电路

① 按控制屏启动按键，接通 220V 三相交流电源。

② 按下按键 SB2，电动机作Y接法启动，注意观察启动时，电流表最大读数 $I_{\text{Y启动}}$=______A。

③ 稍后，待电动机转速接近正常转速时，按下按键 SB2，使电动机为△接法正常运行。

④ 按停止按键 SB3，电动机断电停止运行。

⑤ 先按按键 SB2，再按按键 SB1，观察电动机在△接法直接启动时的电流表最大读数 $I_{\triangle\text{启动}}$=______A。

⑥ 实验完毕，将三相自耦调压器调回零位，按控制屏停止按键，切断实验线路电源。

(3) 手动控制Y—△降压启动控制线路。按图 2.17.3 线路接线。

① 开关 Q2 合向上方、使电动机为△接法。

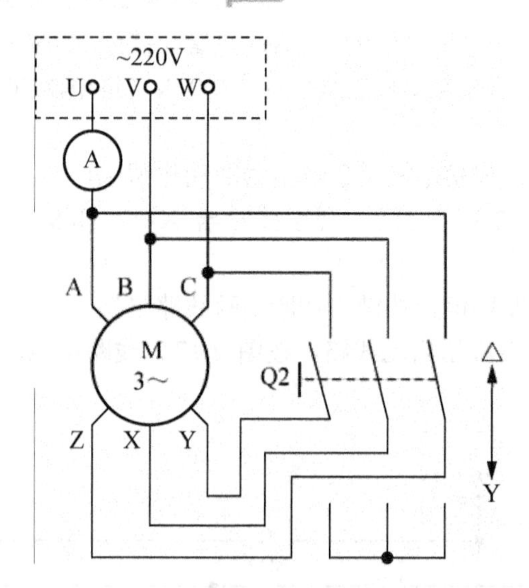

图 2.17.3　手动控制Y—△降压启动电路

② 按控制屏启动按键，接通 220V 三相交流电源，观察电动机在△接法直接启动时，电流表最大读数 $I_{△启动}$ =______A。

③ 按控制屏停止按键，切断三相交流电源，待电动机停稳后，开关 Q2 合向下方，使电动机为Y接法。

④ 按控制屏启动按键，接通 220V 三相交流电源，观察电动机在Y接法直接启动时，电流表最大读数 $I_{Y启动}$ =______A。

⑤ 按控制屏停止按键，切断三相交流电源，待电动机停稳后，操作开关 Q2，使电动机作Y—△降压启动。

a. 先将 Q2 合向下方，使电动机为Y接，按控制屏启动按键，记录电流表最大读数，$I_{Y起动}$ =______A。

b. 待电动机接近正常运转时，将 Q2 合向上方△运行位置，使电动机正常运行。

实验完毕后，将自耦调压器调回零位，按控制屏停止按键，切断实验线路电源。

五、实验注意事项

(1) 注意安全，严禁带电操作。

(2) 只有在断电的情况下，才可用万用电表欧姆挡来检查线路的接线正确与否。

六、预习思考题

(1) 采用Y—△降压启动对鼠笼电动机有何要求。

(2) 如果要用一只断电延时式时间继电器来设计异步电动机的Y—△降压启动控制线路，试问 3 个接触器的动作次序应作如何改动？控制回路又应如何设计？

(3) 控制回路中的一对互锁触头有何作用？若取消这对触头对Y—△降压换接启动有何影响？可能会出现什么后果？

(4) 与手动控制线路相比较，降压启动的自动控制线路有哪些优点？

第3章 模拟电子技术实验

模拟电子技术实验是学生进入大学后接触的第一门电子类实验课程，是整个电子技术教学过程中一个十分重要的环节，它和理论教学具有同样的重要性，是学生最重要的基本训练之一。

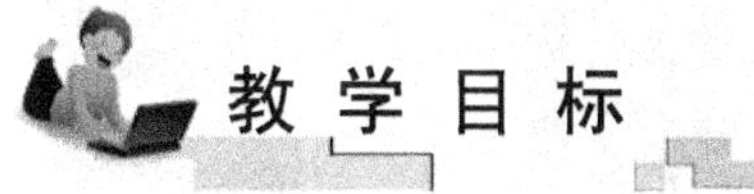

教学目标

(1) 验证、巩固、充实和丰富模拟电子技术知识。
(2) 培养电子基本操作技能和处理实验结果基本方法。
(3) 根据理论分析与实验数据及实验现象得出结论。
(4) 培养研究和解决科学技术问题的独立工作能力。
(5) 拓展电子技术发展知识。

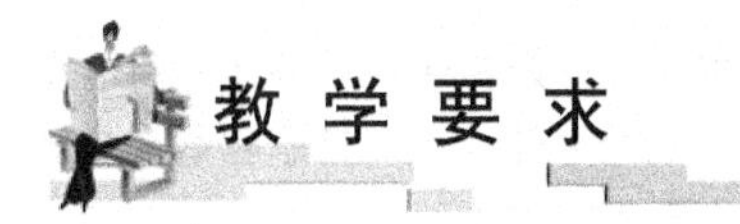

教学要求

知识要点	能力要求	相关知识
模拟电子理论知识 电子技术实验技能	(1) 掌握模拟电子理论知识，实验原理 (2) 熟悉电子实验操作技巧 (3)了解常用仪器仪表工作原理	数据处理 误差分析

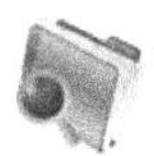

推荐阅读资料

1. 蔡灏. 电工与电子技术实验指导书. 北京：中国电力出版社：2005(9).
2. 张海南. 电工技术电子技术实验指导书. 西安：西北工业大学出版社：2007(3).
3. 任国燕. 模拟电子技术实验指导书. 北京：水利水电出版社：2008(7).

基本概念

(1) PN结：将N型半导体和P型半导体制作在一起就形成PN结，PN结具有单向导电性。

(2) 晶体管的3个工作区域：放大区、饱和区和截止区。

(3) 零点漂移现象：零漂主要是指温漂。

(4) 反馈的概念：将输出量的一部分或全部通过一定的电路形式作用到输入回路，用来影响其输入量的措施称为反馈。

引例

引例1——汽车电子技术的发展突飞猛进

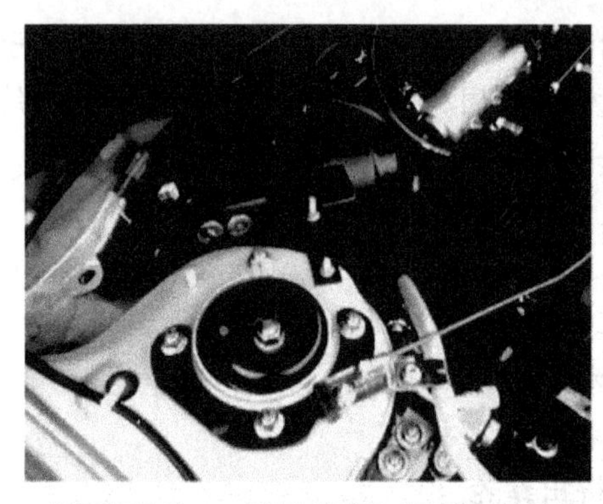

“汽车卫兵——四轮锁定”汽车防盗系统

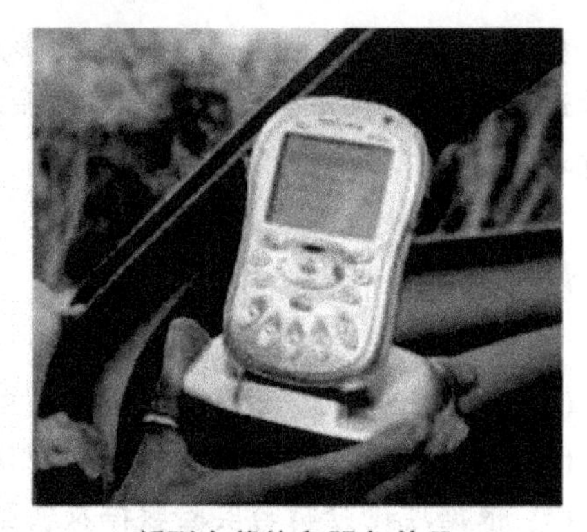

新型车载信息服务单元

汽车电子行业的未来发展趋势是绿色性环保性、安全性和连通通信。绿色环保性是指混合动力汽车(HEVs)系统，它可以提高汽车的燃油经济性，并降低碳排放；安全性方面，最新的发展方向是主动安全性，通过采用雷达、光学和超声波传感器等技术，测量汽车与周围物体的距离和接近物体时的速度，该数据不仅可用于提醒驾驶者控制汽车的驾驶速度，避免可能发生的碰撞事件，还可用于控制制动器或转向系统以自动避免碰撞，双重作用下降低全球事故率以及事故车的昂贵维修成本。

在汽车通信方面，消费者开始希望在其汽车和卡车里享有同样的技术和通信便利，以使驾驶过程更加高效、方便、充满情趣。如GPS导航、车载信息服务(嵌入式手机和其他双向无线链接所带来的自动电信)、卫星广播以及后座电视等产品和技术的应用。

“汽车卫兵——四轮锁定”汽车防盗系统，它利用车辆刹车制动原理在车辆停放时由防盗锁中的电机将刹车油推向4个轮子，使车辆处在刹车状态。防盗系统将遥控、密码技术、机械锁、液压传动驻车功能有机结合，真正具备主动防盗防抢的功能。

引例2——未来电子技术“可穿戴式计算机”

穿戴式计算机时代已悄悄走来，它是未来科技的重要部分。想要将计算机的功能和使将移植到身上，从台式计算机到便携式再到穿戴式设计，计算机的发展面临着设备和功能微型化的挑战。最吸引人的前景是把人体运动的动能或身体与环境的温差转换成电能，而不再使用电池。由于早期研发成本较高，这些产品的应用首先集中在军事、医疗、救灾等领域。但随着科技与信息技术的飞速发展，人们有理由相信，穿戴式计算机走入生活就在不远的将来。

实验一 常用电子仪器的使用

一、实验目的

(1) 学习电子电路实验中常用的电子仪器——示波器、函数信号发生器、直流稳压电源、交流毫伏表、频率计等的主要技术指标、性能及正确使用方法。

(2) 初步掌握用双踪示波器观察正弦信号波形和读取波形参数的方法。

二、实验原理

在模拟电子电路实验中，经常使用的电子仪器有示波器、函数信号发生器、直流稳压电源、交流毫伏表及频率计等。它们和万用电表一起，可以完成对模拟电子电路的静态和动态工作情况的测试。

实验中要对各种电子仪器进行综合使用，可按照信号流向，以连线简捷，调节顺手，观察与读数方便等原则进行合理布局，各仪器与被测实验装置之间的布局与连接如图 3.1.1 所示。接线时应注意，为防止外界干扰，各仪器的公共接地端应连接在一起，即共地。信号源和交流毫伏表的引线通常用屏蔽线或专用电缆线，示波器接线通常用专用电缆线，直流电源的接线通常用普通导线。

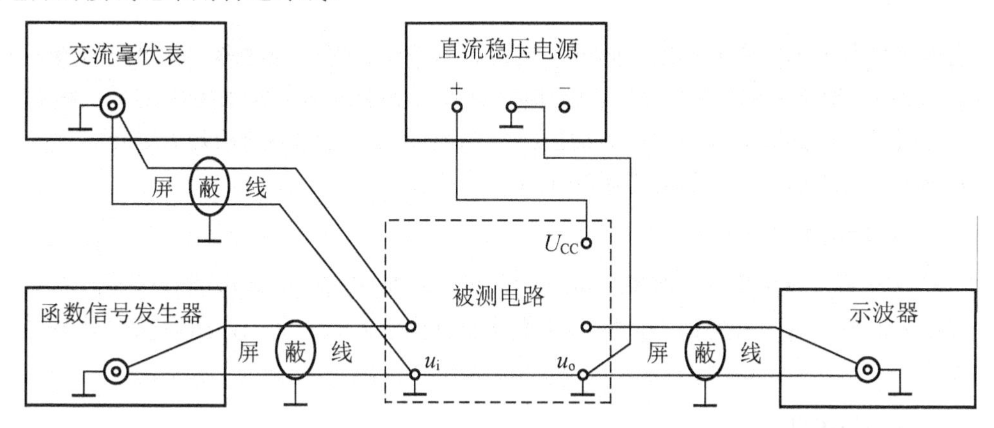

图 3.1.1 模拟电子电路中常用电子仪器布局图

1. 示波器

示波器是一种用途很广的电子测量仪器，它既能直接显示电信号的波形，又能对电信号进行各种参数的测量。现着重指出下列几点。

(1) 寻找扫描光迹。将示波器 Y 轴"显示方式"开关置于"Y_1"或"Y_2"，"输入耦合方式"开关置于"GND"，当开机预热后，若在显示屏上不出现光点和扫描基线，可按下列操作去找到扫描线：①适当调节"亮度"旋钮；②"触发方式"开关置于"自动"；③适当调节垂直(⇅)、水平(⇄)"位移"旋钮，使扫描光迹位于屏幕中央(若示波器设有"寻迹"按键，可按"寻迹"按键，判断光迹偏移基线的方向)。

(2) 双踪示波器一般有 5 种显示方式，即"Y_1"、"Y_2"、"Y_1+Y_2"3 种单踪显示方式和“交替”、“断续”两种双踪显示方式。“交替”显示一般适宜在输入信号频率较高时使用；“断续”显示一般适宜在输入信号频率较低时使用。

(3) 为了显示稳定的被测信号波形，“触发源选择”开关一般选为“内”触发，使扫描触发信号取自示波器内部的Y通道。

(4) 通常先将“触发方式”开关置于“自动”调出波形，若被显示的波形不稳定，可置“触发方式”开关于“常态”，通过调节“触发电平”旋钮找到合适的触发电压，使被测试的波形能稳定地显示在示波器屏幕上。

有时，由于选择了较慢的扫描速率，显示屏上将会出现闪烁的光迹，但若被测信号的波形不在X轴方向左右移动，这样的现象仍属于稳定显示。

(5) 适当调节“扫描速率”开关及Y轴“灵敏度”开关，使屏幕上能显示1～2个周期的被测信号波形。在测量幅值时，应注意将Y轴“灵敏度微调”旋钮置于“校准”位置，即顺时针旋到底，且听到关的声音。在测量周期时，应注意将X轴“扫速微调”旋钮置于“校准”位置，即顺时针旋到底，且听到关的声音。还要注意“扩展”旋钮的位置。

根据被测波形在屏幕坐标刻度上垂直方向所占的格数(div或cm)与Y轴“灵敏度”开关指示值(v/div)的乘积，即可算得信号幅值的实测值。

根据被测信号波形一个周期在屏幕坐标刻度水平方向所占的格数(div或cm)与“扫速”开关指示值(t/div)的乘积，即可算得信号频率的实测值。

2. 函数信号发生器

函数信号发生器按需要输出正弦波、方波、三角波3种信号波形。输出电压最大可达$20V_{P-P}$。通过“输出衰减”开关和“输出幅度调节”旋钮，可使输出电压在毫伏级到伏级范围内连续调节。函数信号发生器的输出信号频率可以通过频率分挡开关进行调节。且函数信号发生器作为信号源，它的输出端不允许短路。

3. 交流毫伏表

交流毫伏表只能在其工作频率范围之内，用来测量正弦交流电压的有效值。为了防止过载而损坏，测量前一般先把“量程”开关置于量程较大的位置上，然后在测量中逐挡减小量程。

三、实验设备与器件

(1) 函数信号发生器。
(2) 双踪示波器。
(3) 交流毫伏表。

四、实验内容

(1) 用机内校正信号对示波器进行自检。

① 扫描基线调节。将示波器的“显示方式”开关置于“单踪”显示(Y_1或Y_2)，“输入耦合方式”开关置于“GND”，触发方式开关置于“自动”。当开启电源开关后，调节“辉度”、“聚焦”、“辅助聚焦”等旋钮，使荧光屏上显示一条细而且亮度适中的扫描

基线。然后，调节 X 轴“位移”(⇄)和 Y 轴“位移”(⇅)旋钮，使扫描线位于屏幕中央，并且能上下左右移动自如。

② 测试“校正信号”波形的幅度、频率。将示波器的“校正信号”通过专用电缆线引入选定的 Y 通道(Y_1或 Y_2)，并将 Y 轴“输入耦合方式”开关置于“AC”或“DC”，“触发源选择”开关置“内”，“内触发源选择”开关置于“Y_1”或“Y_2”。调节 X 轴“扫描速率”开关(t/div)和 Y 轴“输入灵敏度”开关(v/div)，使示波器显示屏上显示出一个或数个周期稳定的方波波形。

a. 校准“校正信号”幅度。将 Y 轴“灵敏度微调”旋钮置于“校准”位置，且将 Y 轴“灵敏度”开关置于适当位置，读取校正信号幅度，将实验数据记入表 3-1-1 中。

表 3-1-1　标准“校正信号”幅度实验数据

	标　准　值	实　测　值
幅度 Up-p/V		
频率 f/kHz		
上升沿时间/μs		
下降沿时间/μs		

注：不同型号示波器标准值有所不同，请按所使用示波器将标准值填入表格中。

b．校准“校正信号”频率。将“扫速微调 1”旋钮置于“校准”位置，且将“扫速”开关置于适当位置，读取校正信号周期，将实验数据记入表 3-1-1 中。

c．测量“校正信号”的上升时间和下降时间。调节 Y 轴“灵敏度”开关及微调旋钮，并移动波形，使方波波形在垂直方向上正好占据在中心轴上，且上、下对称，以便于读取。通过“扫速”开关逐级提高扫描速度，使波形在 X 轴方向扩展(必要时可以利用“扫速扩展”开关将波形再扩展 10 倍)，并同时调节“触发电平”旋钮，以便从显示屏上清楚地读出上升时间和下降时间，将实验数据记入表 3-1-1 中。

(2) 用示波器和交流毫伏表测量信号参数。调节函数信号发生器的有关旋钮，使输出频率分别为 100Hz、1kHz、10kHz、100kHz，有效值均为 1V(交流毫伏表测量值)的正弦波信号。

改变示波器“扫速”开关及 Y 轴“灵敏度”开关等的位置，然后测量信号源输出电压频率及峰峰值，将实验数据记入表 3-1-2 中。

表 3-1-2　测量信号源输出电压频率及峰峰值实验数据

信号电压频率	示波器测量值		信号电压毫伏表读数/V	示波器测量值	
	周期/ms	频率/Hz		峰峰值/V	有效值/V
100Hz					
1kHz					
10kHz					
100kHz					

(3) 测量两波形间相位差。

① 观察双踪显示波形“交替”与“断续”两种显示方式的特点。Y_1、Y_2 均不加输入信号，且将输入耦合方式开关置于“GND”，将“扫速”开关置于扫速较低档位(如 0.5s/div

档)和扫速较高档位(如 5μs/div 档)，并把“显示方式”开关分别置于“交替”和“断续”位置，观察两条扫描基线的显示特点，记录之。

② 用双踪显示测量两波形间相位差。

a. 按图 3.1.2 连接实验电路，将函数信号发生器的输出电压调至频率为 1kHz，幅值为 2V 的正弦波，经 RC 移相网络获得频率相同但相位不同的两路信号 u_i 和 u_R，分别加到双踪示波器的 Y_1 和 Y_2 输入端。

为便于产生稳定的波形，从而比较两波形相位差，应使内触发信号取自被设定作为测量基准的一路信号。

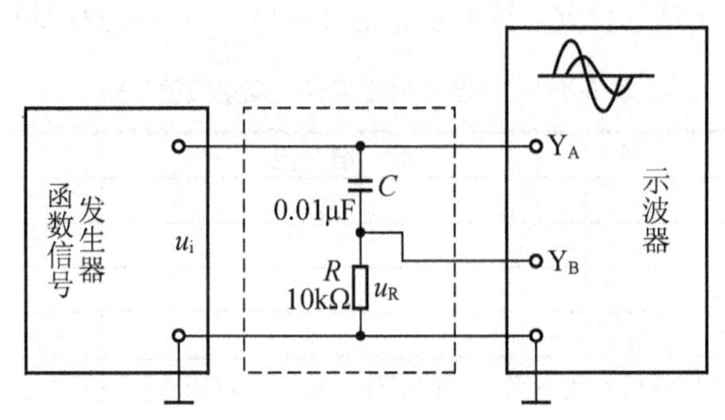

图 3.1.2　两波形间相位差测量电路

b. 将“显示方式”开关置于“交替”档位，并将 Y_1 和 Y_2“输入耦合方式”开关置于“⊥”档位，调节 Y_1、Y_2 的“移位”(↑↓)旋钮，使两条扫描基线重合。

c. 将 Y_1、Y_2“输入耦合方式”开关置于“AC”档位，并调节触发电平、“扫速”开关及 Y_1、Y_2“灵敏度”开关位置，使在荧屏上能显示出易于观察的两个相位不同的正弦波形 u_i 及 u_R，如图 3.1.3 所示。根据两波形在水平方向差距 X 及信号周期 X_T，则可求得两波形相位差。

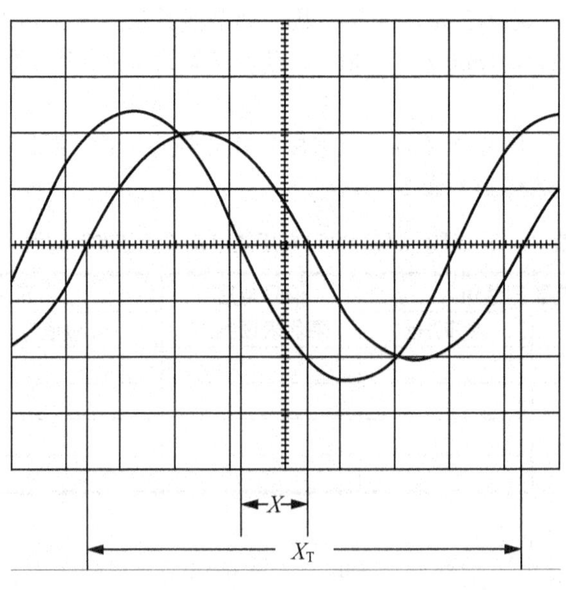

图 3.1.3　双踪示波器显示两相位不同的正弦波

$$\theta=\frac{X(\text{div})}{X_{\text{T}}(\text{div})}\times 360^{\circ}$$

式中：X_T为一周期所占格数；X为两波形在X轴方向差距格数。

记录测量两波形相位差实验数据于表 3-1-3 中。

表 3-1-3　测量两波形相位差实验数据

一周期格数	两波形 X 轴差距格数	相　位　差	
		实　测　值	计　算　值
X_T=	X=	θ=	θ=

为读数和计算方便，可适当调节“扫速”开关及“微调”旋钮，使波形一周期占整数格。

五、实验总结

(1) 整理实验数据，并进行分析。

(2) 问题讨论。

① 如何操纵示波器有关旋钮，以便从示波器显示屏上观察到稳定、清晰的波形？

② 要求用双踪示波器显示波形，并比较相位时，为在显示屏上得到稳定波形，应怎样选择下列开关的位置？

a. 显示方式选择(Y_1、Y_2、Y_1+Y_2、交替、断续)。

b. 触发方式(常态、自动)。

c. 触发源选择(内、外)。

d. 内触发源选择(Y_1、Y_2、交替)。

(3) 函数信号发生器有哪几种输出波形？它的输出端能否短接，如用屏蔽线作为输出引线，则屏蔽层一端应该接在哪个接线柱上？

(4) 交流毫伏表是用来测量正弦波电压还是非正弦波电压的？它的表头指示值是被测信号的什么数值？它是否可以用来测量直流电压的大小？

六、预习要求

(1) 阅读实验附录中有关示波器部分内容。

(2) 已知 C=0.01μF，R=10kΩ，计算图 3.1.2 RC 移相网络的阻抗角θ。

实验二　晶体管共射极单管放大器

一、实验目的

(1) 学会放大器静态工作点的调试方法，分析静态工作点对放大器性能的影响。

(2) 掌握放大器电压放大倍数，输入、输出电阻及最大不失真输出电压的测试方法。

(3) 熟悉常用电子仪器及模拟电路实验设备的使用。

二、实验原理

图 3.2.1 为电阻分压式工作点稳定单管放大器实验电路图。它的偏置电路采用 R_{B1} 和 R_{B2} 组成的分压电路，并在发射极中接有电阻 R_E，以稳定放大器的静态工作点。当在放大器的输入端加入输入信号 U_i 后，在放大器的输出端便可得到一个与 U_i 相位相反，幅值被放大了的输出信号 U_o，从而实现了电压放大。

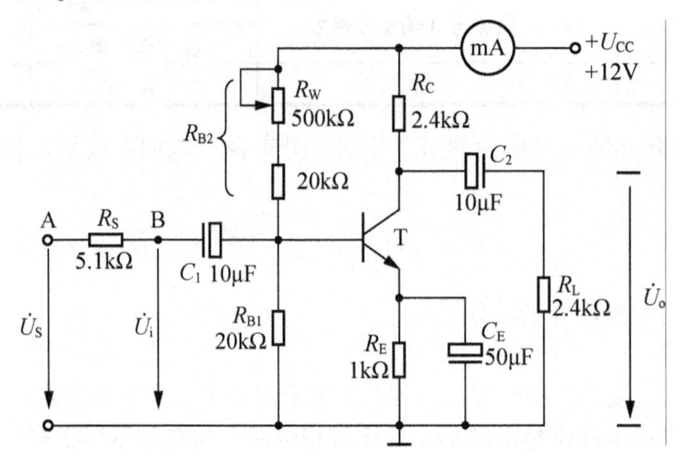

图 3.2.1　电阻分压式工作点稳定单管放大器实验电路

在图 3.2.1 电路中，当流过偏置电阻 R_{B1} 和 R_{B2} 的电流远大于晶体管 T 的基极电流 I_B 时(一般 5～10 倍)，则它的静态工作点可用下式估算

$$U_B \approx \frac{R_{B1}}{R_{B1}+R_{B2}} U_{CC}$$

$$I_E \approx \frac{U_B - U_{BE}}{R_E} \approx I_C$$

$$U_{CE}=U_{CC}-I_C(R_C+R_E)$$

电压放大倍数

$$A_V = -\beta \frac{R_C \,//\, R_L}{r_{be}}$$

输入电阻　　$R_i=R_{B1} \,//\, R_{B2} \,//\, r_{be}$

输出电阻　　$R_o \approx R_C$

由于电子器件性能的分散性比较大，因此在设计和制作晶体管放大电路时，离不开测量和调试技术。在设计前应测量所用元器件的参数，为电路设计提供必要的依据；在完成设计和装配以后，还必须测量和调试放大器的静态工作点和各项性能指标。一个优质放大器，必定是理论设计与实验调整相结合的产物。因此，除了学习放大器的理论知识和设计方法外，还必须掌握必要的测量和调试技术。

放大器的测量和调试一般包括放大器静态工作点的测量与调试，消除干扰与自激振荡及放大器各项动态参数的测量与调试等。

1. 放大器静态工作点的测量与调试

(1) 静态工作点的测量。测量放大器的静态工作点，应在输入信号 $U_i=0$ 的情况下进行，即将放大器输入端与地端短接，然后选用量程合适的直流毫安表和直流电压表，分别测量晶体管的集电极电流 I_C 以及各电极对地的电位 U_B、U_C 和 U_E。一般在实验中，为了避免断开集电极，所以采用测量电压 U_E 或 U_C，然后算出 I_C 的方法。例如，只要测出 U_E，即可用 $I_C \approx I_E = \dfrac{U_E}{R_E}$ 算出 I_C(也可根据 $I_C = \dfrac{U_{CC} - U_C}{R_C}$，由 U_C 确定 I_C)。同时，也能算出 $U_{BE}=U_B-U_E$，$U_{CE}=U_C-U_E$。为了减小误差，提高测量精度，应选用内阻较高的直流电压表。

(2) 静态工作点的调试。放大器静态工作点的调试是指对管子集电极电流 I_C(或 U_{CE})的调整与测试。

静态工作点是否合适，对放大器的性能和输出波形都有很大影响。例如，若工作点偏高，则放大器在加入交流信号以后易产生饱和失真，此时 U_o 的负半周将被削底，如图 3.2.2(a)所示；若工作点偏低，则易产生截止失真，即 U_o 的正半周被缩顶(一般截止失真不如饱和失真明显)，如图 3.2.2(b)所示。这些情况都不符合不失真放大的要求。所以，在选定工作点以后还必须进行动态调试，即在放大器的输入端加入一定的输入电压 U_i，检查输出电压 U_o 的大小和波形是否满足要求。如不满足，则应调节静态工作点的位置。

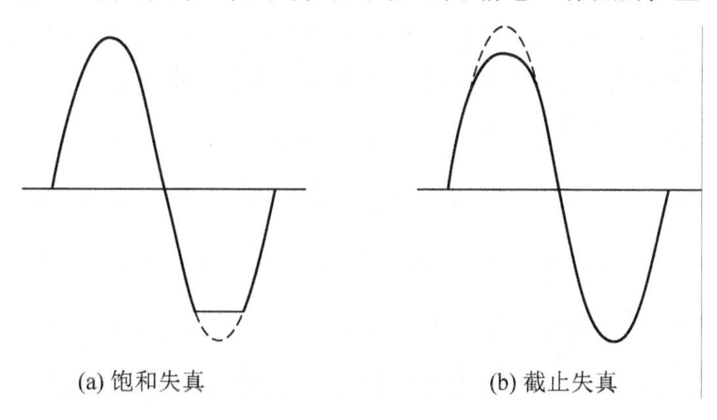

图 3.2.2　静态工作点对 u_o 波形失真的影响

改变电路参数 U_{CC}、R_C、R_B(R_{B1}、R_{B2})都会引起静态工作点的变化，如图 3.2.3 所示。但通常多采用调节偏置电阻 R_{B2} 的方法来改变静态工作点，例如，若减小 R_{B2}，则可使静态工作点提高等。

最后还要说明的是，上面所说的工作点“偏高”或“偏低”不是绝对的，应该是相对信号的幅度而言，如输入信号幅度很小，即使工作点较高或较低也不一定会出现失真。所以确切地说，产生波形失真是信号幅度与静态工作点设置配合不当所致。如需满足较大信号幅度的要求，静态工作点最好尽量靠近交流负载线的中点。

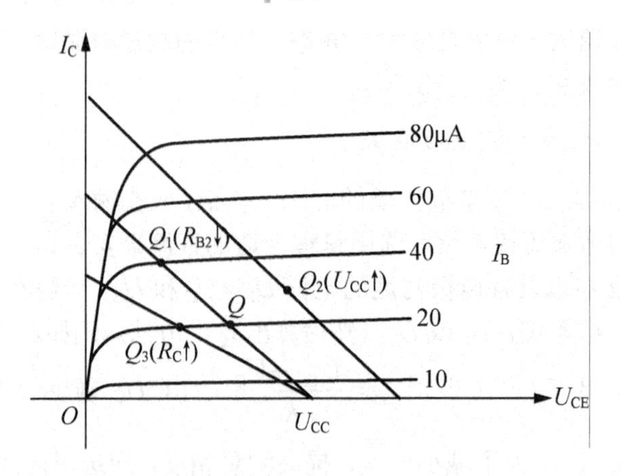

图 3.2.3 电路参数对静态工作点的影响

2. 放大器动态指标测试

放大器动态指标包括电压放大倍数、输入电阻、输出电阻、最大不失真输出电压(动态范围)和通频带等。

(1) 电压放大倍数 A_V 的测量。调整放大器到合适的静态工作点，然后加入输入电压 U_i，在输出电压 U_o 不失真的情况下，用交流毫伏表测出 U_i 和 U_o 的有效值，则

$$A_V = \frac{U_o}{U_i}$$

(2) 输入电阻 R_i 的测量。为了测量放大器的输入电阻，按图 3.2.4 电路在被测放大器的输入端与信号源之间串入一个已知电阻 R，在放大器正常工作的情况下，用交流毫伏表测出 U_S 和 U_i，则根据输入电阻的定义可得

$$R_i = \frac{U_i}{I_i} = \frac{U_i}{\dfrac{U_R}{R}} = \frac{U_i}{U_S - U_i}R$$

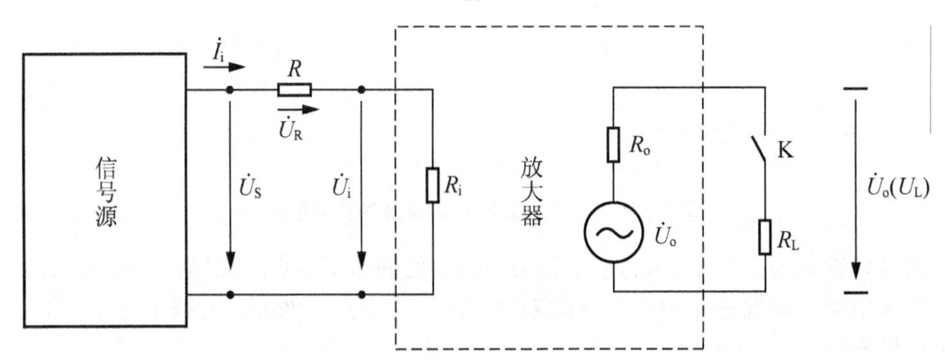

图 3.2.4 输入、输出电阻测量电路

测量时，应注意下列几点。

① 由于电阻 R 两端没有电路公共接地点，所以当测量 R 两端电压 U_R 时，必须分别测出 U_S 和 U_i，然后按 $U_R=U_S-U_i$ 求出 U_R 值。

② 电阻 R 的值不宜取得过大或过小，以免产生较大的测量误差，通常取 R 与 R_i 为同一数量级为好，本实验可取 R=1～2kΩ。

(3) 输出电阻 R_o 的测量。按图 3.2.4 电路，在放大器正常工作条件下，测出输出端不接负载 R_L 的输出电压 U_o 和接入负载后的输出电压 U_L，根据

$$U_L = \frac{R_L}{R_o + R_L} U_o$$

即可求出

$$R_o = (\frac{U_o}{U_L} - 1) R_L$$

在测试中应注意，必须保持 R_L 接入前后输入信号的大小不变。

(4) 最大不失真输出电压 U_{OPP} 的测量(最大动态范围)。如上所述，为了得到最大动态范围，应将静态工作点调在交流负载线的中点。为此在放大器正常工作情况下，应逐步增大输入信号的幅度，并调节 R_W(改变静态工作点)，用示波器观察 U_o，当输出波形同时出现削底和缩顶现象(图 3.2.5)时，说明静态工作点已调在交流负载线的中点。然后，反复调整输入信号，使波形输出幅度最大，且无明显失真时，用交流毫伏表测出 U_o(有效值)，则动态范围等于 $2\sqrt{2}U_o$。或用示波器直接读出 U_{OPP} 来。

(5) 放大器幅频特性的测量。放大器的幅频特性是指放大器的电压放大倍数 A_u 与输入信号频率 f 之间的关系曲线。单管阻容耦合放大电路的幅频特性曲线如图 3.2.6 所示，其中，A_{um} 为中频电压放大倍数，通常规定电压放大倍数随频率变化下降到中频放大倍数的 $1/\sqrt{2}$ 倍，即 $0.707A_{um}$ 所对应的频率分别称为下限频率 f_L 和上限频率 f_H，则通频带 $f_{BW}=f_H-f_L$。

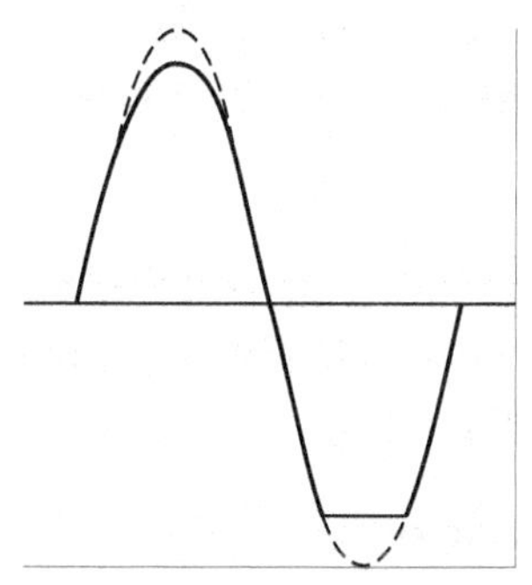

图 3.2.5　静态工作点正常，输入信号太大引起的失真

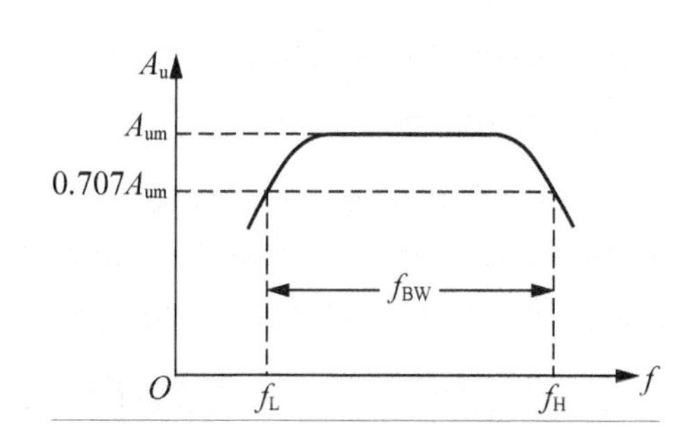

图 3.2.6　幅频特性曲线

放大器的幅率特性测量就是测量不同频率信号时的电压放大倍数 A_u。为此，可采用前述测 A_u 的方法，每改变一个信号频率，测量其相应的电压放大倍数，测量时应注意取点要恰当，在低频段与高频段应多测几点，在中频段可以少测几点。此外，在改变频率时，要保持输入信号的幅度不变，且输出波形不得失真。

(6) 干扰和自激振荡的消除。参考实验附录。

三、实验设备与器件

(1) ＋12V 直流电源。

(2) 函数信号发生器。

(3) 双踪示波器

(4) 交流毫伏表。

(5) 直流电压表。

(6) 直流毫安表。

(7) 频率计。

(8) 万用电表。

(9) 晶体三极管 3DG6×1(β=50～100)或 9011×1(管脚排列如图 3.2.7 所示)电阻器、电容器若干。

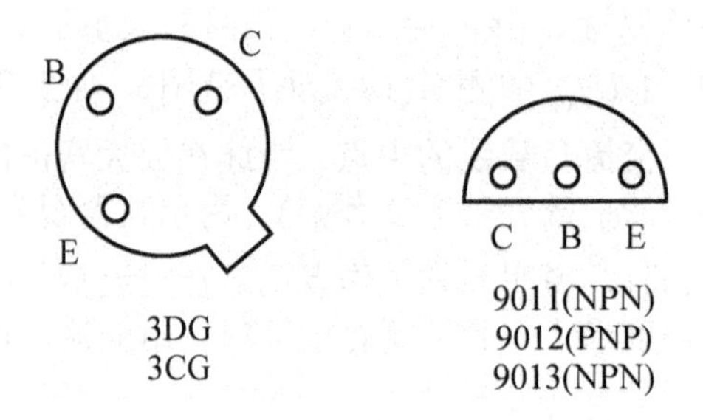

图 3.2.7　晶体三极管管脚排列

四、实验内容

实验电路如图 3.2.1 所示。各电子仪器可按实验一中图 3.1.1 所示方式连接，为防止干扰，各仪器的公共端必须连在一起，同时信号源、交流毫伏表和示波器的引线应采用专用电缆线或屏蔽线，如使用屏蔽线，则屏蔽线的外包金属网应接在公共接地端上。

1. 调试静态工作点

在接通直流电源前，应先将 R_W 调至最大，函数信号发生器输出旋钮旋至零。接通＋12V 电源、调节 R_W，使 I_C=2.0mA(即 U_E=2.0V)，然后用直流电压表测量 U_B、U_E、U_C，并用万用电表测量 R_{B2} 的值。将实验数据记入表 3-2-1 中。

表 3-2-1　调试静态工作点实验数据

I_C=2.0mA

测量值				计算值		
U_B/V	U_E/V	U_C/V	R_{B2}/kΩ	U_{BE}/V	U_{CE}/V	I_C/mA

2. 测量电压放大倍数

在放大器输入端加入频率为 1kHz 的正弦信号 U_S，调节函数信号发生器的输出旋钮，使放大器输入电压 U_i≈10mV，同时用示波器观察放大器输出电压 U_o 波形，在波形不失真的条件下用交流毫伏表测量下述 3 种情况下的 U_o 值，并用双踪示波器观察 U_o 和 U_i 的相位关系，将实验数据记入表 3-2-2 中。

表 3-2-2　测量电压放大倍数实验数据

I_C=2.0mA　　U_i=　　mV

R_C/kΩ	R_L/kΩ	U_o/V	A_V	观察记录一组 U_o 和 U_1 波形
2.4	∞			U_i — t　　U_o — t
1.2	∞			
2.4	2.4			

3. 观察静态工作点对电压放大倍数的影响

取 R_C=2.4kΩ，R_L=∞，U_i 适量，调节 R_W，用示波器监视输出电压波形，在 U_o 不失真的条件下，测量数组 I_C 和 U_o 值，将实验数据记入表 3-2-3 中。

表 3-2-3　观察静态工作点对电压放大倍数的影响实验数据

R_C=2.4kΩ　R_L=∞　U_i=　　mV

I_C/mA			2.0		
U_o/V					
A_V					

当测量 I_C 时，要先将信号源输出旋钮旋至零(即使 U_i=0)。

4. 观察静态工作点对输出波形失真的影响

取 R_C=2.4kΩ，R_L=2.4kΩ，U_i=0，调节 R_W 使 I_C=2.0mA，测出 U_{CE} 值，再逐步加大输入信号，使输出电压 U_o 足够大但不失真。然后，保持输入信号不变，分别增大和减小 R_W，使波形出现失真，绘出 U_o 的波形，并测出失真情况下的 I_C 和 U_{CE} 值，将实验数据记录表 3-2-4 中。每次测 I_C 和 U_{CE} 值时都要将信号源的输出旋钮旋至零。

表 3-2-4　观察静态工作点对输出波形失真的影响实验数据

R_C=2.4kΩ　R_L=∞　U_i=　　mV

I_C/mA	U_{CE}/V	U_o 波形	失真情况	管子工作状态
		u_o — t		
2.0		u_o — t		
		u_o — t		

5. 测量最大不失真输出电压

取 R_C=2.4kΩ，R_L=2.4kΩ，按照实验原理 2.(4)中所述方法，同时调节输入信号的幅度和电位器 R_W，用示波器和交流毫伏表测量 U_{OPP} 及 U_o 值，将实验数据记入表 3-2-5 中。

表 3-2-5 测量最大不失真输出电压实验数据

R_C=2.4kΩ　R_L=2.4kΩ

I_C/mA	U_{im}/mV	U_{om}/V	U_{OPP}/V

6. 测量输入电阻和输出电阻

取 R_C=2.4kΩ，R_L=2.4kΩ，I_C=2.0mA。输入 f=1kHz 的正弦信号，在输出电压 U_o 不失真的情况下，用交流毫伏表测出 U_S、U_i 和 U_L，将实验数据记入表 3-2-6 中。

保持 U_S 不变，断开 R_L，测量输出电压 U_o，将实验数据记入表 3-2-6 中。

表 3-2-6 测量输入电阻和输出电阻实验数据

I_C=2.0mA　R_C=2.4kΩ　R_L=2.4kΩ

U_S /mv	U_i /mv	R_i/kΩ		U_L/V	U_o/V	R_o/kΩ	
		测量值	计算值			测量值	计算值

7. 测量幅频特性曲线

取 I_C=2.0mA，R_C=2.4kΩ，R_L=2.4kΩ。保持输入信号 U_i 的幅度不变，改变信号源频率 f，逐点测出相应的输出电压 U_o，将实验数据记入表 3-2-7 中。

表 3-2-7 测量幅频特性曲线实验数据

U_i=　mV

	f_l	f_o	f_n
f/kHz			
U_o/V			
$A_V=U_o/U_i$			

为了信号源频率 f 取值合适，可先粗测一下，找出中频范围，然后再仔细读数。

说明：本实验内容较多，其中 6、7 可作为选做内容。

五、实验总结

(1) 列表整理测量结果，并把实测的静态工作点、电压放大倍数、输入电阻、输出电阻之值与理论计算值比较(取一组数据进行比较)，分析产生误差原因。

(2) 总结 R_C、R_L 及静态工作点对放大器电压放大倍数、输入电阻、输出电阻的影响。

(3) 讨论静态工作点变化对放大器输出波形的影响。

(4) 分析讨论在调试过程中出现的问题。

六、预习要求

(1) 阅读教材中有关单管放大电路的内容并估算实验电路的性能指标。假设：3DG6 的β=100，R_{B1}=20kΩ，R_{B2}=60kΩ，R_C=2.4kΩ，R_L=2.4kΩ。估算放大器的静态工作点，电压放大倍数 A_V，输入电阻 R_i 和输出电阻 R_O。

(2) 阅读实验附录中有关放大器干扰和自激振荡消除的内容。

(3) 能否用直流电压表直接测量晶体管的 U_{BE}？为什么实验中要采用先测出 U_B、U_E，再间接算出 U_{BE} 的方法？

(4) 怎样测量 R_{B2} 阻值？

(5) 当调节偏置电阻 R_{B2}，使放大器输出波形出现饱和或截止失真时，晶体管的管压降 U_{CE} 怎样变化？

(6) 改变静态工作点对放大器的输入电阻 R_i 有何影响？改变外接电阻 R_L 对输出电阻 R_O 有何影响？

(7) 在测试 A_V、R_i 和 R_o 时，应怎样选择输入信号的大小和频率？为什么信号频率一般选 1kHz，而不选 100kHz 或更高？

(8) 在测试中，如果将函数信号发生器、交流毫伏表、示波器中任一仪器的两个测试端子接线换位(即各仪器的接地端不再连在一起)，将会出现什么问题？

注意：图 3.2.8 所示为共射极单管放大器与带有负反馈的两级放大器共用实验模块。如果将 K_1、K_2 断开，则前级(Ⅰ)为典型电阻分压式单管放大器；如果将 K_1、K_2 接通，则前级(Ⅰ)与后级(Ⅱ)接通，组成带有电压串联负反馈两级放大器。

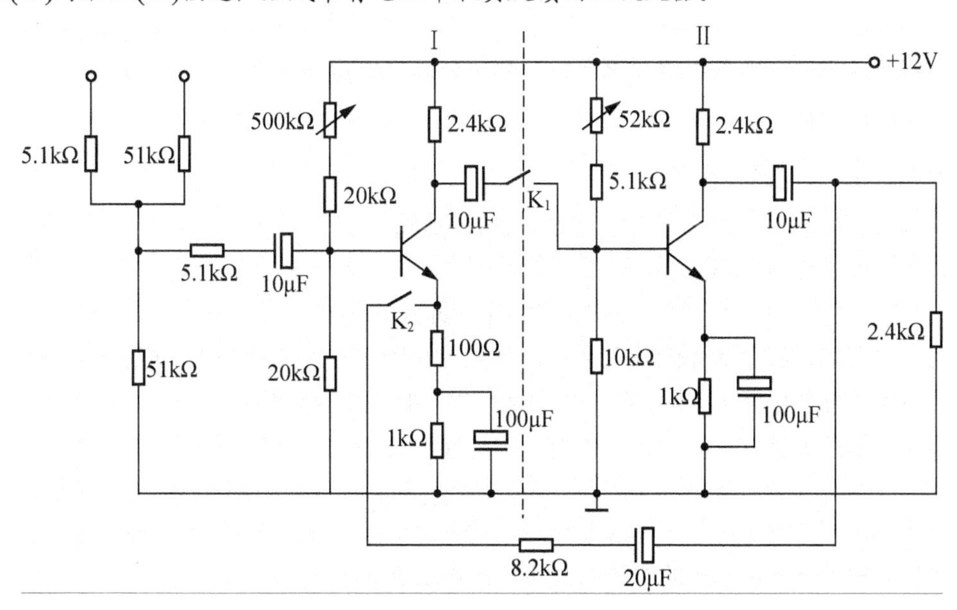

图 3.2.8　共射极单管放大器与带有负反馈的两级放大器共用实验模块

实验三　射极跟随器

一、实验目的

(1) 掌握射极跟随器的特性及其测试方法。

(2) 进一步学习放大器各项参数的测试方法。

二、实验原理

射极跟随器的原理图如图 3.3.1 所示。它是一个电压串联负反馈放大电路，它具有输入电阻高，输出电阻低，电压放大倍数接近于 1，输出电压能够在较大范围内跟随输入电压作线性变化以及输入、输出信号同相等特点。

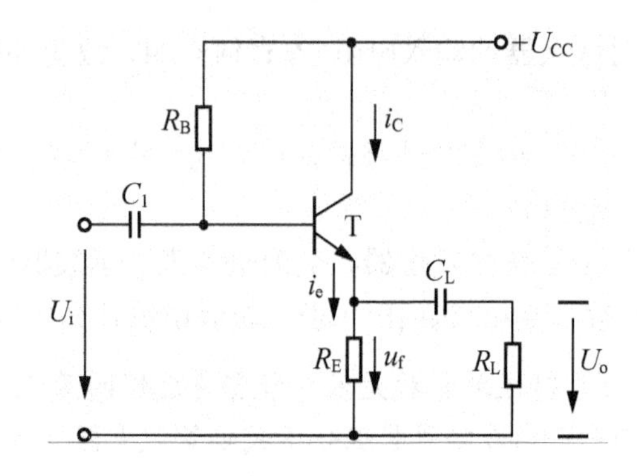

图 3.3.1　射极跟随器的原理图

因为射极跟随器的输出取自发射极，故又称其为射极输出器。

1. 输入电阻 R_i

根据图 3.3.1 电路，有

$$R_i=r_{be}+(1+\beta)R_E$$

如考虑偏置电阻 R_B 和负载 R_L 的影响，则

$$R_i=R_B // [r_{be}+(1+\beta)(R_E // R_L)]$$

由上式可知射极跟随器的输入电阻 R_i 比共射极单管放大器的输入电阻 $R_i=R_B // r_{be}$ 要高得多，但由于偏置电阻 R_B 的分流作用，输入电阻难以进一步提高。

输入电阻的测试方法同单管放大器，实验线路如图 3.3.2 所示。

$$R_i=\frac{U_i}{I_i}=\frac{U_i}{U_S-U_i}R$$

即只要测得 A、B 两点的对地电位即可计算出 R_i。

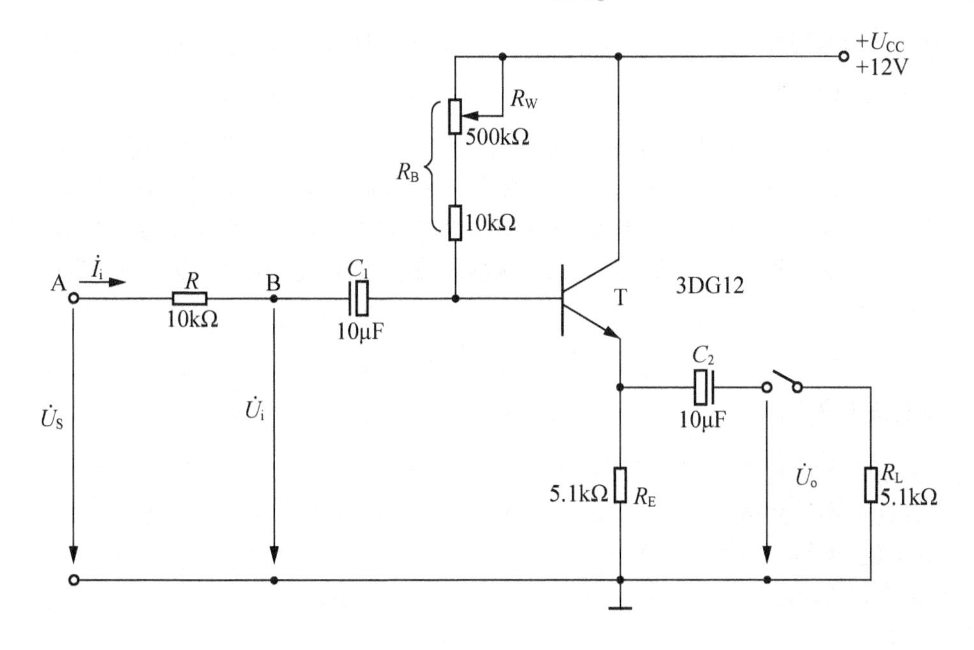

图 3.3.2　射极跟随器实验电路

2. 输出电阻 R_o

根据图 3.3.1 电路，有

$$R_o = \frac{r_{be}}{\beta} // R_E \approx \frac{r_{be}}{\beta}$$

如考虑信号源内阻 R_S，则

$$R_o = \frac{r_{be}+(R_S // R_B)}{\beta} // R_E \approx \frac{r_{be}+(R_S // R_B)}{\beta}$$

由上式可知射极跟随器的输出电阻 R_o 比共射极单管放大器的输出电阻 $R_o \approx R_C$ 低得多。三极管的 β 愈高，输出电阻愈小。

输出电阻 R_o 的测试方法亦同单管放大器，即先测出空载输出电压 U_o，再测接入负载 R_L 后的输出电压 U_L，根据

$$U_L = \frac{R_L}{R_o+R_L} U_o$$

即可求出 R_o，即

$$R_o = (\frac{U_o}{U_L} - 1) R_L$$

3. 电压放大倍数

根据图 3.3.1 电路，有

$$A_V = \frac{(1+\beta)(R_E // R_L)}{r_{be}+(1+\beta)(R_E // R_L)} \leqslant 1$$

上式说明射极跟随器的电压放大倍数小于等于 1，且为正值。这是深度电压负反馈的

结果。但它的射极电流仍比基流大$(1+\beta)$倍，所以它具有一定的电流和功率放大作用。

4. 电压跟随范围

电压跟随范围是指射极跟随器输出电压U_o跟随输入电压U_i作线性变化的区域。当U_i超过一定范围时，U_o便不能跟随U_i作线性变化，即U_o波形产生了失真。为了使输出电压U_o正、负半周对称，并充分利用电压跟随范围，静态工作点应选在交流负载线中点，测量时可直接用示波器读取U_o的峰峰值，即电压跟随范围；或用交流毫伏表读取U_o的有效值，则电压跟随范围为

$$U_{OPP}=2\sqrt{2}\,U_o$$

三、实验设备与器件

(1) ＋12V 直流电源。
(2) 函数信号发生器。
(3) 双踪示波器。
(4) 交流毫伏表。
(5) 直流电压表。
(6) 频率计。
(7) 3DG12×1 (β=50～100)或 9013。电阻器、电容器若干。

四、实验内容

按图 3.3.2 组接电路。

1. 静态工作点的调整

接通＋12V 直流电源，在 B 点加入f=1kHz 的正弦信号U_i，输出端用示波器监视输出波形，反复调整R_W及信号源的输出幅度，使在示波器的屏幕上得到一个最大不失真输出波形，然后置U_i=0，用直流电压表测量晶体管各电极对地电位。将实验数据记入表 3-3-1 中。

表 3-3-1 静态工作点的调整实验数据

U_E/V	U_B/V	U_C/V	I_E/mA

在下面整个测试过程中应保持R_W值不变(即保持静态工作点I_E不变)。

2. 测量电压放大倍数A_v

接入负载R_L=1kΩ，在 B 点加入f=1kHz 的正弦信号U_i，调节输入信号幅度，用示波器观察输出波形U_o，在输出最大不失真情况下，用交流毫伏表测U_i、U_L值。将实验数据记入表 3-3-2 中。

表 3-3-2 测量电压放大倍数A_v实验数据

U_i/V	U_L/V	A_v

3. 测量输出电阻 R_o

接上负载 R_L=1kΩ，在 B 点加入 f=1kHz 的正弦信号 U_i，用示波器观察输出波形，并用交流毫伏表测空载输出电压 U_o 的值，有负载时的输出电压记为 U_L，将实验数据记入表 3-3-3 中。

表 3-3-3　测量输出电阻 R_o 实验数据

U_o/V	U_L/V	R_o/kΩ

4. 测量输入电阻 R_i

在 A 点加入 f=1kHz 的正弦信号 U_i，用示波器观察输出波形，并用交流毫伏表分别测出 A、B 点对地的电位 U_S、U_i，将实验数据记入表 3-3-4 中。

表 3-3-4　测量输入电阻 R_i 实验数据

U_S/V	U_i/V	R_i/kΩ

5. 测试跟随特性

接入负载 R_L=1kΩ，在 B 点加入 f=1kHz 的正弦信号 U_i，逐渐增大信号 U_i 幅度，用示波器观察输出波形直至输出波形达最大不失真状态，并测量对应的 U_L 值，将实验数据记入表 3-3-5 中。

表 3-3-5　测试跟随特性实验数据

U_i/V	
U_L/V	

6. 测试频率响应特性

保持输入信号 U_i 的幅度不变，改变信号源频率，用示波器观察输出波形，并用交流毫伏表测量不同频率下的输出电压 U_L 值，将实验数据记入表 3-3-6 中。

表 3-3-6　测试频率响应特性实验数据

f/kHz	
U_L/V	

五、预习要求

(1) 复习射极跟随器的工作原理。

(2) 根据图 3.3.2 的元件参数值估算静态工作点，并画出交、直流负载线。

六、实验报告

(1) 整理实验数据，并画出曲线 $U_L=f(U_i)$及 $U_L=f(f)$曲线。

(2) 分析射极跟随器的性能和特点。

注意：采用自举电路的射极跟随器。在一些电子测量仪器中，为了减轻仪器对信号源所取用的电流，以提高测量精度，通常采用图 3.3.3 所示带有自举电路的射极跟随器，以提高偏置电路的等效电阻，从而保证射极跟随器有足够高的输入电阻。

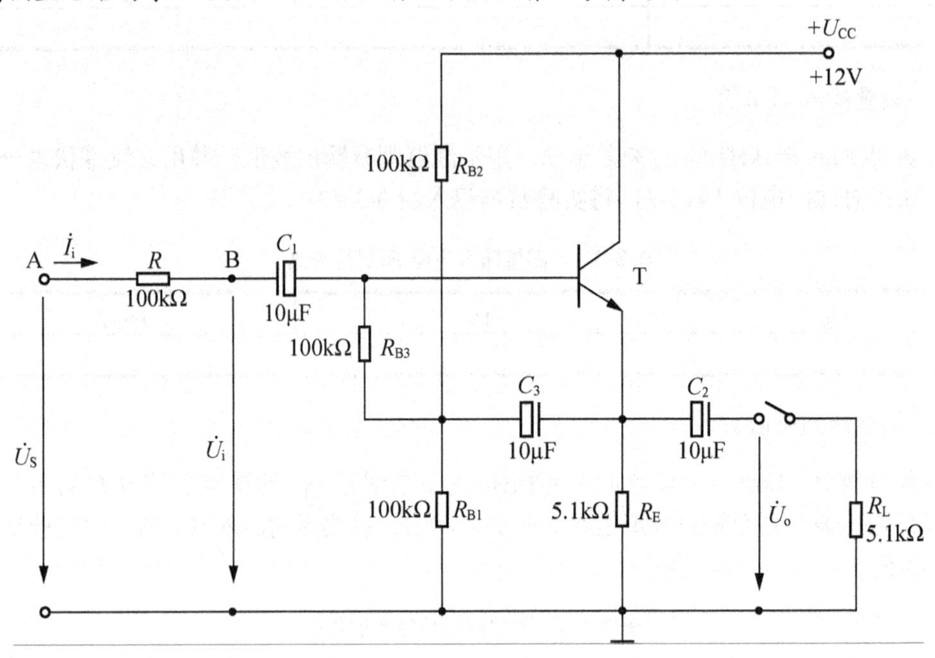

图 3.3.3　有自举电路的射极跟随器

实验四　差动放大器

一、实验目的

(1) 加深对差动放大器性能及特点的理解。

(2) 学习差动放大器主要性能指标的测试方法。

二、实验原理

图 3.4.1 是差动放大器的基本结构。它由两个元件参数相同的基本共射放大电路组成。当开关 K 拨向左边时，构成的是典型的差动放大器。调零电位器 R_P用来调节 T_1、T_2管的静态工作点，使得当输入信号 $U_i=0$ 时，双端输出电压 $U_o=0$。R_E为两管共用的发射极电阻，它对差模信号无负反馈作用，因而不影响差模电压放大倍数，但对共模信号有较强的负反馈作用，故可以有效地抑制零漂，并稳定静态工作点。

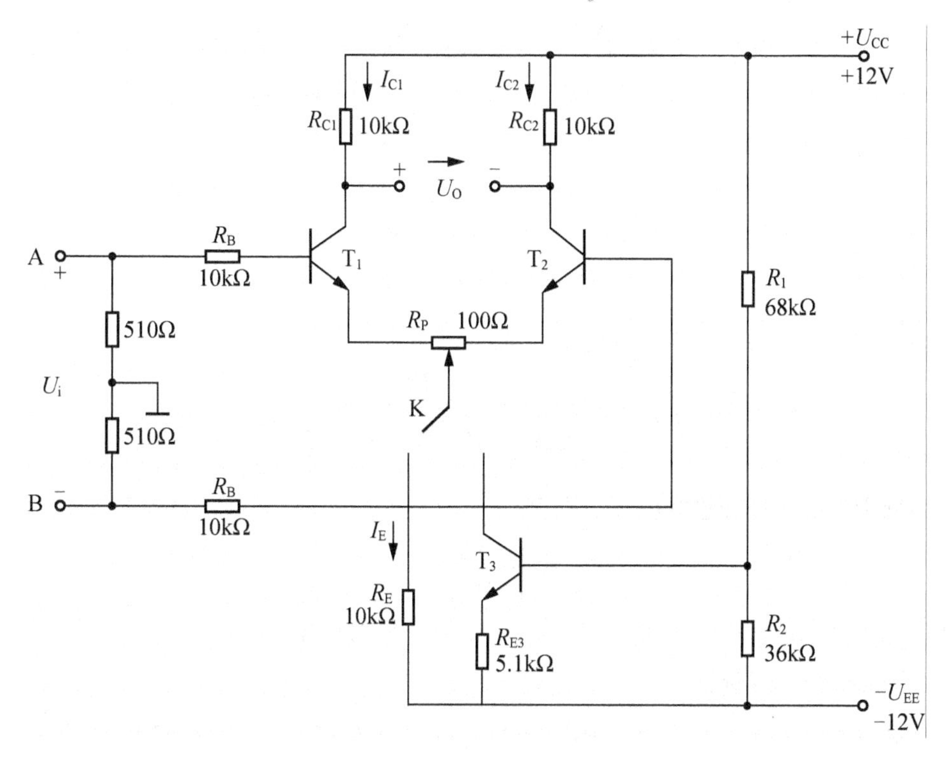

图 3.4.1　差动放大器实验电路

当开关 K 拨向右边时，构成的是具有恒流源的差动放大器。它是用晶体管恒流源代替发射极电阻 R_E，可以进一步提高差动放大器抑制共模信号的能力。

1. 静态工作点的估算

针对典型电路而言，有

$$I_E \approx \frac{|U_{EE}| - U_{BE}}{R_E} \text{(一般认为 } U_{B1}=U_{B2}\approx 0\text{)}$$

$$I_{C1} = I_{C2} = \frac{1}{2} I_E$$

针对恒流源电路而言，有

$$I_{C3} \approx I_{E3} \approx \frac{\frac{R_2}{R_1 + R_2}(U_{CC} + |U_{EE}|) - U_{BE}}{R_{E3}}$$

$$I_{C1} = I_{C2} = \frac{1}{2} I_{C3}$$

2. 差模电压放大倍数和共模电压放大倍数

当差动放大器的射极电阻 R_E 足够大，或采用恒流源电路时，差模电压放大倍数 A_d 由输出端方式决定，而与输入方式无关。

若为双端输出，$R_E=\infty$，且当 R_P 在中心位置时，有

$$A_d=\frac{\Delta U_o}{\Delta U_i}=-\frac{\beta R_C}{R_B+r_{be}+\frac{1}{2}(1+\beta)R_P}$$

若为单端输出，则有

$$A_{d1}=\frac{\Delta U_{C1}}{\Delta U_i}=\frac{1}{2}A_d$$

$$A_{d2}=\frac{\Delta U_{C2}}{\Delta U_i}=-\frac{1}{2}A_d$$

当输入共模信号时，若为单端输出，则有

$$A_{C1}=A_{C2}=\frac{\Delta U_{C1}}{\Delta U_i}=\frac{-\beta R_C}{R_B+r_{be}+(1+\beta)\left(\frac{1}{2}R_P+2R_E\right)}\approx-\frac{R_C}{2R_E}$$

若为双端输出，在理想情况下，则有

$$A_C=\frac{\Delta U_o}{\Delta U_i}=0$$

实际上由于元件不可能完全对称，因此 A_C 也不会绝对等于零。

3. 共模抑制比 *CMRR*

为了表征差动放大器对有用信号(差模信号)的放大作用和对共模信号的抑制能力，通常用一个综合指标来衡量，即共模抑制比

$$CMRR=\left|\frac{A_d}{A_c}\right| \qquad 或 \qquad CMRR=20\log\left|\frac{A_d}{A_c}\right|(\text{dB})$$

差动放大器的输入信号，即可采用直流信号，也可采用交流信号。本实验由函数信号发生器提供频率 f=1kHz 的正弦信号作为输入信号。

三、实验设备与器件

(1) ±12V 直流电源。

(2) 函数信号发生器。

(3) 双踪示波器。

(4) 交流毫伏表。

(5) 直流电压表。

(6) 晶体三极管 3DG6×3(或 9011×3)，要求 T_1、T_2 管特性参数一致。电阻器、电容器若干。

四、实验内容

(1) 典型差动放大器性能测试。按图 3.4.1 连接实验电路，并将开关 K 拨向左边构成典型差动放大器。

① 测量静态工作点。

a. 调节放大器零点。信号源不接入，将放大器输入端 A、B 与地短接，接通±12V 直

流电源，用直流电压表测量输出电压 U_o，调节调零电位器 R_P，使 U_o=0。调节要仔细，并力求准确。

b. 测量静态工作点。零点调好以后，用直流电压表测量 T_1、T_2 管各电极电位及射极电阻 R_E 的两端电压 U_{RE}，将实验数据记入表 3-4-1 中。

表 3-4-1　测量静态工作点实验数据

<table>
<tr><td rowspan="2">测量值</td><td>U_{C1}/V</td><td>U_{B1}/V</td><td>U_{E1}/V</td><td>U_{C2}/V</td><td>U_{B2}/V</td><td>U_{E2}/V</td><td>U_{RE}/V</td></tr>
<tr><td></td><td></td><td></td><td></td><td></td><td></td><td></td></tr>
<tr><td rowspan="2">计算值</td><td colspan="2">I_C/mA</td><td colspan="3">I_B/mA</td><td colspan="2">U_{CE}/V</td></tr>
<tr><td colspan="2"></td><td colspan="3"></td><td colspan="2"></td></tr>
</table>

② 测量差模电压放大倍数。断开直流电源，将函数信号发生器的输出端接放大器输入 A 端，地端接放大器输入 B 端构成单端输入方式，调节输入信号为频率 f=1kHz 的正弦信号，并将输出旋钮旋至零，用示波器观察输出端波形(集电极 C_1 或 C_2 与地之间)。

接通±12V 直流电源，并逐渐增大输入电压 U_i(约 100mV)，在输出波形无失真的情况下，用交流毫伏表测 U_i、U_{C1}、U_{C2}，将实验数据记入表 3-4-2 中，并观察 U_i、U_{C1}、U_{C2} 之间的相位关系及 U_{RE} 随 U_i 改变而变化的情况。

表 3-4-2　差动放大电路性能测试实验数据

	典型差动放大电路		具有恒流源差动放大电路	
	单端输入	共模输入	单端输入	共模输入
U_i	100mV	1V	100mV	1V
U_{C1}/V				
U_{C2}/V				
$A_{d1}=\frac{U_{C1}}{U_i}$		/		/
$A_d=\frac{U_o}{U_i}$		/		/
$A_{C1}=\frac{U_{C1}}{U_i}$	/		/	
$A_C=\frac{U_o}{U_i}$	/		/	
$CMRR=\left\|\frac{A_{d1}}{A_{C1}}\right\|$				

③ 测量共模电压放大倍数。将放大器 A、B 短接，信号源接 A 端与地之间，构成共模输入方式，调节输入信号为 f=1kHz，U_i=1V，在输出电压无失真的情况下，测量 U_{C1}、U_{C2} 的值，将实验数据记入表 3-4-2 中，并观察 U_i、U_{C1}、U_{C2} 之间的相位关系及 U_{RE} 随 U_i 改变而变化的情况。

(2) 具有恒流源的差动放大电路性能测试。将图 3.4.1 电路中开关 K 拨向右边，构成具有恒流源的差动放大电路。重复内容(1)－(2)、(1)－(3)的实验步骤，并并实验数据记入表 3-4-2 中。

五、实验总结

(1) 整理实验数据，并列表比较实验结果和理论估算值，分析误差原因。

① 估算静态工作点和差模电压放大倍数。

② 对典型差动放大电路单端输出时的 CMRR 实测值与理论值进行比较。

③ 对典型差动放大电路单端输出时的 CMRR 实测值与具有恒流源的差动放大器 CMRR 实测值进行比较。

(2) 比较 U_i、U_{C1} 和 U_{C2} 之间的相位关系。

(3) 根据实验结果，总结电阻 R_E 和恒流源的作用。

六、预习要求

(1) 根据实验电路参数，估算典型差动放大器和具有恒流源的差动放大器的静态工作点及差模电压放大倍数(取$\beta_1=\beta_2=100$)。

(2) 当测量静态工作点时，放大器输入端 A、B 与地应如何连接？

(3) 实验中怎样获得双端和单端输入差模信号？怎样获得共模信号？画出 A、B 端与信号源之间的连接图。

(4) 怎样进行静态调零点？用什么仪表测 U_o？

(5) 怎样用交流毫伏表测双端输出电压 U_o？

实验五　负反馈放大器

一、实验目的

(1) 掌握在放大电路中引入负反馈的方法。

(2) 加深对负反馈对放大器各项性能指标的影响的理解。

二、实验原理

负反馈在电子电路中有着非常广泛的应用，虽然它使放大器的放大倍数降低，但能在多方面改善放大器的动态指标，如稳定放大倍数，改变输入、输出电阻，减小非线性失真和展宽通频带等。因此，几乎所有的实用放大器都带有负反馈。

负反馈放大器有 4 种组态，即电压串联、电压并联、电流串联、电流并联。本实验以电压串联负反馈为例，分析负反馈对放大器各项性能指标的影响。

(1) 图 3.5.1 为带有负反馈的两级阻容耦合放大电路，在电路中通过 R_f 把输出电压 U_o 引回到输入端，加在晶体管 T_1 的发射极上，在发射极电阻 R_{F1} 上形成反馈电压 U_f。根据反馈的判断法可知，它属于电压串联负反馈。其主要性能指标如下。

① 闭环电压放大倍数。

$$A_{Vf}=\frac{A_V}{1+A_V F_V}$$

式中：$A_V=U_o/U_i$ 为基本放大器(无反馈)的电压放大倍数，即开环电压放大倍数；$1+A_V F_V$ 为反馈深度，它的大小决定了负反馈对放大器性能改善的程度。

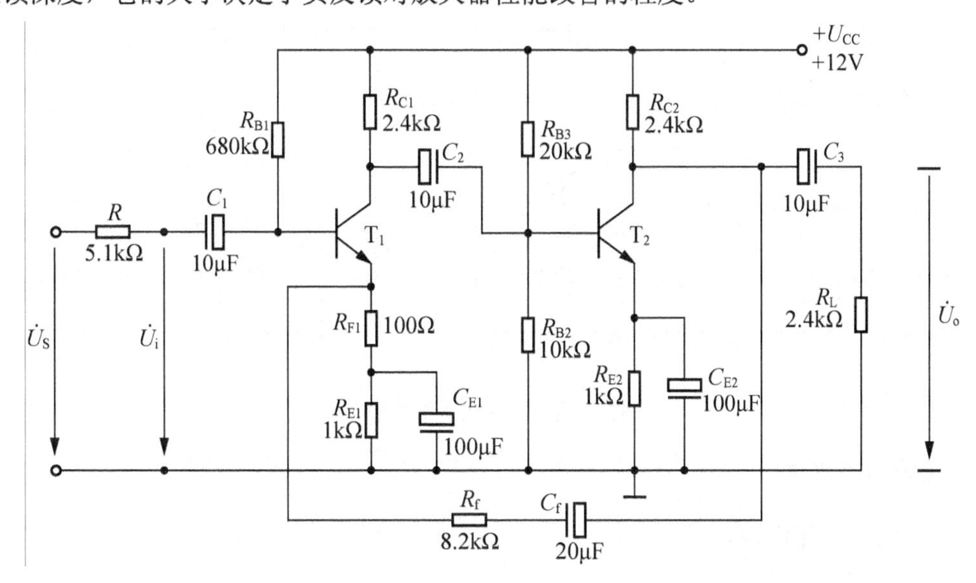

图 3.5.1　带有电压串联负反馈的两级阻容耦合放大器

② 反馈系数。

$$F_V=\frac{R_{F1}}{R_f+R_{F1}}$$

③ 输入电阻。

$$R_{if}=(1+A_V F_V)R_i$$

式中：R_i 为基本放大器的输入电阻。

④ 输出电阻。

$$R_{of}=\frac{R_o}{1+A_{Vo}F_V}$$

式中：R_o 为基本放大器的输出电阻；A_{Vo} 为当基本放大器 $R_L=\infty$ 时的电压放大倍数。

(2) 本实验还需要测量基本放大器的动态参数。要想实现无反馈而得到基本放大，不能简单地断开反馈支路，而是要去掉反馈作用，但又要把反馈网络的影响(负载效应)考虑到基本放大器中去。为此，应注意如下几点。

① 在画基本放大器的输入回路时，因为是电压负反馈，所以可将负反馈放大器的输出端交流短路，即令 $U_o=0$，此时 R_f 相当于并联在 R_{F1} 上。

② 在画基本放大器的输出回路时，由于输入端是串联负反馈，因此需将反馈放大器的输入端(T_1 管的射极)开路，此时(R_f+R_{F1})相当于并接在输出端(可近似认为 R_f 并接在输

出端)。

根据上述规律，就可得到所要求的基本放大器电路如图 3.5.2 所示。

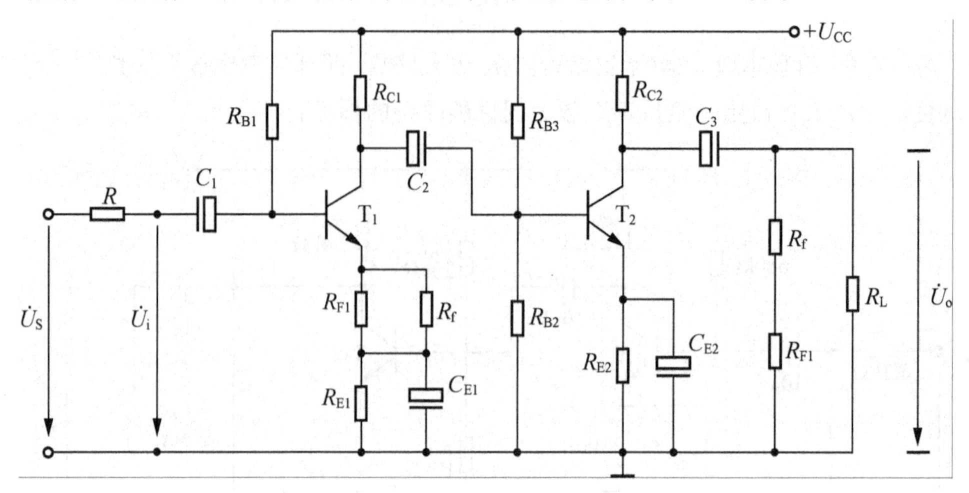

图 3.5.2　基本放大器电路

三、实验设备与器件

(1) ＋12V 直流电源。
(2) 函数信号发生器。
(3) 双踪示波器。
(4) 频率计。
(5) 交流毫伏表。
(6) 直流电压表。
(7) 晶体三极管 3DG6×2(β=50～100)或 9011×2，电阻器、电容器若干。

四、实验内容

(1) 测量静态工作点。按图 3.5.1 连接实验电路，取 U_{CC}=+12V，U_i=0，用直流电压表分别测量第一级、第二级的静态工作点，将实验数据记入表 3-5-1 中。

表 3-5-1　测量负反馈放大器静态工作点实验数据

	U_B/V	U_E/V	U_C/V	I_C/mA
第一级				
第二级				

(2) 测试基本放大器的各项性能指标。将实验电路按图 3.5.2 改接，即把 R_f 断开后分别并在 R_{F1} 和 R_L 上，其他连线均不动。

① 测量中频电压放大倍数 A_V，输入电阻 R_i 和输出电阻 R_o。

a. 将 f=1kHz，U_S≈5mV 的正弦信号作为输入信号输入放大器，并用示波器观察输出波

形 U_o，在 U_o 不失真的情况下，用交流毫伏表测量 U_S、U_i、U_L，将实验数据记入表 3-5-2 中。

表 3-5-2　测试基本放大器的各项性能指标实验数据

基本放大器	U_S/mv	U_i/mv	U_L/V	U_o/V	A_V	R_i/kΩ	R_o/Ω
负反馈放大器	U_S/mv	U_i/mv	U_L/V	U_o/V	A_{Vf}	R_{if}/kΩ	R_{of}/Ω

b. 保持 U_S 不变，断开负载电阻 R_L(注意，R_f 不要断开)，测量空载时的输出电压 U_O，将实验数据记入表 3-5-2 中。

② 测量通频带。接上 R_L，保持①中的 U_S 不变，然后增加和减小输入信号的频率，找出上、下限频率 f_h 和 f_l，将实验数据记入表 3-5-3 中。

(3) 测试负反馈放大器的各项性能指标。将实验电路恢复为图 3.5.1 所示的负反馈放大电路。适当加大 U_S(约为 10mV)，在输出波形不失真的条件下，测量负反馈放大器的 A_{Vf}、R_{if} 和 R_{of}，将实验数据记入表 3-5-2 中；测量 f_{hf} 和 f_{Lf}，将实验数据记入表 3-5-3 中。

表 3-5-3　测试负反馈放大器的各项性能指标实验数据

基本放大器	f_L/kHz	f_H/kHz	Δf_f/kHz
负反馈放大器	f_{Lf}/kHz	f_{Hf}/kHz	Δf_f/kHz

(4) 观察负反馈对非线性失真的改善。

① 将实验电路改接成基本放大器形式，在输入端加入 f=1kHz 的正弦信号，输出端接示波器，逐渐增大输入信号的幅度，使输出波形开始出现失真，记下此时的波形和输出电压的幅度。

② 再将实验电路改接成负反馈放大器形式，增大输入信号幅度，使输出电压幅度的大小与①相同，比较有负反馈时，输出波形的变化。

五、实验总结

(1) 将基本放大器和负反馈放大器动态参数的实测值和理论估算值列表，并进行比较。

(2) 根据实验结果，总结电压串联负反馈对放大器性能的影响。

六、预习要求

(1) 复习教材中有关负反馈放大器的内容。

(2) 按实验电路 3.5.1 估算放大器的静态工作点(取 $\beta_1=\beta_2=100$)。

(3) 怎样把负反馈放大器改接成基本放大器？为什么要把 R_f 并接在输入和输出端？

(4) 估算基本放大器的 A_V、R_i 和 R_o，估算负反馈放大器的 A_{Vf}、R_{if} 和 R_{of}，并验算它们之间的关系。

(5) 如果按深负反馈估算，则闭环电压放大倍数 A_{Vf}=？和测量值是否一致？为什么？
(6) 如果输入信号存在失真，能否用负反馈来改善？
(7) 怎样判断放大器是否存在自激振荡？如何进行消振？

注意：如果实验装置上有放大器的固定实验模块，则可参考实验二图 3.2.1 进行实验。

实验六　集成运算放大器的基本应用——模拟运算电路

一、实验目的

(1) 研究由集成运算放大器组成的比例、加法、减法和积分等基本运算电路的功能。
(2) 了解运算放大器在实际应用时应考虑的一些问题。

二、实验原理

集成运算放大器是一种具有高电压放大倍数的直接耦合多级放大电路。当外部接入不同的线性或非线性元器件组成输入和负反馈电路时，可以灵活地实现各种特定的函数关系。在线性应用方面，可组成比例、加法、减法、积分、微分、对数等模拟运算电路。

1. 理想运算放大器特性

在大多数情况下，将运放视为理想运放，就是将运放的各项技术指标理想化，满足下列条件的运算放大器称为理想运放。

(1) 开环电压增益　$A_{ud}=\infty$。
(2) 输入阻抗　$r_i=\infty$。
(3) 输出阻抗　$r_o=0$。
(4) 带宽　$f_{BW}=\infty$。
(5) 失调与漂移均为零等。

2. 理想运放在线性应用时的两个重要特性

(1) 输出电压 U_o 与输入电压之间满足如下关系式。

$$U_o=A_{ud}(U_+-U_-)$$

由于 $A_{ud}=\infty$，而 U_o 为有限值，因此 $U_+-U_-\approx 0$，即 $U_+\approx U_-$，称为“虚短”。

(2) 由于 $r_i=\infty$，故流进运放两个输入端的电流可视为零，即 $I_{IB}=0$，称为“虚断”。这说明运放对其前级吸取电流极小。

上述两个特性是分析理想运放应用电路的基本原则，可简化运放电路的计算。

3. 基本运算电路

1) 反相比例运算电路

电路如图 3.6.1 所示。对于理想运放，该电路的输出电压与输入电压之间的关系为

$$U_o=-\frac{R_F}{R_1}U_i$$

为了减小输入级偏置电流引起的运算误差，在同相输入端应接入平衡电阻 $R_2=R_1//R_F$。

2) 反相加法电路

电路如图 3.6.2 所示，输出电压与输入电压之间的关系为

$$U_o=-\left(\frac{R_F}{R_1}U_{i1}+\frac{R_F}{R_2}U_{i2}\right)，\ R_3=R_1//R_2//R_F$$

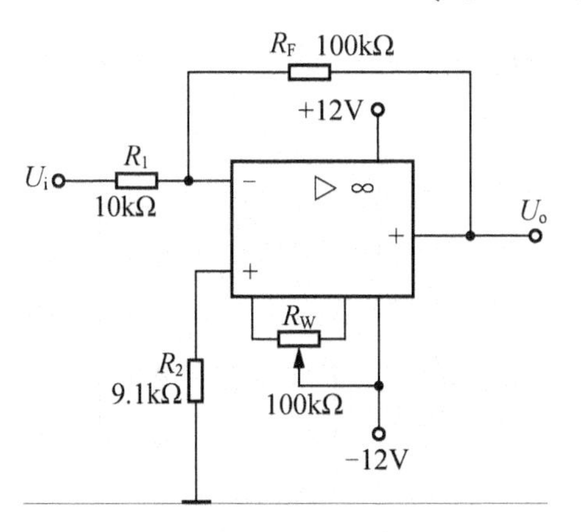

图 3.6.1　反相比例运算电路

图 3.6.2　反相加法运算电路

3) 同相比例运算电路

图 3.6.3(a)所示为同相比例运算电路，它的输出电压与输入电压之间的关系为

$$U_o=\left(1+\frac{R_F}{R_1}\right)U_i，\ R_2=R_1//R_F$$

当 $R_1\rightarrow\infty$时，$U_o=U_i$，即可得到如图 3.6.3(b)所示的电压跟随器。其中，$R_2=R_F$，用以减小漂移和起保护作用。一般 R_F 取 10kΩ，R_F 太小起不到保护作用，太大则影响跟随性。

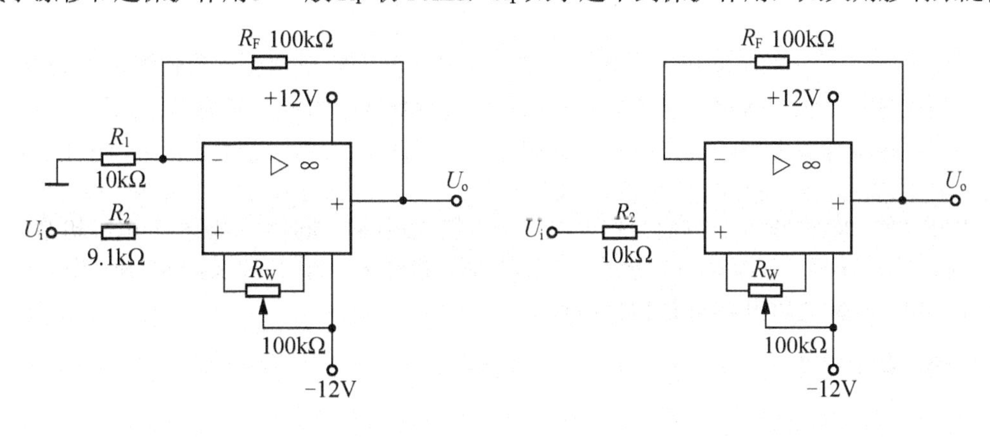

(a) 同相比例运算电路　　(b) 电压跟随器

图 3.6.3　同相比例运算电路

4) 差动放大电路(减法器)

对于图 3.6.4 所示的减法运算电路，当 $R_1=R_2$，$R_3=R_F$ 时，有如下关系式

$$U_o = \frac{R_F}{R_1}(U_{i2} - U_{i1})$$

5) 积分运算电路

反相积分电路如图 3.6.5 所示。在理想化条件下，输出电压 U_o 等于

$$U_o(t) = -\frac{1}{R_1 C}\int_0^t U_i \mathrm{d}t + U_C(0)$$

式中：$U_C(0)$是 t=0 时刻电容 C 两端的电压值，即初始值。

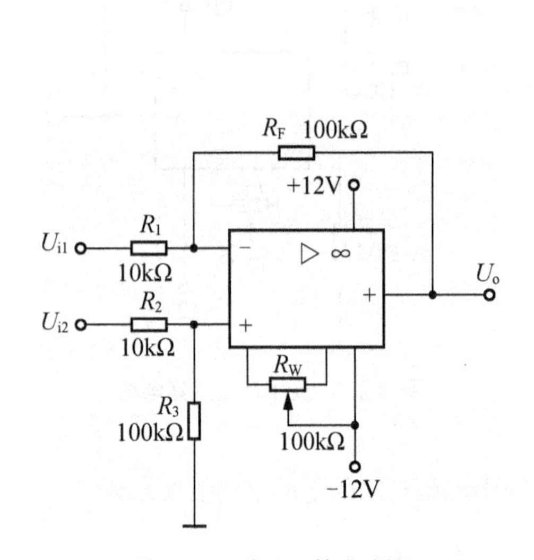

图 3.6.4　减法运算电路图

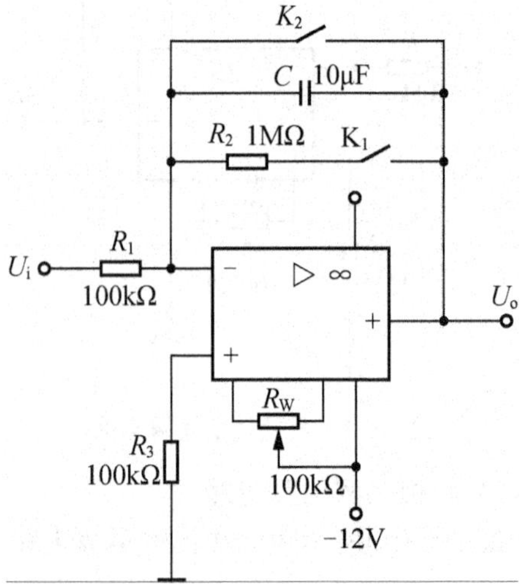

图 3.6.5　积分运算电路

如果 $U_i(t)$是幅值为 E 的阶跃电压，并设 $U_C(0)$=0，则

$$U_o(t) = -\frac{1}{R_1 C}\int_0^t E\mathrm{d}t = -\frac{E}{R_1 C}t$$

即输出电压 $U_o(t)$随时间增长而线性下降。显然 RC 的数值越大，达到给定的 U_o 值所需的时间就越长。积分输出电压所能达到的最大值受集成运放最大输出范围的限值。

在进行积分运算之前，首先应对运放调零。为了便于调节，可将图中 K_1 闭合，即通过电阻 R_2 的负反馈作用帮助实现调零。但在完成调零后，应将 K_1 打开，以免因 R_2 的接入造成积分误差。K_2 的设置一方面为积分电容放电提供通路，同时可实现积分电容初始电压 $U_C(0)$=0，另一方面，可控制积分起始点，即在加入信号 U_i 后，只要 K_2 一打开，电容就将被恒流充电，电路也就开始进行积分运算。

三、实验设备与器件

(1) ±12V 直流电源。

(2) 函数信号发生器。

(3) 交流毫伏表。

(4) 直流电压表。

(5) 集成运算放大器μA741×1，电阻器、电容器若干。

四、实验内容

实验前要看清运放组件各管脚的位置，切忌正、负电源极性接反和输出端短路，否则将会损坏集成块。

(1) 反相比例运算电路。

① 按图 3.6.1 连接实验电路，接通±12V 电源，输入端对地短路，进行调零和消振。

② 输入 f=100Hz，U_i=0.5V 的正弦交流信号，测量相应的 U_o，并用示波器观察 U_o 和 U_i 的相位关系，将实验数据记入表 3-6-1 中。

表 3-6-1　反相比例运算电路实验数据

U_i=0.5V，f=100Hz

U_i/V	U_o/V	U_i 波形	U_o 波形	A_V	
				实测值	计算值
		t	t		

(2) 同相比例运算电路。

① 按图 3.6.3(a)连接实验电路。实验步骤同内容(1)，将实验数据记入表 3-6-2 中。

② 将图 3.6.3(a)中的 R_1 断开，得图 3.6.3(b)电路重复实验内容(1)。

表 3-6-2　同相比例运算电路实验数据

U_i=0.5V　f=100Hz

U_i(V)	U_o(V)	U_i 波形	U_o 波形	A_V	
				实测值	计算值
		t	t		

(3) 反相加法运算电路。

① 按图 3.6.2 连接实验电路，调零和消振。

② 输入信号采用直流信号，图 3.6.6 所示电路为简易可调直流信号源，由实验者自行完成。实验时要注意选择合适的直流信号幅度，以确保集成运放工作在线性区。用直流电压表测量输入电压 U_{i1}、U_{i2} 及输出电压 U_o，将实验数据记入表 3-6-3 中。

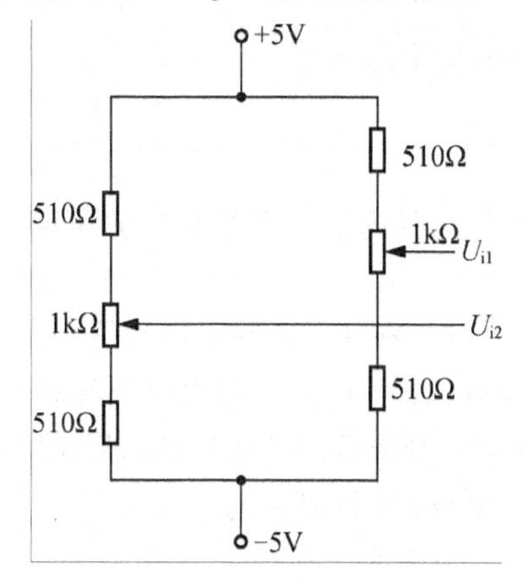

图 3.6.6　简易可调直流信号源

表 3-6-3　反相加法运算电路实验数据

U_{i1}/V					
U_{i2}/V					
U_o/V					

(4) 减法运算电路。

① 按图 3.6.4 连接实验电路，调零和消振。

② 采用直流输入信号，实验步骤同实验内容(3)，将实验数据记入表 3-6-4 中。

表 3-6-4　减法运算电路实验数据

U_{i1}/V					
U_{i2}/V					
U_o/V					

(5) 积分运算电路。实验电路如图 3.6.5 所示。

① 打开 K_2，闭合 K_1，对运放输出进行调零。

② 调零完成后，再打开 K_1，闭合 K_2，使 $U_C(0)=0$。

③ 预先调好直流输入电压 $U_i=0.5V$，接入实验电路，再打开 K_2，然后用直流电压表测量输出电压 U_O，每隔 5s 读一次 U_o，将实验数据记入表 3-6-5 中，直到 U_o 不继续明显增大为止。

表 3-6-5　积分运算电路实验数据

t/s	0	5	10	15	20	25	30	…
U_o/V								

五、实验总结

(1) 整理实验数据，画出波形图(注意波形间的相位关系)。

(2) 将理论计算结果和实测数据相比较，分析产生误差的原因。

(3) 分析讨论实验中出现的现象和问题。

六、预习要求

(1) 复习集成运放线性应用部分内容，并根据实验电路参数计算各电路输出电压的理论值。

(2) 在反相加法器中，如果 U_{i1} 和 U_{i2} 均采用直流信号，并选定 $U_{i2}=-1V$，当考虑到运算放大器的最大输出幅度(±12V)时，$|U_{i1}|$ 的大小不应超过多少伏？

(3) 在积分电路中，如果 $R_1=100k\Omega$，$C=4.7\mu F$，求时间常数。假设 $U_i=0.5V$，问要使输出电压 U_o 达到 5V，需多长时间(设 $U_C(0)=0$)？

(4) 为了不损坏集成块，实验中应注意什么问题？

实验七　集成运算放大器的基本应用 ——有源滤波器

一、实验目的

(1) 熟悉用运放、电阻和电容组成有源低通滤波器、高通滤波器和带通、带阻滤波器。

(2) 学会测量有源滤波器的幅频特性。

二、实验原理

由 RC 元件与运算放大器组成的滤波器称为 RC 有源滤波器，其功能是让一定频率范围内的信号通过，抑制或急剧衰减此频率范围以外的信号。可用在信息处理、数据传输、抑制干扰等方面，但因受运算放大器频带限制，这类滤波器主要用于低频范围。根据对频率范围的选择不同，可分为低通滤波器(LPF)、高通滤波器(HPF)、带通滤波器(BPF)与带阻滤波器(BEF)共 4 种滤波器，它们的幅频特性如图 3.7.1 所示。

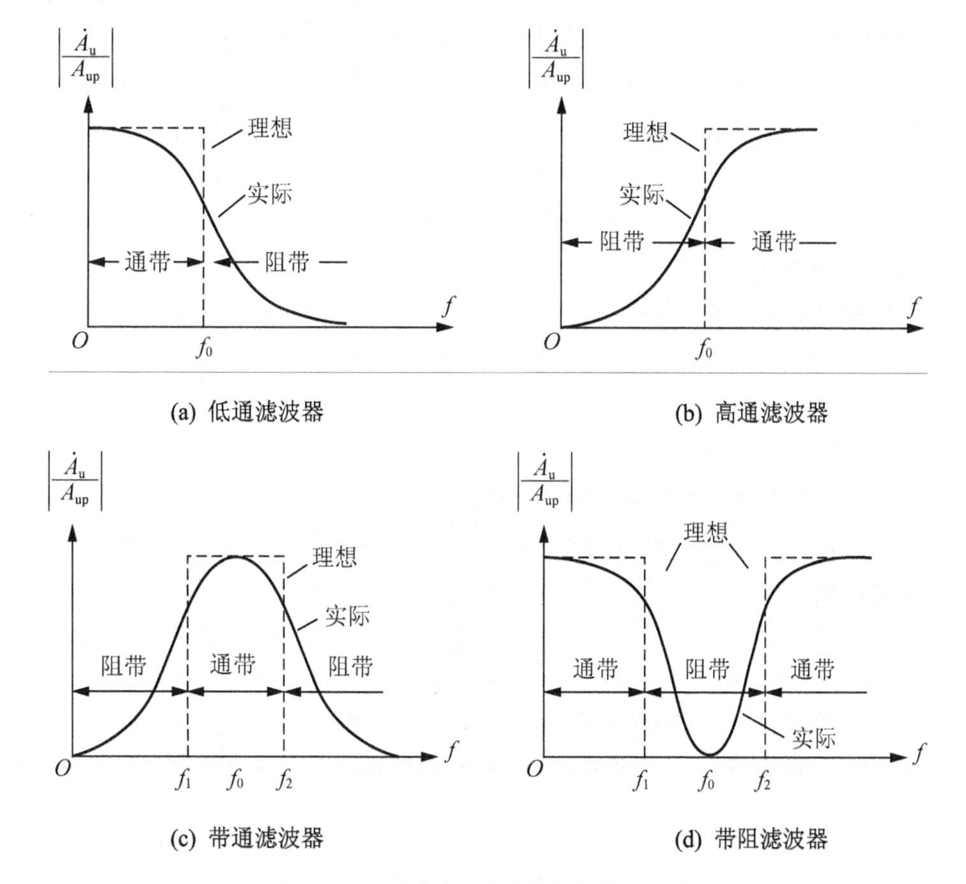

图 3.7.1　4 种滤波器电路的幅频特性示意图

具有理想幅频特性的滤波器是很难实现的，只能用实际的幅频特性去逼近理想的。一般来说，滤波器的幅频特性越好，其相频特性越差，反之亦然。滤波器的阶数越高，幅频特性衰减的速率越快，但 RC 网络的节数越多，元件参数计算越繁琐，电路调试越困难。任何高阶滤波器均可以用较低的二阶 RC 有滤波器级联实现。

(1) 低通滤波器(LPF)。低通滤波器用来通过低频信号衰减或抑制高频信号。

如图 3.7.2(a)所示为典型的二阶有源低通滤波器。它由两级 RC 滤波环节与同相比例运算电路组成，其中第一级电容 C 接至输出端，并引入适量的正反馈，以改善幅频特性。图 3.7.2(b)为二阶低通滤波器的幅频特性曲线。

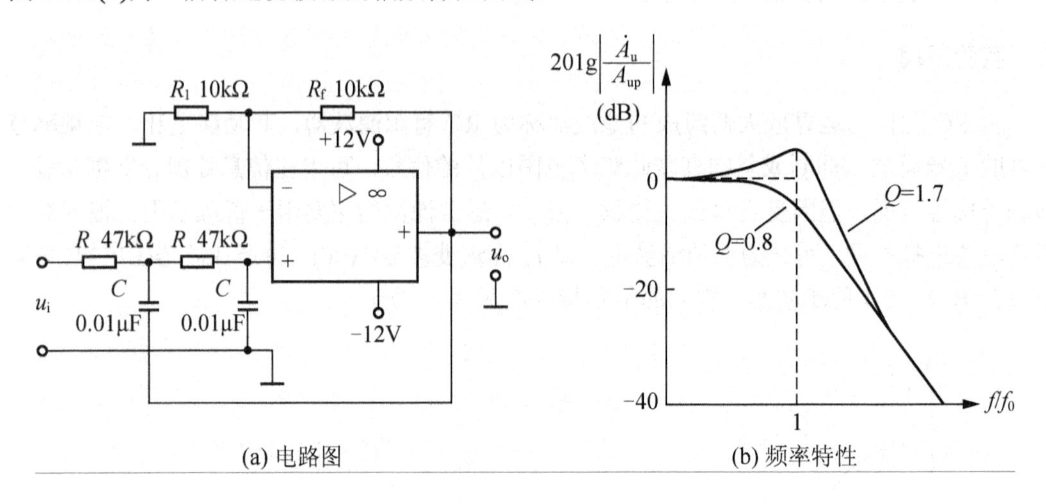

图 3.7.2　二阶低通滤波器

其电路性能参数如下。

① 二阶低通滤波器的通带增益。

$$A_{up}=1+\frac{R_f}{R_1}$$

② 截止频率。

$$f_0=\frac{1}{2\pi RC}$$

它是二阶低通滤波器通带与阻带的界限频率。

③ 品质因数。

$$Q=\frac{1}{3-A_{up}}$$

它的大小影响低通滤波器在截止频率处幅频特性的形状。

(2) 高通滤波器(HPF)。与低通滤波器相反，高通滤波器用来通过高频信号，衰减或抑制低频信号。

只要将图 3.7.2 低通滤波电路中起滤波作用的电阻、电容互换，即可变成二阶有源高通滤波器，如图 3.7.2(a)所示。高通滤波器性能与低通滤波器相反，其频率响应和低通滤波器是“镜像”关系，仿照 LPH 分析方法，不难求得 HPF 的幅频特性。

其电路性能参数 A_{up}、f_0、Q 各量的含义同二阶低通滤波器。

图 3.7.3(b)为二阶高通滤波器的幅频特性曲线，可见，它与二阶低通滤波器的幅频特性曲线有“镜像”关系。

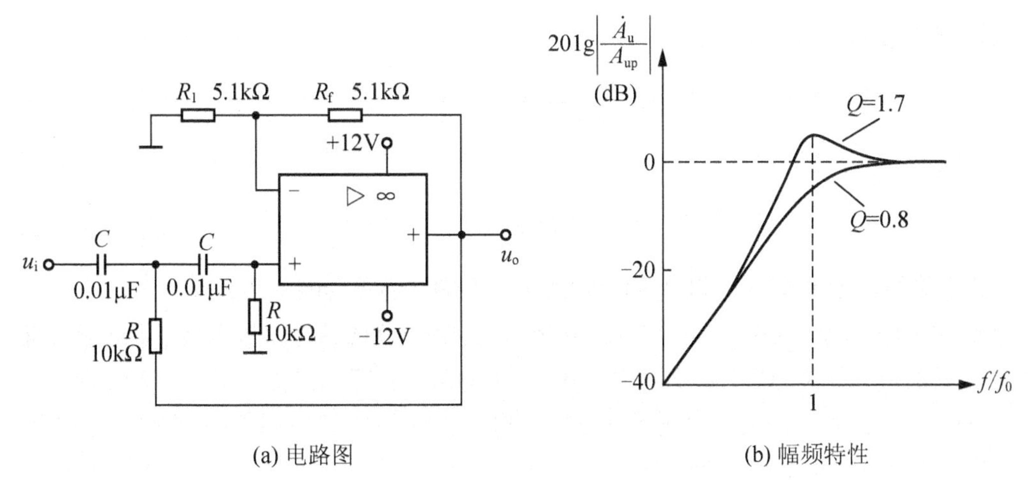

(a) 电路图　　　　(b) 幅频特性

图 3.7.3　二阶高通滤波器

(3) 带通滤波器(BPF)。这种滤波器的作用是只允许在某一个通频带范围内的信号通过，而对比通频带下限频率低和比上限频率高的信号均加以衰减或抑制。

典型的带通滤波器可以从二阶低通滤波器中将其中一级改成高通而成。如图 3.7.4(a)所示，图 3.7.4(b)为二阶带通滤波器的幅频特性曲线。

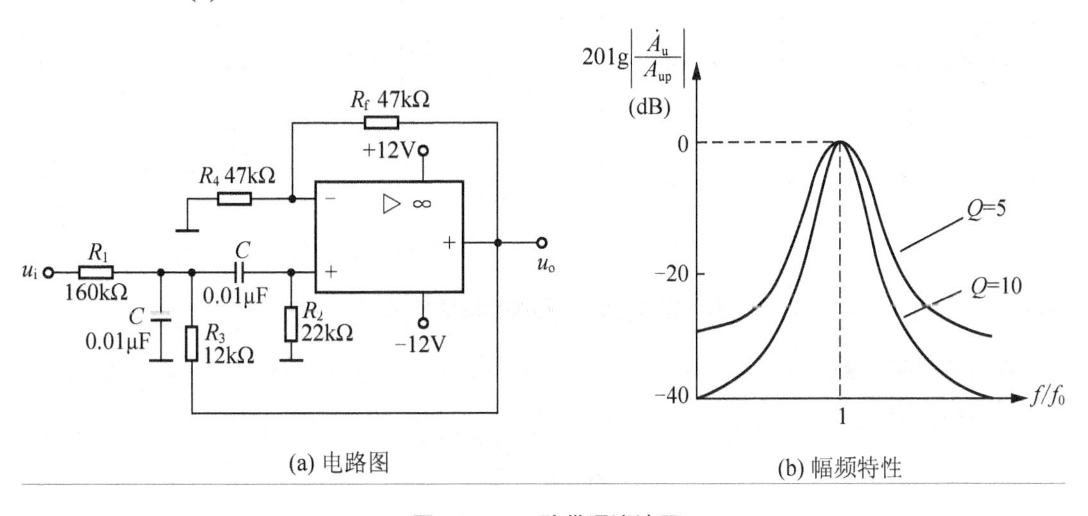

(a) 电路图　　　　(b) 幅频特性

图 3.7.4　二阶带通滤波器

其电路性能参数如下。

① 通带增益。

$$A_{up}=\frac{R_4+R_f}{R_4R_1CB}$$

② 中心频率。

$$f_0=\frac{1}{2\pi}\sqrt{\frac{1}{R_2C^2}\left(\frac{1}{R_1}+\frac{1}{R_3}\right)}$$

③ 通带宽度。

$$B=\frac{1}{C}\left(\frac{1}{R_1}+\frac{2}{R_2}-\frac{R_f}{R_3R_4}\right)$$

④ 选择性。

$$Q=\frac{\omega_0}{B}$$

此电路的优点是改变 R_f 和 R_4 的比例就可改变频宽而不影响中心频率。

(4) 带阻滤波器(BEF)。如图 3.7.5(a)所示，这种电路的性能和带通滤波器相反，即在规定的频带内信号不能通过(或受到很大衰减或抑制)，而在其余频率范围，信号则能顺利通过。在双 T 网络后加一级同相比例运算电路就构成了基本的二阶有源带阻滤波器。图 3.7.5(b)是二阶带阻滤波器的幅频特性曲线。

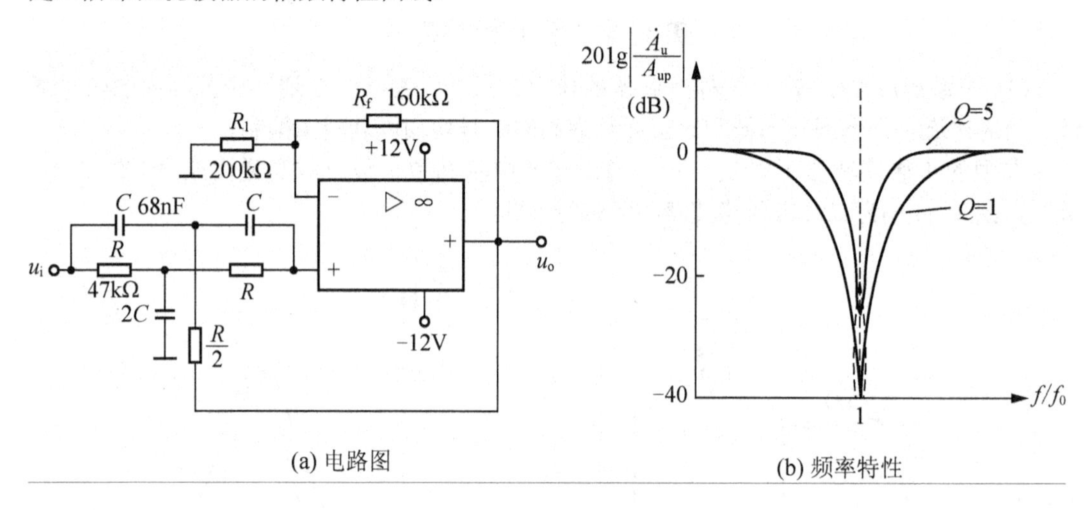

(a) 电路图　　(b) 频率特性

图 3.7.5　二阶带阻滤波器

其电路性能参数如下。

① 通带增益。

$$A_{up}=1+\frac{R_f}{R_1}$$

② 中心频率。

$$f_0=\frac{1}{2\pi RC}$$

③ 带阻宽度。

$$B=2(2-A_{up})f_0$$

④ 选择性。

$$Q = \frac{1}{2(2 - A_{up})}$$

三、实验设备与器件

(1) ±12V 直流电源。

(2) 函数信号发生器。

(3) 双踪示波器。

(4) 交流毫伏表。

(5) 频率计。

(6) 集成运算放大器μA741×1，电阻器、电容器若干。

四、实验内容

(1) 二阶低通滤波器。实验电路如图 3.7.2(a)所示。

① 粗测。接通±12V 电源，u_i 接函数信号发生器，令其输出为 U_i=1V 的正弦波信号，在滤波器截止频率附近改变输入信号频率，用示波器或交流毫伏表观察输出电压幅度的变化是否具备低通特性，如不具备，应排除电路故障。

② 在输出波形不失真的条件下，选取适当幅度的正弦输入信号，在维持输入信号幅度不变的情况下，逐点改变输入信号频率。测量输出电压，将实验数据记入表 3-7-1 中，并描绘频率特性曲线。

表 3-7-1　二阶低通滤波器实验数据

f/Hz	
U_o/v	

(2) 二阶高通滤波器。实验电路如图 3.7.3(a)所示。

① 粗测。输入 U_i=1V 的正弦波信号，在滤波器截止频率附近改变输入信号频率，并观察电路是否具备高通特性。

② 测绘高通滤波器的幅频特性曲线，将实验数据记入表 3-7-2 中。

表 3-7-2　二阶高通滤波器实验数据

f/Hz	
U_o/v	

(3) 带通滤波器。实验电路如图 3.7.4(a)所示，测量其频率特性，将实验数据记入表 3-7-3 中。

① 实测电路的中心频率 f_0。

② 以实测中心频率为中心，测绘电路的幅频特性。

表 3-7-3 带通滤波器实验数据

f/Hz	
U_o/V	

(4) 带阻滤波器。实验电路如图 3.7.5(a)所示。

① 实测电路的中心频率 f_0。

② 测绘电路的幅频特性，将实验数据记入表 3-7-4 中。

表 3-7-4 带阻滤波器实验数据

f/Hz	
U_o/v	

五、实验总结

(1) 整理实验数据，画出各电路实测的幅频特性。

(2) 根据实验曲线，计算截止频率、中心频率、带宽及品质因数。

(3) 总结有源滤波电路的特性。

六、预习要求

(1) 复习教材有关滤波器内容。

(2) 分析图 3.7.2、图 3.7.3、图 3.7.4、图 3.7.5 所示电路，写出它们的增益特性表达式。

(3) 计算图 3.7.2、图 3.7.3 的截止频率，以及图 3.7.4、图 3.7.5 的中心频率。

(4) 画出上述 4 种电路的幅频特性曲线。

实验八 集成运算放大器的基本应用——电压比较器

一、实验目的

(1) 掌握电压比较器的电路构成及特点。

(2) 学会测试比较器的方法。

二、实验原理

电压比较器是集成运放非线性应用电路，它将一个模拟量电压信号和一个参考电压相比较，在二者幅度相等的附近，输出电压将产生跃变，相应输出高电平或低电平。比较器可以组成非正弦波形变换电路及可应用于模拟与数字信号转换等领域。

图 3.8.1 所示为一最简单的电压比较器，U_R 为参考电压，加在运放的同相输入端，输入电压 U_i 加在反相输入端。

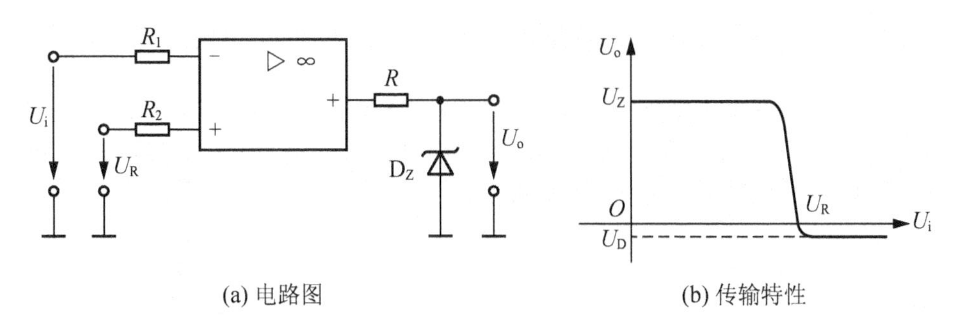

图 3.8.1　电压比较器

当 U_i<U_R 时，运放输出高电平，稳压管 D_z 反向稳压工作。输出端电位被其箝位在稳压管的稳定电压 U_Z，即 U_o=U_Z；当 U_i>U_R 时，运放输出低电平，D_Z 正向导通，输出电压等于稳压管的正向压降 U_D，即 U_o=$-U_D$；因此，以 U_R 为界，当输入电压 U_i 变化时，输出端可反映出两种状态，即高电位和低电位。

表示输出电压与输入电压之间关系的特性曲线，称为传输特性。图 3.8.1(b)为 3.8.1(a)比较器电路的传输特性。

常用的电压比较器有过零比较器、具有滞回特性的过零比较器、双限比较器(又称窗口比较器)等。

(1) 过零比较器。如图 3.8.2 所示为加限幅电路的过零比较器电路，D_Z 为限幅稳压管。信号从运放的反相输入端输入，参考电压为零，从同相端输入。当 U_i>0 时，输出 U_o=$-(U_Z+U_D)$，当 U_i<0 时，U_o=$+(U_Z+U_D)$。其电压传输特性如图 3.8.2(b)所示。

过零比较器结构简单，灵敏度高，但抗干扰能力差。

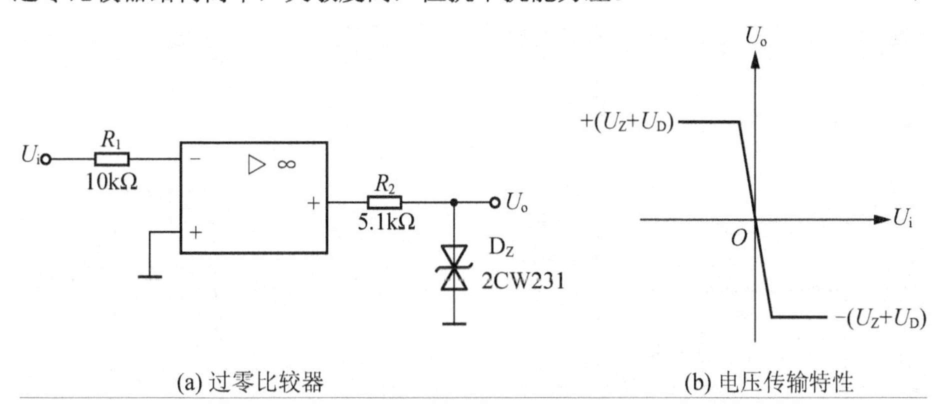

图 3.8.2　过零比较器

(2) 滞回比较器。图 3.8.3 为具有滞回特性的过零比较器，过零比较器在实际工作时，如果 U_i 恰好在过零值附近，则由于零点漂移的存在，U_o 将不断由一个极限值转换到另一个极限值，这在控制系统中，对执行机构将是很不利的。为此，就需要输出特性具有滞回现象。如图 3.8.3 所示，从输出端引一个电阻分压正反馈支路到同相输入端，若 U_o 改变状态，Σ点也随着改变电位，使过零点离开原来位置。当 U_o 为正(记作 U_+)$U_\Sigma=\dfrac{R_2}{R_f+R_2}U_+$，则当 $U_i>U_\Sigma$ 后，U_o 即由正变负(记作 U_-)，此时 U_Σ 变为 $-U_\Sigma$。故只有当 U_i 下降到 $-U_\Sigma$ 以下，才能使 U_o 再度回升到 U_+，于是出现了图 3.8.3(b)中所示的滞回特性。$-U_\Sigma$ 与 U_Σ 的差别称为回差。改变 R_2 的数值可以改变回差的大小。

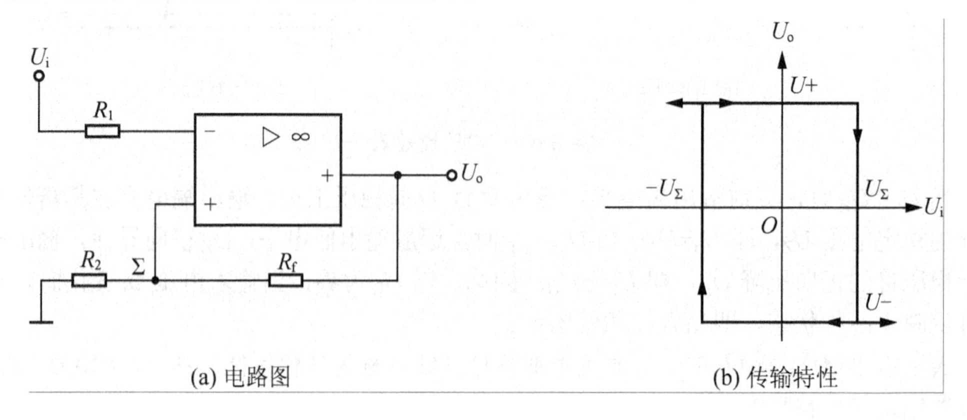

图 3.8.3　滞回比较器

(3) 窗口(双限)比较器。简单的比较器仅能鉴别输入电压 U_i 比参考电压 U_R 高或低的情况，窗口比较电路由两个简单比较器组成，如图 3.8.4(a)所示，它能指示出 U_i 值是否处于 U_R^+ 和 U_R^- 之间。其传输特性曲线如图 3.8.4(b)所示。若 $U_R^-<U_i<U_R^+$，则窗口比较器的输出电压 U_o 等于运放的正饱和输出电压($+U_{omax}$)，若 $U_i<U_R^-$ 或 $U_i>U_R^+$，则窗口比较器的输出电压 U_o 等于运放的负饱和输出电压($-U_{omax}$)。

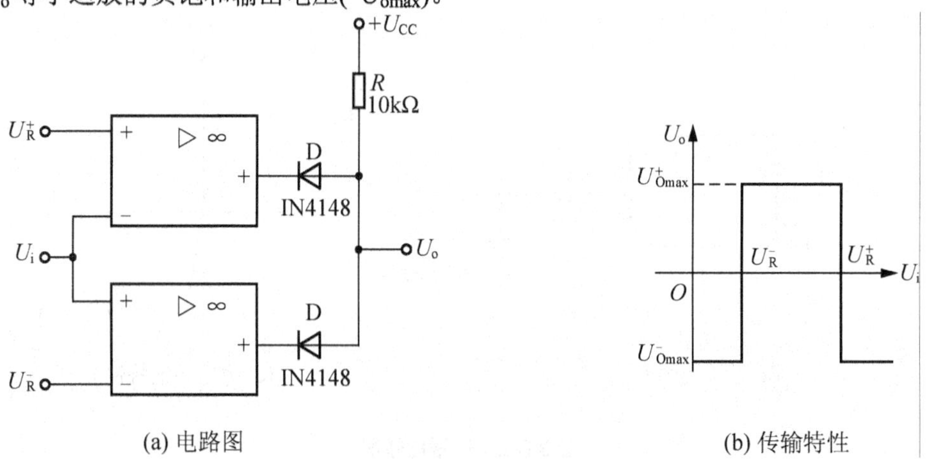

图 3.8.4　由两个简单比较器组成的窗口比较器

三、实验设备与器件

(1) ±12V 直流电源。

(2) 函数信号发生器。

(3) 双踪示波器。
(4) 直流电压表。
(5) 交流毫伏表。
(6) 运算放大器μA741×2。
(7) 稳压管 2CW231×1。
(8) 二极管 4148×2，电阻器等。

四、实验内容

(1) 过零比较器。实验电路如图 3.8.2(a)所示。
① 接通±12V 电源。
② 测量 U_i 悬空时的 U_o 值。
③ U_i 输入 500Hz、幅值为 2V 的正弦信号，观察 $U_i \to U_o$ 波形并记录。
④ 改变 U_i 幅值，测量传输特性曲线。
(2) 反相滞回比较器。实验电路如图 3.8.5 所示。

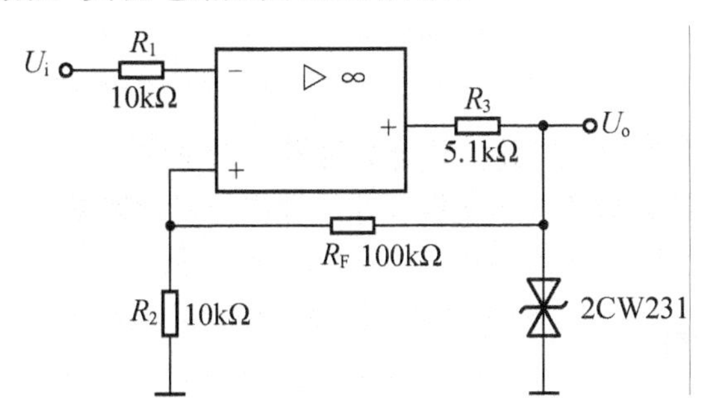

图 3.8.5　反相滞回比较器

① 按图接线，U_i 接+5V 可调直流电源，测出 U_o 由 $+U_{omax} \to -U_{omax}$ 时 U_i 的临界值。
② 同上，测出 U_o 由 $-U_{omax} \to +U_{omax}$ 时 U_i 的临界值。
③ U_i 接 500Hz，峰值为 2V 的正弦信号，观察并记录 $U_i \to U_o$ 波形。
④ 将分压支路 100kΩ电阻改为 200kΩ，重复上述实验，测定其传输特性。
(3) 同相滞回比较器。实验线路如图 3.8.6 所示。
① 参照实验内容(2)，自拟实验步骤及方法。
② 将结果与实验内容(2)进行比较。

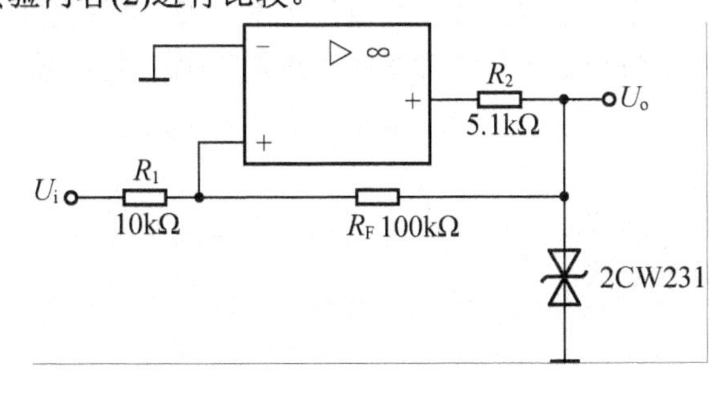

图 3.8.6　同相滞回比较器

(4) 窗口比较器。参照图 3.8.4 自拟实验步骤和方法测定其传输特性。

五、实验总结

(1) 整理实验数据，绘制各类比较器的传输特性曲线。
(2) 总结几种比较器的特点，并阐明它们的应用。

六、预习要求

(1) 复习教材有关比较器的内容。
(2) 画出各类比较器的传输特性曲线。
(3) 若要将图 3.8.4 窗口比较器的电压传输曲线高、低电平对调，应如何改动比较器电路。

实验九　集成运算放大器的基本应用——波形发生器(设计性实验)

一、实验目的

(1) 掌握方波—三角波产生电路的设计方法及工作原理。
(2) 了解集成运算放大器的波形变换及非线性应用，学习波形发生器的调整和主要性能指标的测试方法。

二、设计要求与技术指标

1. 技术指标

设计一个用集成运算放大器构成的方波—三角波产生电路，其指标要求如下。
(1) 方波。重复频率：500Hz，相对误差<±5%；脉冲幅度：±(6～6.5)V。
(2) 三角波。重复频率：500Hz，相对误差<±5%；脉冲幅度：1.5～2V。

2. 设计要求

(1) 由集成运放构成的正弦波、方波和三角波发生器有多种形式，根据设计要求和已知条件，确定电路方案，计算并选取各单元电路的元件参数。
(2) 测量方波产生电路输出方波的幅度和重复频率，使之满足设计要求。
(3) 测量三角波产生电路输出三角波的幅度和重复频率，使之满足设计要求。

三、预习要求

(1) 掌握集成运算放大器波形变换与非正弦波产生电路的工作原理。
(2) 熟悉其设计和调试方法。

四、设计提示

能产生方波(或矩形波)的电路形式很多。例如，由门电路、集成运算放大器或 555 定

时器组成的多谐振荡器均能产生矩形波。再经积分电路产生三角波(或锯齿波)。下面仅介绍由集成运算放大器组成的方波—三角波产生电路。

1. 简单方波—三角波产生电路

图 3.9.1 所示是由集成运算放大器组成的反相输入施密特触发器构成的多谐振荡器，一般包括滞回比较器和 *RC* 积分器两大部分。*RC* 积分电路起反馈及延迟作用，电容上的电压 U_C 即是它的输入电压，近似于三角波，这是一种简单的方波—三角波产生电路，其特点是线路简单，但输出三角波的线性度较差。主要用于产生方波，或对三角波要求不高的场合。

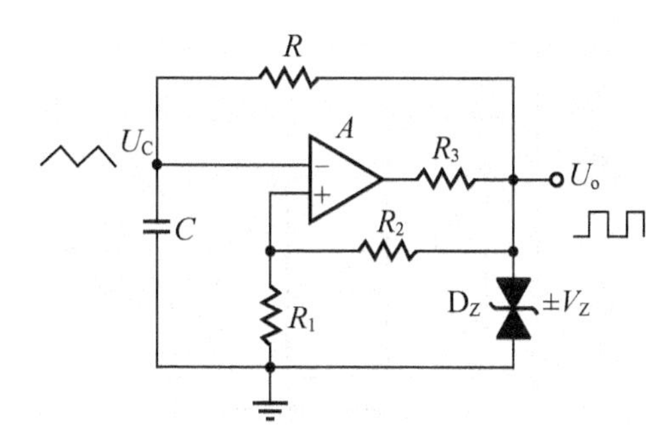

图 3.9.1　简单的方波—三角波产生电路

该电路相关计算公式如下。

振荡周期：

$$T = 2RC\ln\left(1+\frac{2R_1}{R_2}\right) \tag{9.1}$$

输出三角波 U_C 的幅度：

$$V_{cm} = \left|\pm\frac{R_1}{R_1+R_2}V_Z\right| \tag{9.2}$$

输出方波 U_o 的幅度：

$$V_{om} = \left|\pm V_Z\right| \tag{9.3}$$

2. 常见方波—三角波产生电路

若把滞回比较器和 *RC* 积分器首尾相接，则可构成正反馈闭环系统，如图 3.9.2 所示，是由集成运算放大器组成的一种常见的方波—三角波产生电路。其中，运算放大器 A_1 与电阻 R_1、R_2 构成同相输入施密特触发器(即迟滞比较器)。运算放大器 A_2 与 *RC* 构成积分电路，二者形成闭合回路。比较器 A_1 输出的方波经积分器 A_2 积分可得到三角波，三角波又触发比较器自动翻转形成方波，这样即可构成三角波、方波发生器。图 3.9.3 为方波、三角波发生器输出波形图。由于采用运放组成的积分电路，因此可实现恒流充电，从而使三角波线性大大改善。

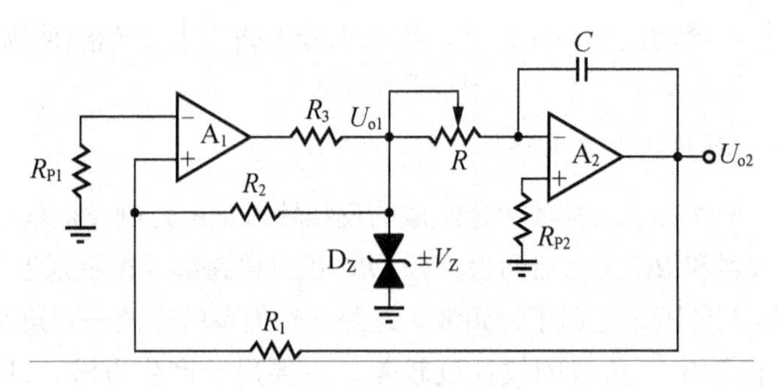

图 3.9.2 常见的方波—三角波产生电路

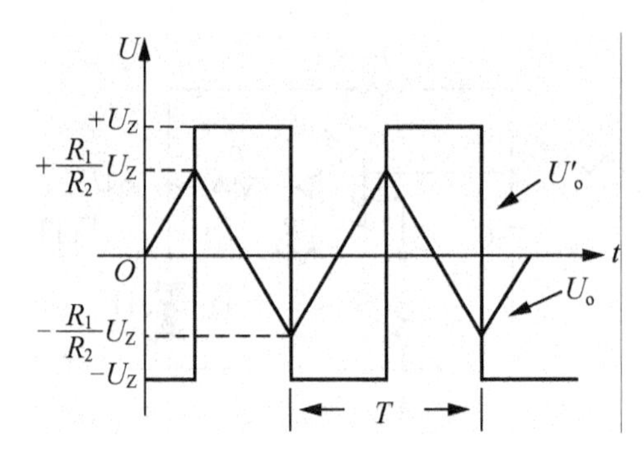

图 3.9.3 方波、三角波发生器输出波形图

该电路相关计算公式如下。

振荡周期：

$$T = \frac{4R_1RC}{R_2} \tag{9.4}$$

输出方波 U_{o1} 的幅度：

$$V_{o1m} = |\pm V_Z| \tag{9.5}$$

输出三角波 U_{o2} 的幅度：

$$V_{o2m} = \left|\pm \frac{R_1}{R_2} V_Z\right| \tag{9.6}$$

3. 参数确定与元件选择

(1) 集成运算放大器的选择。鉴于方波的前后沿与用作开关器件的 A_1 的转换速率 S_R 有关，当输出方波的重复频率较高时，集成运算放大器 A_1 应选用高速运算放大器，一般要求时选用通用型运放即可。集成运算放大器 A_2 的选择原则如下：为了减小积分误差，应选用输入失调参数小，开环增益高、输入电阻高、开环带宽较宽的运算放大器。

(2) 稳压二极管 D_Z 的选择。稳压二极管 D_Z 其作用是限制和确定方波的幅度，因此要根据设计所要求的方波幅度来选择稳压管的稳定电压 V_Z。同时，由于方波幅度和宽度的对称性也与稳压管的对称性有关，因此为了得到对称的方波输出，通常应选用高精度的双向稳压管(如 2DW7 型)。R_3 为稳压管的限流电阻，其值由所选用的稳压管的稳定电流决定。

(3) 正反馈回路电阻 R_1 与 R_2 的确定。图 3.9.1 或图 3.9.2 所示电路中，运算放大器 A 或 A_1 的触发翻转电平(即上、下门槛电压)，即三角波的输出幅度由 R_1 与 R_2 的比值决定。因此根据设计所要求的三角波输出幅度，由式(9.2)或式(9.5)可以确定 R_1 与 R_2 的阻值。

(4) 确定积分时间常数 RC。根据方波和三角波所要求的重复频率来确定积分元件 R、C 的参数值。当正反馈回路电阻 R_1 与 R_2 的阻值确定之后，选取电容 C 值，再由式(9.1)或式(9.4)求得 R。

五、实验设备与器件

(1) ±12V 直流电源。

(2) 双踪示波器。

(3) 交流毫伏表。

(4) 频率计。

(5) 集成运算放大器。

(6) 二极管、电阻器、电容器若干。

(7) 稳压管。

六、实验报告要求

(1) 原理电路的设计，应包含如下内容。

① 简要说明电路的工作原理和主要元件在电路中的作用。

② 元件参数的确定和元器件的选择。

(2) 设计实验表格，记录并整理实验数据，画出输出电压 U_{o1}、U_{o2} 的波形(标出幅值、周期、相位关系)，分析实验结果，并得出相应结论。

(3) 将实验得到的振荡频率、输出电压的幅值分别与理论计算值进行比较，分析产生误差的原因。

七、实验思考与总结

(1) 如图 3.9.2 所示方波—三角波产生电路中，若要求输出占空比可调的矩形脉冲，电路应作何改动？为什么？

(2) 为什么在 RC 正弦波振荡电路中要引入负反馈支路？为什么要增加二极管 D_1 和 D_2？它们是怎样稳幅的？

(3) 怎样测量非正弦波电压的幅值？

(4) 总结设计与调试体会。

实验十　低频功率放大器——OTL 功率放大器

一、实验目的

(1) 进一步理解 OTL 功率放大器的工作原理。
(2) 学会 OTL 电路的调试及主要性能指标的测试方法。

二、实验原理

图 3.10.1 所示为 OTL 低频功率放大器实验电路。其中，由晶体三极管 T_1 组成推动级(也称前置放大级)，T_2、T_3 是一对参数对称的 NPN 和 PNP 型晶体三极管，它们组成互补推挽 OTL 功放电路。由于每一个管子都接成射极输出器形式，因此具有输出电阻低，负载能力强等优点，适合于作功率输出级。T_1 管工作于甲类状态，它的集电极电流 I_{C1} 由电位器 R_{W1} 进行调节。I_{C1} 的一部分流经电位器 R_{W2} 及二极管 D，给 T_2、T_3 提供偏压。调节 R_{W2}，可以使 T_2、T_3 得到合适的静态电流而工作于甲、乙类状态，以克服交越失真。静态时要求输出端中点 A 的电位 $U_A=\frac{1}{2}U_{CC}$，可以通过调节 R_{W1} 来实现，又由于 R_{W1} 的一端接在 A 点，因此在电路中引入交、直流电压并联负反馈，一方面能够稳定放大器的静态工作点，同时也能改善非线性失真。

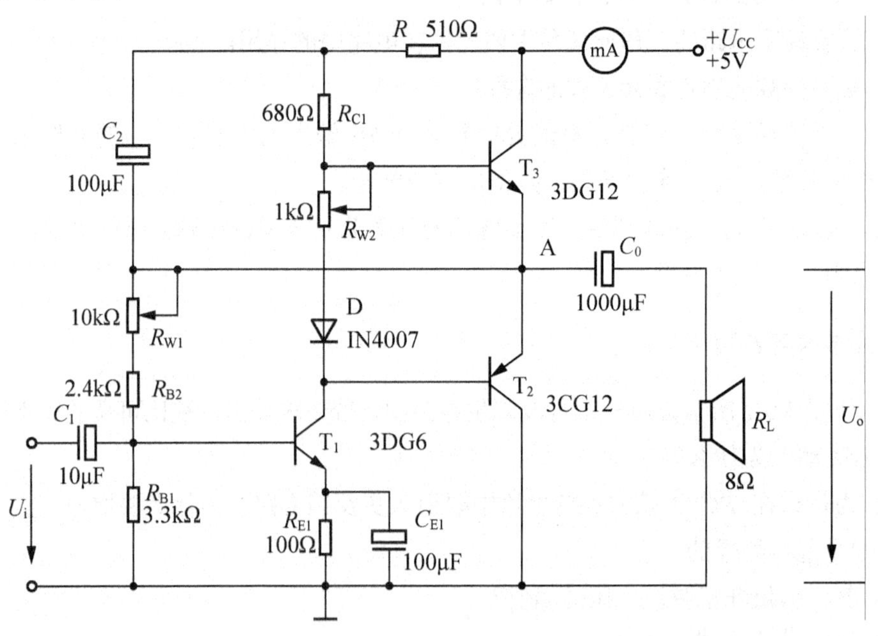

图 3.10.1　OTL 功率放大器实验电路

当输入正弦交流信号 U_i 时，经 T_1 放大、倒相后同时作用于 T_2、T_3 的基极，U_i 的负半

周使 T_2 管导通(T_3 管截止)，有电流通过负载 R_L，同时向电容 C_0 充电，在 U_i 的正半周，T_3 导通(T_2 截止)，已充好电的电容器 C_0 起着电源的作用，通过负载 R_L 放电，这样在 R_L 上就得到完整的正弦波。

C_2 和 R 构成自举电路，用于提高输出电压正半周的幅度，以得到大的动态范围。

OTL 电路的主要性能指标如下。

(1) 最大不失真输出功率 P_{om}。理想情况下，$P_{om}=\frac{1}{8}\frac{U_{CC}^2}{R_L}$，在实验中可通过测量 R_L 两端的电压有效值，来求得实际的 $P_{om}=\frac{U_o^2}{R_L}$。

(2) 效率 η。

$$\eta=\frac{P_{om}}{P_E}\times 100\%$$

式中：P_E 为直流电源供给的平均功率。

理想情况下，η_{max}=78.5%。在实验中，可测量电源供给的平均电流 I_{DC}，从而求得 $P_E=U_{CC}\cdot I_{DC}$，负载上的交流功率已用上述方法求出，因而也就可以计算实际效率了。

(3) 频率响应。详见实验二有关部分内容。

(4) 输入灵敏度。输入灵敏度是指输出最大不失真功率时，输入信号 U_i 之值。

三、实验设备与器件

(1) +5V 直流电源。

(2) 函数信号发生器。

(3) 双踪示波器。

(4) 交流毫伏表。

(5) 直流毫安表。

(6) 直流电压表。

(7) 频率计。

(8) 晶体三极管 3DG6(9011)、3DG12(9013)、3CG12(9012)、晶体二极管 IN40078Ω、扬声器、电阻器、电容器若干。

四、实验内容

在整个测试过程中，电路不应有自激现象。

(1) 静态工作点的测试。按图 3.10.1 连接实验电路，将输入信号旋钮旋至零(即 U_i=0)，并在电源进线中串入直流毫安表，电位器 R_{W2} 置最小值，R_{W1} 置中间位置。接通＋5V 电源，观察毫安表指示，同时用手触摸输出级管子，若电流过大或管子温升显著，应立即断开电源检查原因(如 R_{W2} 开路、电路自激或输出管性能不好等)。若无异常现象，则可开始调试。

① 调节输出端中点电位 U_A。调节电位器 R_{W1}，用直流电压表测量 A 点电位，使

$U_A = \frac{1}{2}U_{CC}$。

② 调整输出极静态电流及测试各级静态工作点。调节 R_{W2}，使 T_2、T_3 管的 $I_{C2}=I_{C3}=5\sim10mA$。从减小交越失真角度而言，应适当加大输出极静态电流，但该电流过大，会使效率降低，所以一般以 5～10mA 左右为宜。由于毫安表是串在电源进线中，因此测得的是整个放大器的电流，但一般 T_1 的集电极电流 I_{C1} 较小，从而可以把测得的总电流近似当作末级的静态电流。如要准确得到末级静态电流，则可从总电流中减去 I_{C1} 之值即可。

调整输出级静态电流的另一方法是动态调试法。先使 $R_{W2}=0$，并在输入端接入 $f=1kHz$ 的正弦信号 U_i。逐渐加大输入信号的幅值，此时输出波形应出现较严重的交越失真(注意：没有饱和和截止失真)，然后缓慢增大 R_{W2}，当交越失真刚好消失时，停止调节 R_{W2}，恢复 $U_i=0$，此时直流毫安表读数即为输出级静态电流。一般数值也应在 5～10mA 左右，如过大，则要检查电路。

输出极电流调好以后，测量各级静态工作点，并将实验数据记入表 3-10-1 中。

表 3-10-1　低频率功率放大器静态工作点测试实验数据

$I_{C2}=I_{C3}=$ 　mA　$U_A=2.5V$

	T_1	T_2	T_3
U_B/V			
U_C/V			
U_E/V			

注意：① 在调整 R_{W2} 时，要注意旋转方向，不要调得过大，更不能开路，以免损坏输出管。

② 当输出管静态电流调好后，如无特殊情况，不得随意旋动 R_{W2} 的位置。

(2) 最大输出功率 P_{om} 和效率 η 的测试。

① 测量 P_{om}。调节 THM-3 实验箱上函数信号发生器，使其输出 $f=1kHz$ 的正弦信号至电路输入端 U_i，电路输出端用示波器观察输出电压 U_o 波形。逐渐增大 U_i，使输出电压达到最大不失真输出，用交流毫伏表测出负载 R_L 上的电压 U_{om}，则 $P_{om} = \frac{U_{om}^2}{R_L}$。

② 测量 η。当输出电压为最大不失真输出时，读出直流毫安表中的电流值，此电流即为直流电源供给的平均电流 I_{DC}(有一定误差)，由此可近似求得 $P_E=U_{CC}I_{DC}$，再根据上面测得的 P_{om}，即可求出 $\eta = \frac{P_{om}}{P_E}$。

(3) 输入灵敏度测试。根据输入灵敏度的定义，只要测出输出功率 $P_o = P_{om}$ 时的输入电压值 U_i 即可。

(4) 频率响应的测试。测试方法同实验二。将实验数据记入表 3-10-2 中。

表 3-10-2 低频功率放大器频率响应测试实验数据

U_i= mV

				f_L		f_0		f_H			
f/Hz						1000					
U_o/V											
A_V											

在测试时，为保证电路的安全，应在较低电压下进行，通常取输入信号为输入灵敏度的 50%。在整个测试过程中，应保持 U_i 为恒定值，且输出波形不得失真。

(5) 研究自举电路的作用。

① 测量有自举电路，且 $P_o = P_{omax}$ 时的电压增益 $A_V = \frac{U_{om}}{U_i}$ 。

② 将 C_2 开路，R 短路(无自举)，再测量 $P_o = P_{omax}$ 的 A_V 。

用示波器观察①、②两种情况下的输出电压波形，并将以上两项测量结果进行比较，分析研究自举电路的作用。

(6) 噪声电压的测试。测量时将输入端短路(U_i=0)，观察输出噪声波形，并用交流毫伏表测量输出电压，即为噪声电压 U_N，本电路若 U_N＜15mV，即满足要求。

(7) 试听。将输入信号改为录音机输出，输出端接试听音箱及示波器。开机试听，并观察语言和音乐信号的输出波形。

五、实验总结

(1) 整理实验数据，计算静态工作点、最大不失真输出功率 P_{om} 、效率 η 等，并与理论值进行比较，并画出频率响应曲线。

(2) 分析自举电路的作用。

(3) 讨论实验中发生的问题及解决办法。

六、预习要求

(1) 复习有关 OTL 工作原理部分内容。

(2) 为什么引入自举电路能够扩大输出电压的动态范围？

(3) 交越失真产生的原因是什么？怎样克服交越失真？

(4) 电路中电位器 R_{W2} 如果开路或短路，对电路工作有何影响？

(5) 为了不损坏输出管，调试中应注意什么问题？

(6) 如电路有自激现象，应如何消除？

实验十一　直流稳压电源(Ⅰ)
——晶体管直流稳压电源的设计和测试(设计性实验)

一、实验目的

(1) 研究单相桥式整流、电容滤波电路的特性，学习直流稳压电源的设计方法。

(2) 研究直流稳压电源的设计方案；掌握晶体管直流稳压电源主要技术指标稳压系数及电源内阻的测试方法。

二、设计要求和技术指标

1. 技术指标

要求电源输出电压为±5V，输入电压为交流220V，最大输出电流为I_L=500mA，电网电压波动正负10%。

2. 设计要求

(1) 设计一个能输出±5V的直流稳压电源。

(2) 测量直流稳压电源的稳压系数。

(3) 测量直流稳压电源的内阻。

(4) 要求绘出原理图，并用Protel画出印制板图。

三、预习要求

(1) 根据设计要求和技术指标设计好电路，选好元件及参数。

(2) 用Protel绘制印制板电路。

(3) 拟定测试方案和设计步骤。

四、设计提示

电子设备一般都需要直流电源供电。这些直流电除了少数直接利用干电池和直流发电机外，大多数是采用把交流电(市电)转变为直流电的直流稳压电源。

其各部分的作用如下。

直流稳压电源由电源变压器、整流、滤波和稳压电路4部分组成，其原理框图如图3.11.1所示。

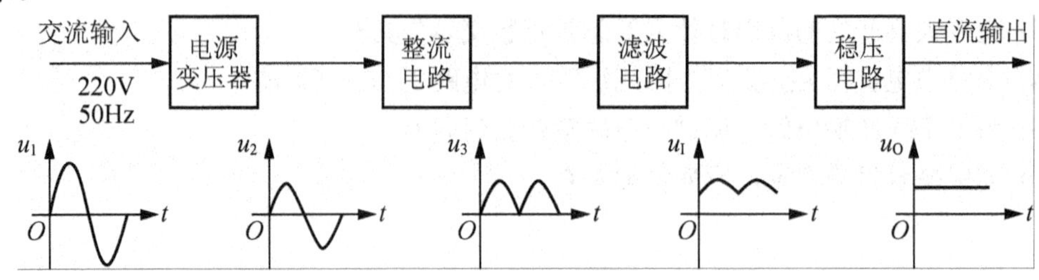

图3.11.1　直流稳压电源框图

1. 整流电路和滤波电路

电网供给的交流电压 u_I(220V，50Hz)首先通过整流变压器变成符合整流需要的电压，然后通过整流电路将该交流电压变换成方向不变、大小随时间变化的单向脉动直流电压，在单向脉动直流电压中，除了有所需要的直流成分外，还包含交流成分。经过滤波电路后，可将部分交流成分“滤掉”，就可得到比较平直的直流电压 u_I，使波形变得比较平滑。

但这样的直流输出电压，还会随交流电网电压的波动或负载的变动而变化。在对直流供电要求较高的场合，还需要使用稳压电路，以保证输出直流电压更加稳定。

2. 稳压电路

整流、滤波电路输出的直流电压稳定程度较差。输出直流电压不稳定的因素有两个方面：一方面是交流电网电压有时变化，使输出电压随之变化；另一方面是整流滤波电路具有较大内阻，当负载电流变化时，电源内阻上的压降变化，使输出电压随之变化。采用稳压电路后，输出电压的稳定程度将大为改善，同时其波形也更加平滑。

晶体管直流稳压电源的各部分电路都具有多种不同的形式。本实验仅研究由单相桥式整流、电容滤波及稳压管稳压电路所组成的稳压电源。

单相桥式整流电路的输出直流电压 U_L 与输入交流电压 U(有效值)之间的关系为

$$U_L \approx 0.9U$$

经过电容滤波后则为

$$U_L \approx (1.0 \sim 1.4)U$$

空载时

$$U_L = 1.414U$$

经过稳压管稳压电路后则为

$$U_L = U_Z$$

五、实验设备与器件参考提示

(1) 可调工频电源。

(2) 双踪示波器。

(3) 交流毫伏表。

(4) 直流电压表。

(5) 直流毫安表。

(6) 滑线变阻器 220/1A。

(7) 晶体三极管、整流桥(或晶体二极管)、稳压管、电阻器、电容器若干。

六、实验报告要求

(1) 选定设计方案。

(2) 拟出设计步骤，画出实验电路，分析并计算主要元件参数值。

(3) 列出测试实验数据表格。

七、实验思考与总结

(1) 总结半导体直流稳压电源的设计方法和运用到的主要知识点，对设计方案进行比较。

(2) 总结半导体直流稳压电源主要参数的测试方法。

(3) 对实验数据进行误差分析。

(4) 在桥式整流电路中，如果某个二极管发生开路、短路或反接 3 种情况，将会出现什么问题？

实验十二　直流稳压电源(Ⅱ)
——集成稳压器

一、实验目的

(1) 研究集成稳压器的特点和性能指标的测试方法。

(2) 了解集成稳压器扩展性能的方法。

二、实验原理

随着半导体工艺的发展，稳压电路也制成了集成器件。由于集成稳压器具有体积小、外接线路简单、使用方便、工作可靠和通用性等优点，因此在各种电子设备中应用十分普遍，基本上取代了由分立元件构成的稳压电路。集成稳压器的种类很多，应根据设备对直流电源的要求来进行选择。对于大多数电子仪器、设备和电子电路来说，通常是选用串联线性集成稳压器。而在这种类型的器件中，又以三端式稳压器应用最为广泛。

W7800、W7900 系列三端式集成稳压器的输出电压是固定的，在使用中不能进行调整。W7800 系列三端式稳压器输出正极性电压，一般有 5V、6V、9V、12V、15V、18V、24V 7 个挡次，输出电流最大可达 1.5A(加散热片)。同类型 78M 系列稳压器的输出电流为 0.5A，78L 系列稳压器的输出电流为 0.1A。若要求负极性输出电压，则可选用 W7900 系列稳压器。

图 3.12.1 为 W7800 系列的外形和接线图，它有如下 3 个引出端。

(1) 输入端(不稳定电压输入端)，标以“1”。

(2) 输出端(稳定电压输出端)，标以“3”。

(3) 公共端，标以“2”。

除固定输出三端稳压器外，尚有可调式三端稳压器，后者可通过外接元件对输出电压进行调整，以适应不同的需要。

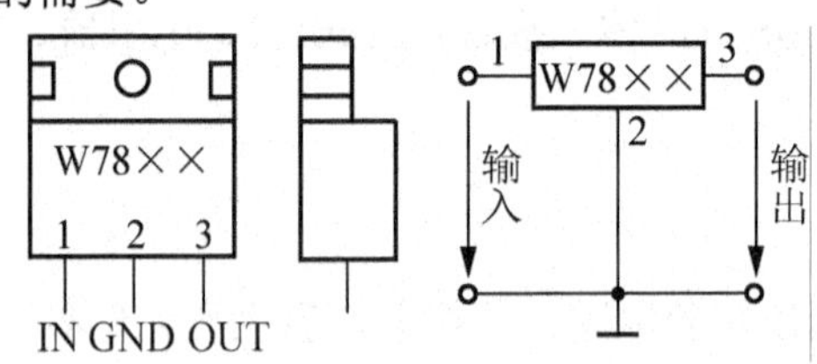

图 3.12.1　W7800 系列外形及接线图

本实验所用集成稳压器为三端固定正稳压器 W7812，它的主要参数如下：输出直流电压 U_o=＋12V，输出电流 L:0.1A，M:0.5A，电压调整率 10mV/V，输出电阻 R_o=0.15Ω，输入电压 U_I 的范围 15～17V。一般 U_i 要比 U_o 大 3～5V，才能保证集成稳压器工作在线性区。

图 3.12.2 是用三端式稳压器 W7812 构成的单电源电压输出串联型稳压电源的实验电路图。其中，整流部分采用了由 4 个二极管组成的桥式整流器成品(又称桥堆)，型号为 2W06(或 KBP306)，其内部接线和外部管脚引线如图 3.12.3 所示。滤波电容 C_1、C_2 一般选取几百～几千微法。当稳压器距离整流滤波电路比较远时，在输入端必须接入电容器 C_3(数值为 0.33μF)，以抵消线路的电感效应，防止产生自激振荡。输出端电容 C_4(0.1μF)用以滤除输出端的高频信号，以改善电路的暂态响应。

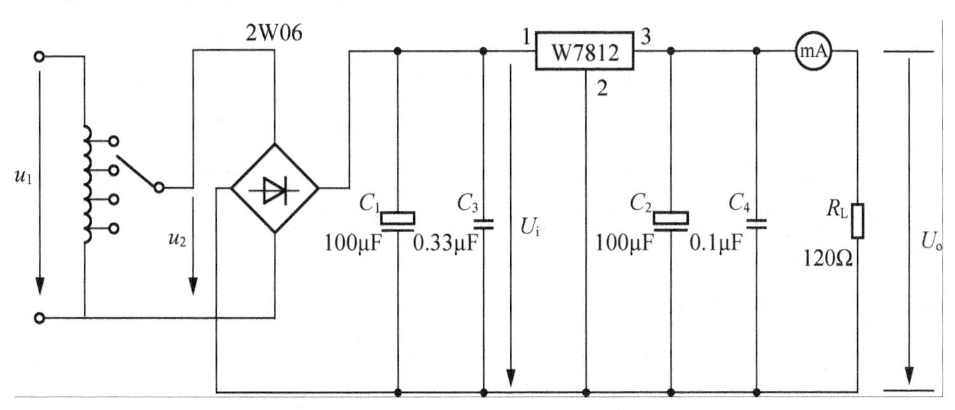

图 3.12.2　由 W7815 构成的串联型稳压电源

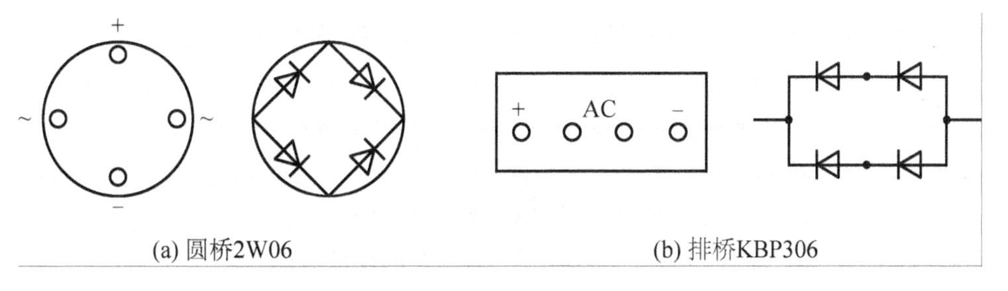

图 3.12.3　桥堆管脚图

图 3.12.4 为正、负双电压输出电路，如需要 U_{o1}=+15V，U_{o2}=−15V，则可选用 W7815 和 W7915 三端稳压器，这时的 U_i 应为单电压输出时的两倍。

当集成稳压器本身的输出电压或输出电流不能满足要求时，可通过外接电路来进行性能扩展。图 3.12.5 是一种简单的输出电压扩展电路。例如，W7812 稳压器的 3、2 端间输出电压为 12V，因此只要适当选择 R 的值，使稳压管 D_W 工作在稳压区，则输出电压 U_o=12＋U_z，可以高于稳压器本身的输出电压。

图 3.12.6 是通过外接晶体管 T 及电阻 R_1 来进行电流扩展的电路。电阻 R_1 的阻值由外接晶体管的发射结导通电压 U_{BE}、三端式稳压器的输入电流 I_i(近似等于三端稳压器的输出电流 I_{o1})和 T 的基极电流 I_B 来决定，即

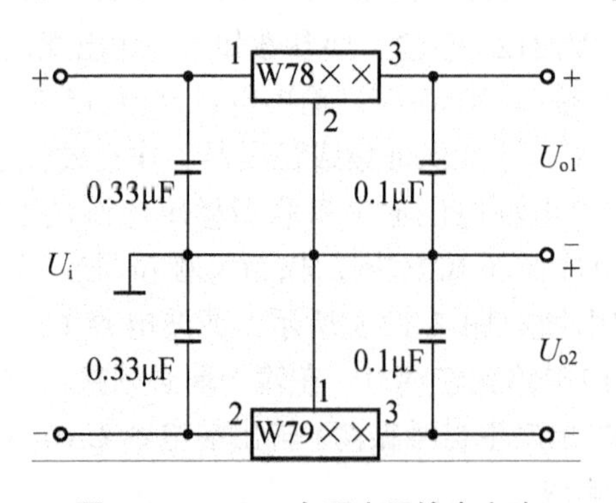

图 3.12.4　正、负双电压输出电路

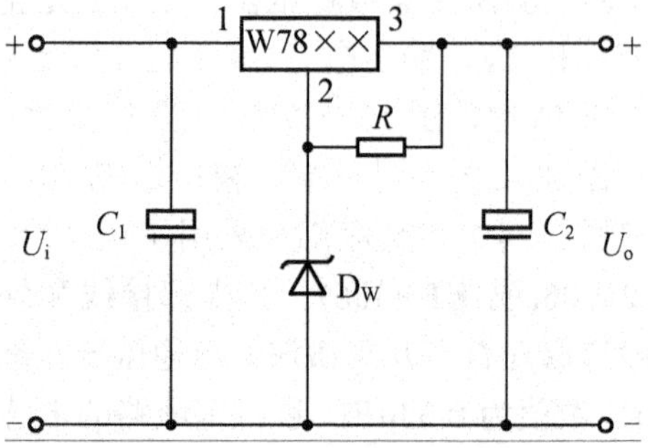

图 3.12.5　输出电压扩展电路

$$R_1=\frac{U_{BE}}{I_R}=\frac{U_{BE}}{I_i-I_B}=\frac{U_{BE}}{I_{o1}-\frac{I_C}{\beta}}$$

式中：I_C 为晶体管 T 的集电极电流，且 $I_C=I_0-I_{01}$；β 为 T 的电流放大系数；对于锗管 U_{BE} 可按 0.3V 进行估算，对于硅管 U_{BE} 可按 0.7V 进行估算。

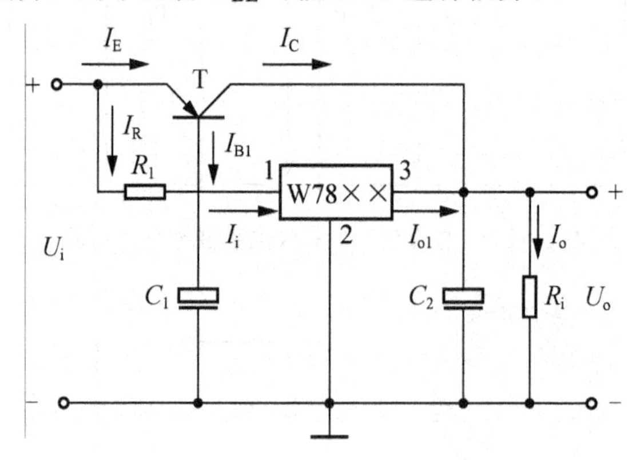

图 3.12.6　输出电流扩展电路

解：(1) 图 3.12.7 为 W7900 系列(输出负电压)外形及接线图。

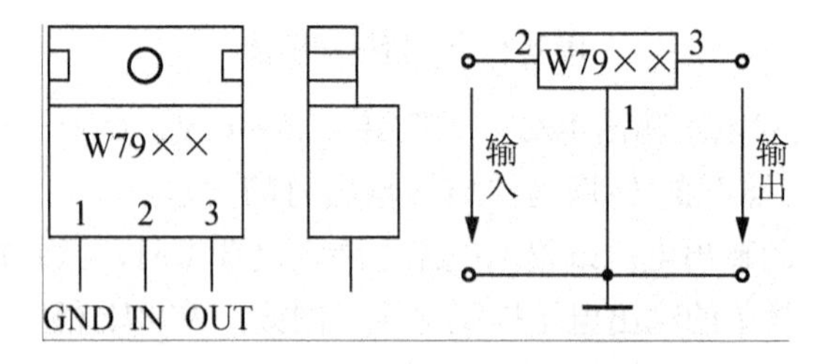

图 3.12.7　W7900 系列外形及接线图

(2) 图 3.12.8 为可调输出正三端稳压器 W317 外形及接线图。

其输出电压计算公式为

$$U_o\approx1.25\left(1+\frac{R_2}{R_1}\right)$$

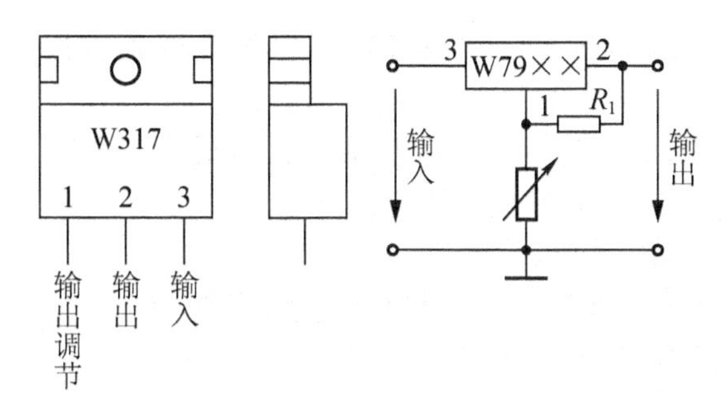

图 3.12.8 W317 外形及接线图

最大输入电压为

$$U_{\mathrm{Im}} = 40\mathrm{V}$$

输出电压范围为

$$U_o = 1.2 \sim 37$$

三、实验设备与器件

(1) 可调工频电源。

(2) 双踪示波器。

(3) 交流毫伏表。

(4) 直流电压表。

(5) 直流毫安表。

(6) 三端稳压器 W7812\W7815、W7915。

(7) 桥堆 2W06(或 KBP306)。

(8) 电阻器、电容器若干。

四、实验内容

(1) 整流滤波电路测试。按图 3.12.9 连接实验电路，取交流工频电源 14V 电压作为整流电路输入电压 U_2。接通工频电源，测量输出端直流电压 U_L 及纹波电压 $\widetilde{U}_L$，用示波器观察 U_2、U_L 的波形，并把数据及波形记入自拟表格中。

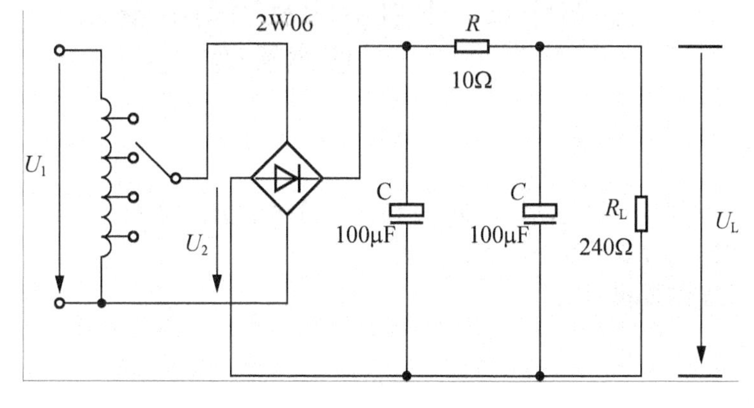

图 3.12.9 整流滤波电路

(2) 集成稳压器性能测试。断开工频电源，按图 3.12.2 改接实验电路，取负载电阻 R_L=120Ω。

① 初测。接通工频 14V 电源，测量 U_2 值；测量滤波电路输出电压 U_i(稳压器输入电压)，集成稳压器输出电压 U_o，它们的数值应与理论值大致符合，否则，说明电路出了故障，应设法查找故障并加以排除。

电路经初测进入正常工作状态后，才能进行各项指标的测试。

② 各项性能指标测试。

a. 输出电压 U_o 和最大输出电流 I_{omax} 的测量。在输出端接负载电阻 R_L=120Ω，由于 7812 的输出电压 U_o=12V，因此流过 R_L 的电流 $\mathrm{I}_{omax}=\frac{12}{120}=100\mathrm{mA}$。这时，$U_o$ 应基本保持不变，若变化较大则说明集成块性能不良。

b. 稳压系数 S 的测量。

c. 输出电阻 R_o 的测量。

d. 输出纹波电压的测量。

b.、c.、d.的测试方法同实验十，并把测量结果记入自拟表格中。

③ 集成稳压器性能扩展。根据实验器材，选取图 3.12.4、图 3.12.5 或图 3.12.8 中各元器件，并自拟测试方法与表格，记录实验结果。

五、实验总结

(1) 整理实验数据，计算 S 和 R_o，并与手册上的典型值进行比较。

(2) 分析讨论实验中发生的现象和问题。

六、预习要求

(1) 复习教材中有关集成稳压器部分内容。

(2) 列出实验内容中所要求的各种表格。

(3) 在测量稳压系数 S 和内阻 R_o 时，应怎样选择测试仪表？

实验十三　温度监测及控制电路——应用实验

一、实验目的

(1) 学习由双臂电桥和差动输入集成运放组成的桥式放大电路。

(2) 掌握滞回比较器的性能和调试方法。

(3) 学会系统测量和调试。

二、实验原理

实验电路如图 3.13.1 所示，它是由具有负温度系数电阻特性的热敏电阻(NTC 元件)R_t

作为一臂组成测温电桥，其输出经测量放大器放大后由滞回比较器输出“加热”与“停止”信号，经三极管放大后控制加热器的“加热”与“停止”。改变滞回比较器的比较电压 U_R 即改变控温的范围，而控温的精度则由滞回比较器的滞回宽度确定。

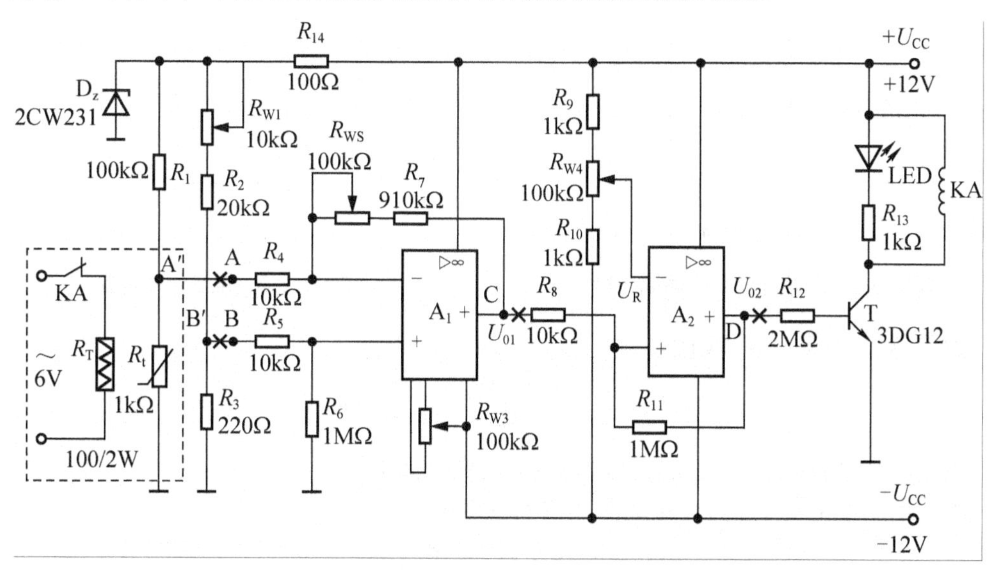

图 3.13.1 温度监测及控制实验电路

① 测温电桥。由 R_1、R_2、R_3、R_{W1} 及 R_t 组成测温电桥，其中 R_t 是温度传感器。其呈现出的阻值与温度成线性变化关系且具有负温度系数，而且温度系数与流过它的工作电流有关。为了稳定 R_t 的工作电流，达到稳定其温度系数的目的，设置了稳压管 D_2。R_{W1} 可决定测温电桥的平衡。

② 差动放大电路。由 A_1 及外围电路组成的差动放大电路，将测温电桥输出电压 ΔU 按比例放大。其输出电压为

$$U_{o1}=-\left(\frac{R_7+R_{W2}}{R_4}\right)U_A+\left(\frac{R_4+R_7+R_{W2}}{R_4}\right)\left(\frac{R_6}{R_5+R_6}\right)U_B$$

当 $R_4=R_5$，且 $(R_7+R_{W2})=R_6$ 时，有

$$U_{o1}=\frac{R_7+R_{W2}}{R_4}(U_B-U_A)$$

R_{W3} 用于差动放大器调零。

可见差动放大电路的输出电压 U_{o1} 仅取决于两个输入电压之差和外部电阻的比值。

③ 滞回比较器。差动放大器的输出电压 U_{o1} 输入由 A_2 组成的滞回比较器。

同相滞回比较器的单元电路如图 3.13.2 所示，图 3.13.3 为滞回比较器的电压传输特性。设比较器输出高电平为 U_{OH}，输出低电平为 U_{OL}，参考电压 U_R 加在反相输入端。

当输出为高电平 U_{OH} 时，运放同相输入端电位为

$$U_{+H}=\frac{R_F}{R_2+R_F}U_i+\frac{R_2}{R_2+R_F}U_{OH}$$

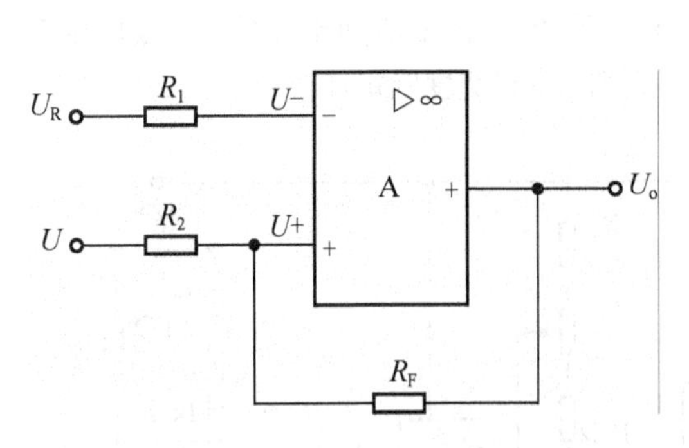

图 3.13.2　同相滞回比较器单元格

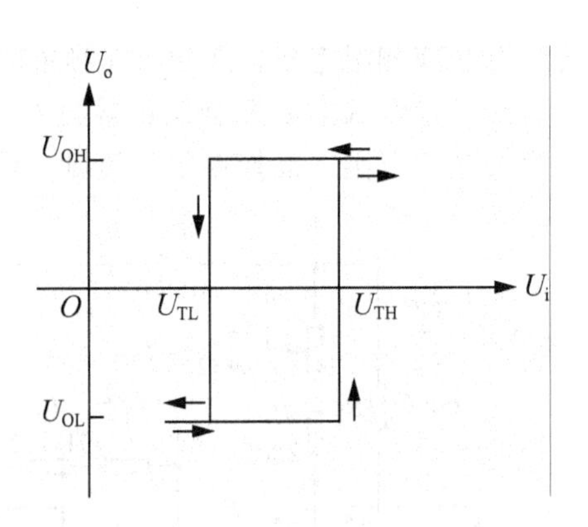

图 3.13.3　电压传输特性

当 U_i 减小到使 $U_{+H}=U_R$ 时，有

$$U_i = U_{TL} = \frac{R_2+R_F}{R_F}U_R - \frac{R_2}{R_F}U_{OH}$$

此后，U_i 稍有减小，输出就会从高电平跳变为低电平。

当输出为低电平 U_{OL} 时，运放同相输入端电位为

$$U_{+L} = \frac{R_F}{R_2+R_F}U_i + \frac{R_2}{R_2+R_F}U_{OL}$$

当 U_i 增大到使 $U_{+L}=U_R$ 时，有

$$U_i = U_{TH} = \frac{R_2+R_F}{R_F}U_R - \frac{R_2}{R_F}U_{OL}$$

此后，U_i 稍有增加，输出就又会从低电平跳变为高电平。

因此，U_{TL} 和 U_{TH} 为输出电平跳变时对应的输入电平，常称 U_{TL} 为下门限电平，U_{TH} 为上门限电平，而两者的差值为

$$\Delta U_T = U_{TR} - U_{TL} = \frac{R_2}{R_F}(U_{OH} - U_{OL})$$

称为门限宽度，它们的大小可通过调节 R_2/R_F 的比值来调节。

由上述分析可见差动放器输出电压 U_{o1} 经分压后，由 A_2 组成的滞回比较器，与反相输入端的参考电压 U_R 相比较。当同相输入端的电压信号大于反相输入端的电压时，A_2 输出正饱和电压，三极管 T 饱和导通。通过发光二极管 LED 的发光情况，可见负载的工作状态为“加热”。反之，当同相输入信号小于反相输入端电压时，A_2 输出负饱和电压，三极管 T 截止，LED 熄灭，负载的工作状态为“停止”。调节 R_{W4} 可改变参考电平，同时也调节了上下门限电平，从而达到设定温度的目的。

三、实验设备

(1) THM-3 型模拟电路实验箱。

(2) 双踪示波器。

(3) 热敏电阻(NTC)。

(4) 运算放大器μA741×2、晶体三极管 3DG12、稳压管 2CW231、发光管 LED。

四、实验内容

按图 3.13.2 连接实验电路，各级之间暂不连通，形成各级单元电路，以便各单元分别进行调试。

(1) 差动放大器。差动放大电路如图 3.13.4 所示，它可实现差动比例运算。

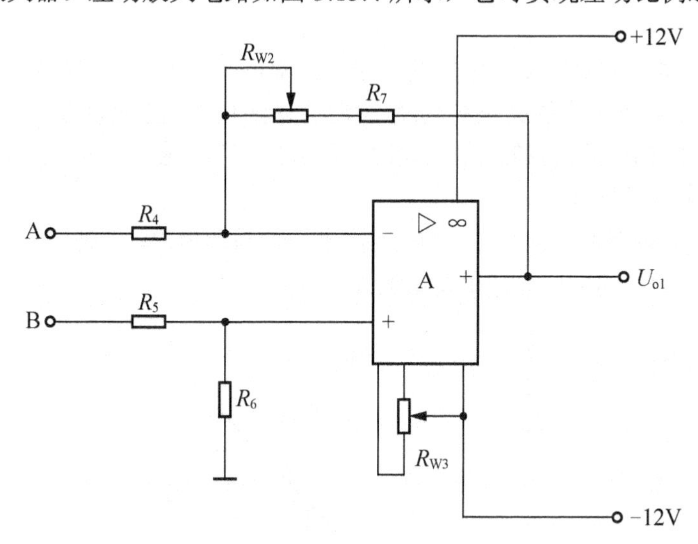

图 3.13.4 差动放大电路

① 运放调零。将 A、B 两端对地短路，调节 R_{W3} 使 U_o=0。

② 去掉 A、B 端对地短路线。从 A、B 端分别加入不同的两个直流电平。当电路中 $R_7+R_{W2}=R_6$，$R_4=R_5$ 时，其输出电压

$$U_o=\frac{R_7+R_{W2}}{R_4}(U_B-U_A)$$

在测试时，要注意加入的输入电压不能太大，以免放大器输出进入饱和区。

③ 将 B 点对地短路，调节函数信号发生器，使其输出频率为 100Hz、有效值为 10mV 的正弦波信号至 A 点，并用示波器观察输出波形。在输出波形不失真的情况下，用交流毫伏表测出 U_i 和 U_o 的电压。计算该差动放大电路的电压放大倍数 A。

(2) 桥式测温放大电路。将差动放大电路的 A、B 端与测温电桥的 A′、B′端相连，构成一个桥式测温放大电路。

① 在室温下使电桥平衡。在实验室室温条件下，调节 R_{W1}，使差动放大器输出 U_{o1}=0(注意：前面实验中调好的 R_{W3} 不能再动)。

② 温度系数 K(V/C)。由于测温需升温槽，为使实验简易，可虚设室温 T 及输出电压 U_{o1}，温度系数 K 也定为一个常数，具体参数及实验数据由实验者自行填入表 3-13-1 中。

表 3-13-1 桥式测温放大电路实验数据

温度 T/℃	室温 (℃)				
输出电压 U_{o1}/V	0				

从表 3-13-1 中可得到

$$K=\Delta U/\Delta T。$$

③ 桥式测温放大器的温度－电压关系曲线。根据前面测温放大器的温度系数 K，可画出测温放大器的温度－电压关系曲线，实验时应标注相关的温度和电压的值，如图 3.13.5 所示。从图 3.13.5 中既可求得在其他温度时，放大器实际应输出的电压值，也可得到在当前室温时，U_{o1} 实际对应值 U_S。

④ 重调 R_{W1}，使测温放大器在当前室温下输出 U_S(即调 R_{W1}，使 $U_{o1}=U_S$)。

(3) 滞回比较器。滞回比较器电路如图 3.13.6 所示。

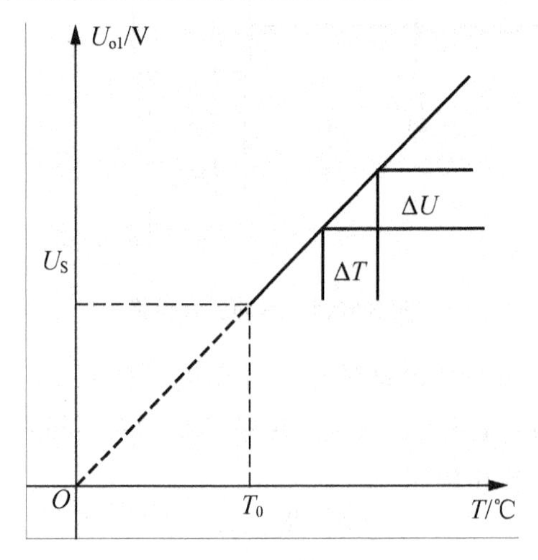

图 3.13.5 温度－电压关系曲线

① 直流法测试比较器的上下门限电平。首先确定参考电平 U_R 值，并调节 R_{W4}，使 U_R=2V。然后，将可变的直流电压 U_i 加入比较器的输入端。比较器的输出电压 U_o 送入示波器 Y 输入端(将示波器的“输入耦合方式”开关置于“DC”，X 轴“扫描触发方式”开关置于“自动”)。改变直流输入电压 U_i 的大小，从示波器屏幕上观察到的当 U_o 跳变时所对应的 U_i 值，即为上、下门限电平。

② 交流法测试电压传输特性曲线。将频率为 100Hz，幅度 3V 的正弦信号加入比较器输入端，同时将其送入示波器的 X 轴输入端，作为 X 轴扫描信号。将比较器的输出信号送入示波器的 Y 轴输入端。微调正弦信号的大小，可从示波器显示屏上到完整的电压传输特性曲线。

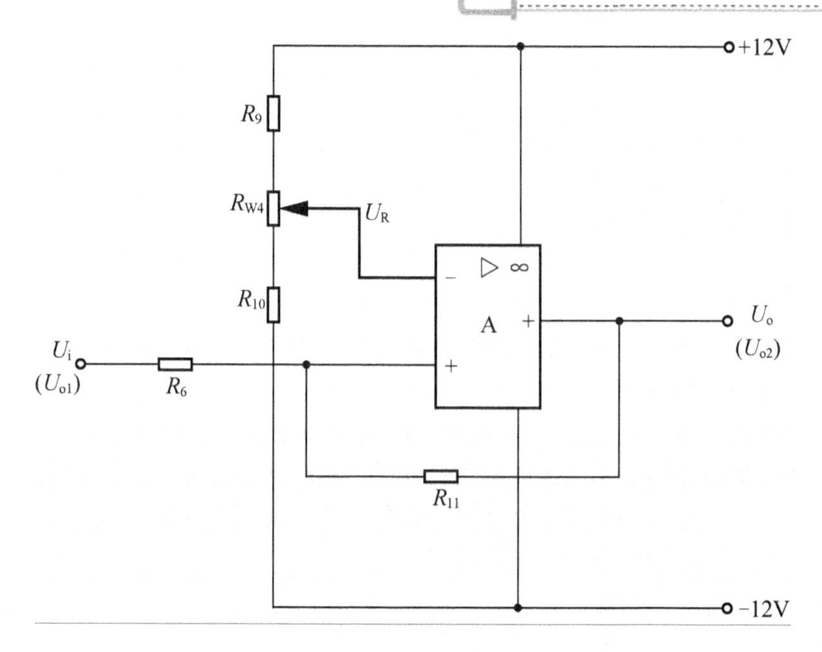

图 3.13.6　滞回比较器电路

(4) 温度检测控制电路整机工作状况。

① 按图 3.13.1 连接各级电路(注意：可调元件 R_{W1}、R_{W2}、R_{W3} 不能随意变动。如有变动，必须重新进行前面内容)。

② 根据所需检测报警或控制的温度 T，从测温放大器温度－电压关系曲线中，确定对应的 U_{o1} 值。

③ 调节 R_{W4}，使参考电压 $U'_R=U_R=U_{o1}$。

④ 用加热器升温，观察温升情况，直至报警电路动作报警(在实验电路中当 LED 发光时作为报警)，记下动作时对应的温度值 t_1 和 U_{011} 的值。

⑤ 用自然降温法使热敏电阻降温，记下电路解除时所对应的温度值 t_2 和 U_{012} 的值。

⑥ 改变控制温度 T，重做步骤②、③、④、⑤的实验内容。将实验数据记入表 3-13-2 中。

表 3-13-2　温度检测控制实验数据

设定温度 T/℃									
设定电压	从曲线上查得 U_{01}								
	U_R								
动作温度	T_1/℃								
	T_2/℃								
动作电压	U_{011}/V								
	U_{012}/V								

根据 t_1 和 t_2 值，可得到检测灵敏度 $t_0=(t_2-t_1)$。

注意：实验中的加热装置可用一个 100Ω/2W 的电阻 R_T 模拟，将此电阻靠近 R_t 即可。

五、实验总结

(1) 整理实数据，画出有关曲线、数据表格以及实验线路。

(2) 用方格纸画出测温放大电路温度系数曲线及比较器电压传输特性曲线。

(3) 实验中的故障排除情况及体会。

六、预习要求

(1) 阅读教材中有关集成运算放大器应用部分的章节。了解集成运算放大器构成的差动放大器等电路的性能和特点。

(2) 根据实验任务，拟出实验步骤及测试内容，画出数据记录表格。

(3) 依照实验线路板上集成运放插座的位置，从左到右安排前后各级电路。

(4) 画出元件排列及布线图。元件排列既要紧凑，又不能相碰，以便缩短连线，防止引入干扰。同时，又要便于实验中测试方便。

(5) 思考并回答下列问题。

① 如果放大器不进行调零，将会引起什么结果?

② 如何设定温度检测控制点?

第4章 数字电子技术实验

数字电子技术实验是整个电子技术教学过程中一个十分重要的环节，它和理论教学具有同样的重要性，是学生最重要的基本训练之一。

教学目标

(1) 验证、巩固、充实和丰富数字电子技术知识。

(2) 培养电子基本操作技能和处理实验结果基本方法。

(3) 根据理论分析与实验数据及实验现象得出结论。

(4) 培养研究和解决科学技术问题的独立工作能力。

(5) 拓展数字电子技术发展知识。

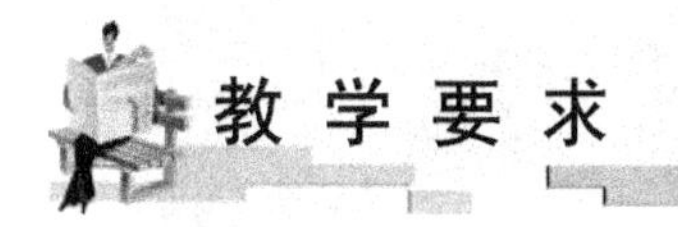

教学要求

知识要点	能力要求	相关知识
数字电子理论知识 电子技术实验技能	(1) 掌握数字电子理论知识，实验原理 (2) 熟悉电子实验操作技巧 (3) 了解常用仪器仪表工作原理	数据处理 误差分析

推荐阅读资料

1. 刘泾. 数字电子技术实验指导. 成都：西南交通大学出版社：2011(8).
2. 张海南. 电工技术电子技术实验指导书. 西安：西北工业大学出版社：2007(3).
3. 汪一鸣. 数字电子技术实验指导. 苏州：苏州大学出版社：2005(1).

引例 1——数字家庭时代

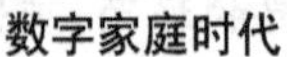
数字家庭时代

家庭使用的数字主板

从 20 世纪 70 年代开始，用数字电路处理模拟信号，即所谓的“数字化”浪潮已经覆盖了电子技术几乎所有的应用领域，并以前所未有的速度改变着人们的生活方式和娱乐方式。家庭数字化将是未来几年消费电子市场的主要发展趋势，随着数字家庭概念的深入，数字产品的概念和结构正在发生着质的变化。

引例 2——城市交通智能控制系统

城市智能交通控制系统中心

城市智能交通控制系统中心集流量监测、信息采集、勤务指挥、交通控制等功能于一体，具有交通指挥调度、高清电子卡口、高清电子警察、全景视频监控和 3G 无线传输 5 大系统功能，标志着公安交通管理工作向现代化、科技化、可视化、有序化、信号配时合理化和智能化管理迈出了重要一步。

实验一　TTL 逻辑门电路逻辑功能测试

一、实验目的

(1) 掌握 TTL 集成门电路的逻辑功能和测试方法。

(2) 掌握 TTL 器件的使用规则。

(3) 进一步熟悉数字电路实验装置的结构、基本功能和使用方法。

二、预习要求

(1) 预习各种基本门电路的逻辑功能。

(2) 在实验报告上列好实验表格。

三、实验内容和步骤

首先，检查 5V 电源是否正常，随后选择好实验用集成块，查清集成块的引脚功能。然后，根据实验图接线，应特别注意，*V*cc 及地的接线不能接错(不能接反且不能短接)，待仔细检查后方可通电进行实验，以后所有实验均依此要求进行。

(1) 与非门逻辑功能测试(74LS00)。如图 4.1.1 所示，与非门的输入端接逻辑开关输出插口，以提供“0”与“1”高、低电平信号；与非门的输出端接由 LED 发光二极管组成的逻辑电平显示器(又称 0—1 指示器)的显示插口，灯亮为逻辑“1”，不亮为逻辑“0”，将测试结果填入表 4-1-1 中。

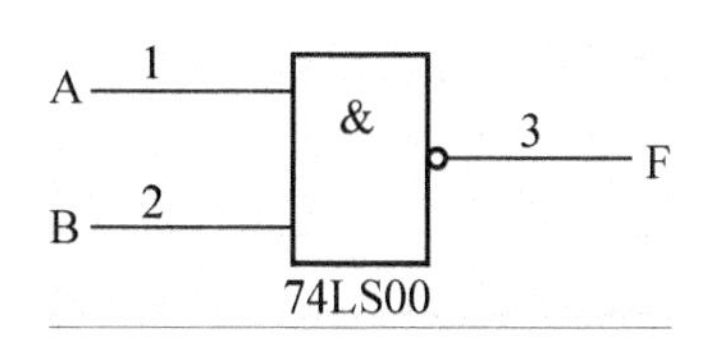

图 4.1.1　与非门

表 4-1-1　与非门逻辑功能测试实验结果

A　B	F
0　0	
0　1	
1　0	
1　1	

(2) 与门逻辑功能测试(74LS08)。如图 4.1.2 所示，与门的输入输出接线同实验内容(1)，将测试实验结果填入表 4-1-2 中。

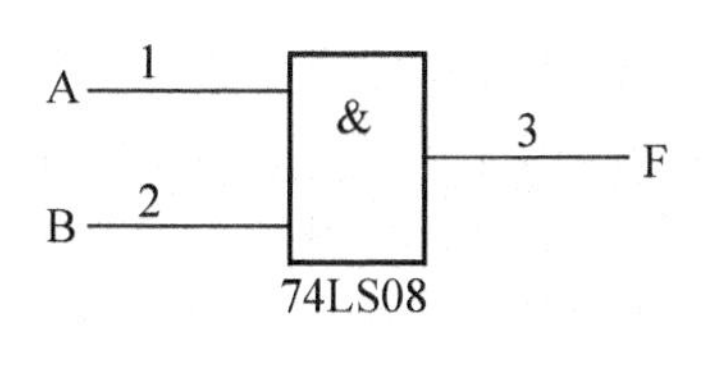

图 4.1.2　与门

表 4-1-2　与门逻辑功能测试实验结果

A　B	F
0　0	
0　1	
1　0	
1　1	

(3) 或门逻辑功能测试(74LS32)。如图 4.1.3 所示，A、B 接高、低电平信号端，F 接高低电平指示灯，将测试实验结果填入表 4-1-3 中。

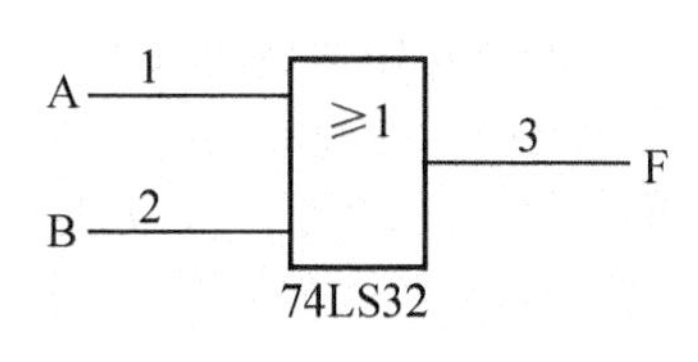

图 4.1.3　或门

表 4-1-3　或门逻辑功能测试实验结果

A　B	F
0　0	
0　1	
1　0	
1　1	

(4) 或非门逻辑功能测试(74LS02)。如图 4.1.4 所示，A、B、F 接线同实验内容(3)，将测试实验结果填入表 4-1-4 中。

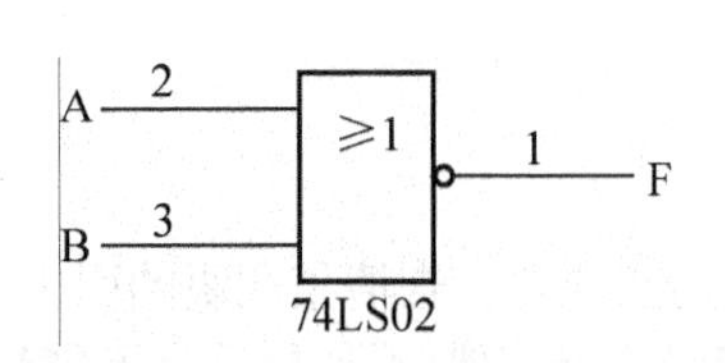

图 4.1.4　或非门

表 4-1-4　或非门逻辑功能测试实验结果

A　B	F
0　0	
0　1	
1　0	
1　1	

(5) 异或门功能测试(74LS86)。如图 4.1.5 所示，接线同实验内容(3)，将测试实验结果填入表 4-1-5 中。

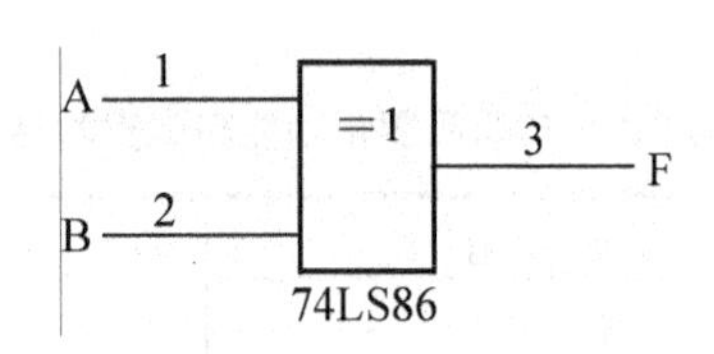

图 4.1.5　异或门

表 4-1-5　异或门功能测试实验结果

A　B	F
0　0	
0　1	
1　0	
1　1	

四、实验仪器与器件

(1) +5V 直流电源。
(2) 逻辑电平开关。
(3) 逻辑电平显示器。
(4) 万用表(1 块)。
(5) 74LS00 四 2 输入与非门(1 块)；74LS02 四 2 输入或非门(1 块)；74LS08 四 2 输入与门(1 块)；74LS32 四 2 输入或门(1 块)；74LS86 四 2 输入异或门(1 块)。

五、实验报告

列出实验表格、整理实验记录。

六、集成电路芯片简介

数字电路实验中所用到的集成芯片都是双列直插式，其识别方法如下：正对集成电路型号(如 74LS20)或看标记(左边的缺口或小圆点标记)，从左下角开始按逆时针方向以 1、2、3、…依次排列到最后一脚(在左上角)。在标准形 TTL 集成电路中，电源端 V_{CC} 一般排在左上端，接地端 GND 一般排在右下端。例如，74LS20 为 14 脚芯片，14 脚为 V_{CC}，7 脚为 GND。

七、TTL 集成电路使用规则

(1) 当接插集成块时，要认清定位标记，不得插反。

(2) 电源电压使用范围为+4.5～+5.5V，实验中要求使用 V_{CC}=+5V。电源极性绝对不允许接错。

(3) 闲置输入端处理方法。

① 悬空相当于正逻辑“1”，对于一般小规模集成电路的数据输入端，实验时允许悬空处理。

② 直接接电源电压 V_{CC}(也可以串入一只 1～10kΩ的固定电阻)，以防引入干扰。

(4) 输出端不允许直接接地或直接接＋5V 电源，否则将损坏器件。

实验二　组合逻辑电路的设计与测试(设计性实验)

一、实验目的

掌握组合逻辑电路的设计与测试方法。

二、设计要求与技术指标

1. 设计任务要求

(1) 设计用与非门及用异或门、与门组成的半加器电路。要求按本文所述的设计步骤进行，直到测试电路逻辑功能符合设计要求为止。

(2) 设计一个一位全加器，要求用异或门、与门、或门组成；也可以用与或非门实现。

(3) 设计一个 3 人表决电路，A、B、C 三人对某一提案进行表决，如多数赞成，则提案被通过，表决机以指示灯亮来表示；反之，指示灯不亮。根据所设计的电路进行仿真实验，检查是否符合设计要求。

(4) 设计一个能判断一位二进制数 A 与 B 大小的比较电路。画出逻辑图(用 Ll、L2、L3 分别表示 3 种状态，即 Ll(A＞B)、L2(A＜B)、L3(A=B))。

2. 技术指标

列出真值表，写出逻辑表达式，画出逻辑图，搭接或焊接相应的电路完成相应的功能，并记录实验数据。

三、设计提示

组合逻辑电路的设计步骤如下：分析任务，建立模型→列出真值表→化简，求最简逻辑函数→选择器件，制作电路，完成相应功能。

四、实验设备与器件

(1) +5V 直流电源。

(2) 逻辑电平开关。

(3) 逻辑电平显示器。

(4) 直流数字电压表。

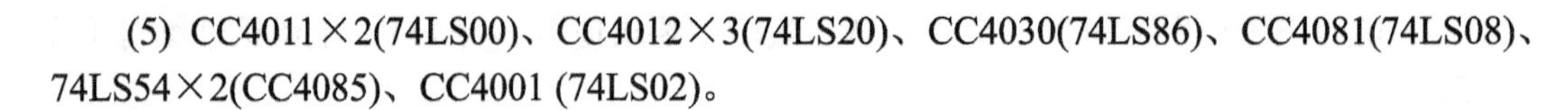

(5) CC4011×2(74LS00)、CC4012×3(74LS20)、CC4030(74LS86)、CC4081(74LS08)、74LS54×2(CC4085)、CC4001 (74LS02)。

五、实验预习要求

(1) 根据实验任务要求设计组合电路，并根据所给的标准器件画出逻辑图。

(2) 如何用最简单的方法验证与或非门的逻辑功能是否完好？

(3) 在与或非门中，当某一组与端不用时，应作如何处理？

六、实验报告

(1) 列写实验任务的设计过程，并画出设计的电路图。

(2) 对所设计的电路进行实验测试，并记录测试结果。

(3) 总结本次设计实验所用的知识点及设计体会。

实验三　编码器和译码器功能测试

一、实验目的

(1) 掌握集成编码器和译码器的功能及其使用方法。

(2) 学习用与非门设计 2 线—4 线译码器。

二、预习要求

(1) 复习 8 线—3 线优先编码器 74LS148、3 线—8 线译码器 74LS138 的功能。

(2) 复习组合逻辑电路的设计方法。

三、实验原理及参考电路

1. 8 线—3 线优先编码器 CT74LS148 介绍

TTL 中规模集成电路 8 线—3 线优先编码器 74LS148，其逻辑功能表和外引脚排列图如图 4.3.1 和表 4-3-1 所示。其中，E_1 为片选端，低电平有效；输入端：I_0、I_1、I_2、I_3、I_4、I_5、I_6、I_7 低电平有效，I_7 为最优端；输出端：A_0、A_1、A_2；使能端：G_S、E_0 用以级连或标志。

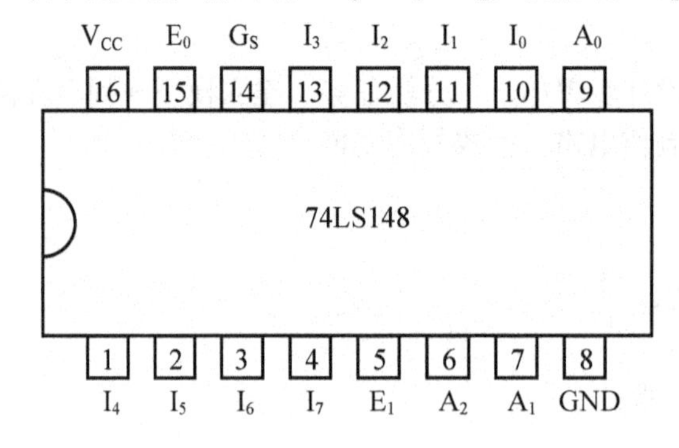

图 4.3.1　74LS148 外引脚排列图

表 4-3-1　CT74LS148 逻辑功能表

输入									输出				
E_1	I_0	I_1	I_2	I_3	I_4	I_5	I_6	I_7	A_2	A_1	A_0	G_S	E_0
1	×	×	×	×	×	×	×	×	1	1	1	1	1
0	1	1	1	1	1	1	1	1	1	1	1	1	0
0	0	1	1	1	1	1	1	1	1	1	1	0	1
0	×	0	1	1	1	1	1	1	1	1	0	0	1
0	×	×	0	1	1	1	1	1	1	0	1	0	1
0	×	×	×	0	1	1	1	1	1	0	0	0	1
0	×	×	×	×	0	1	1	1	0	1	1	0	1
0	×	×	×	×	×	0	1	1	0	1	0	0	1
0	×	×	×	×	×	×	0	1	0	0	1	0	1
0	×	×	×	×	×	×	×	0	0	0	0	0	1

2. 3 线—8 线译码器 CT74LS138 介绍

译码器是一个多输入、多输出的组合逻辑电路。它的作用是对给定代码的特定“含义”进行“翻译”，从而变成相应的状态，使输出通道中相应的一路有信号输出。图 4.3.2 为 3 线—8 线译码器 74LS138 的外引脚排列图，其逻辑功能表见表 4-3-2。其中，A_0～A_2 为译码器的地址输入端；$\overline{Y_0}$ ～ $\overline{Y_7}$ 为输出端；ST_A、$\overline{ST_B}$ 、$\overline{ST_C}$ 为使能端。当 ST_A=1，且 $\overline{ST_B}=\overline{ST_C}=0$ 时，译码器处于工作状态；当 ST_A=0 或 $\overline{ST_B}+\overline{ST_C}=1$ 时，译码器处于禁止状态。

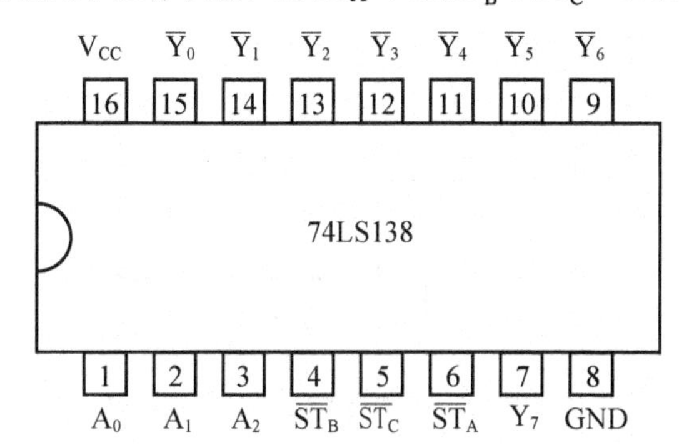

图 4.3.2　CT74LS138 译码器的外引脚排列图

表 4-3-2　CT74LS138 逻辑功能表

输入					输出							
ST_A	$\overline{ST_B}+\overline{ST_C}$	A_2	A_1	A_0	$\overline{Y_0}$	$\overline{Y_1}$	$\overline{Y_2}$	$\overline{Y_3}$	$\overline{Y_4}$	$\overline{Y_5}$	$\overline{Y_6}$	$\overline{Y_7}$
×	1	×	×	×	1	1	1	1	1	1	1	1
0	×	×	×	×	1	1	1	1	1	1	1	1
1	0	0	0	0	0	1	1	1	1	1	1	1
1	0	0	0	1	1	0	1	1	1	1	1	1
1	0	0	1	0	1	1	0	1	1	1	1	1
1	0	0	1	1	1	1	1	0	1	1	1	1
1	0	1	0	0	1	1	1	1	0	1	1	1
1	0	1	0	1	1	1	1	1	1	0	1	1
1	0	1	1	0	1	1	1	1	1	1	0	1
1	0	1	1	1	1	1	1	1	1	1	1	0

四、实验内容及步骤

(1) 验证 8 线—3 线优先编码器 74LS148 的逻辑功能。

① 将 CT74LS148 插入数字电路实验箱的集成电路底座上，接通电源，当 E_1 为“1”时，接到+5V 电源上，当 E_1 为“0”时，接地。

② 将 I_0、I_1、I_2、I_3、I_4、I_5、I_6、I_7 依次接到逻辑电平输入端 S_0～S_7 上。

③ 将 A_0、A_1、A_2、G_S、E_0 依次接到电平显示输出端 D_5、D_4、D_3、D_2、D_1 上。

④ 按功能表次序用输入逻辑电平开关置数，验证 8 线—3 线优先编码器 74LS148 的逻辑功能。

(2) CT74LS138 译码器功能测试。将 CT74LS138 插入实验集成电路底座上，按图 4.3.3 接线，A_2～A_0 接输入逻辑电平开关 S_2～S_0 上，ST_A、$\overline{ST_B}$、$\overline{ST_C}$ 端接逻辑电平开关 S_5～S_3 上，输出端 $\overline{Y_0}$～$\overline{Y_7}$ 接发光二极管，接通 5V 直流电源，按表 4-3-2 验证译码器的逻辑功能。

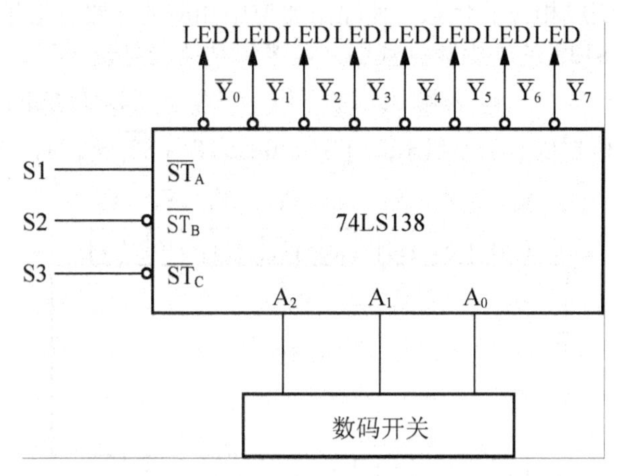

图 4.3.3　译码器逻辑功能的验证电路

(3) 用 6 反向器 74LS04 和 74LS00 与非门设计 2 线—4 线译码器。设计 2 线—4 线译码器，写出逻辑表达式，并用与非门实现(可参阅真值表 4-3-3 和逻辑图 4.3.4，高电平有效输出)，并验证其逻辑功能。

表 4-3-3　2 线—4 线译码器逻辑功能表

输　入	输　出
A　B	Y_3　Y_2　Y_1　Y_0
0　0	0　0　0　1
0　1	0　0　1　0
1　0	0　1　0　0
1　1	1　0　0　0

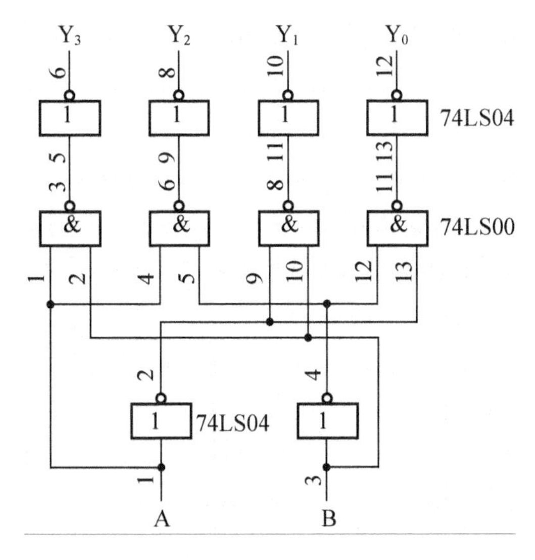

图 4.3.4　2 线—4 线译码器码器逻辑电路

五、实验仪器和元器件

(1) +5V 直流电源。

(2) 逻辑电平开关。

(3) 逻辑电平显示器。

(4) 直流数字电压表。

(5) 74LS046 反向器(1 块)；74LS00 四 2 输入与非门(1 块)；74LS138 3 线—8 线译码器(1 块)；74LS148 8 线—3 线优先编码器(1 块)。

六、实验报告

整理实验数据，画出各实验电路，填写各实验表格，并回答有关问题。

实验四　数据选择器及其应用

一、实验目的

(1) 掌握中规模集成数据选择器的逻辑功能及其使用方法。

(2) 学习用数据选择器构成组合逻辑电路的方法。

二、实验原理

数据选择器又叫“多路开关”。数据选择器在地址码(或叫选择控制)电位的控制下，从几个数据输入中选择一个并将其送到一个公共的输出端。数据选择器的功能类似一个多掷开关，如图 4.4.1 所示，其中有 4 路数据 D_0～D_3，通过选择控制信号 A_1、A_0(地址码)从 4 路数据中选中某一路数据送至输出端 Q。

数据选择器为目前逻辑设计中应用十分广泛的逻辑部件，它有 2 选 1、4 选 1、8 选 1、16 选 1 等类别。

1. 8 选 1 数据选择器 74LS151

74LS151 为互补输出 8 选 1 数据选择器，其引脚排列如图 4.4.2 所示，其逻辑功能表见表 4-4-1。其选择控制端(地址端)为 A_2～A_0，按二进制译码，从 8 个输入数据 D_0～D_7 中，选择一个需要的数据送到输出端 Q，$\overline{S}$ 为使能端，低电平有效。

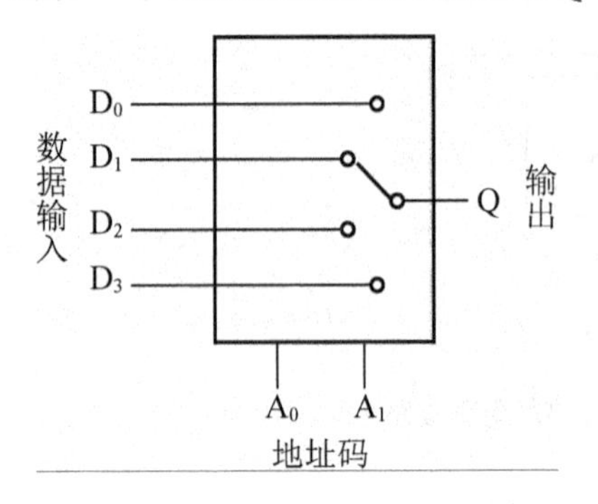

图 4.4.1　4 选 1 数据选择器示意图

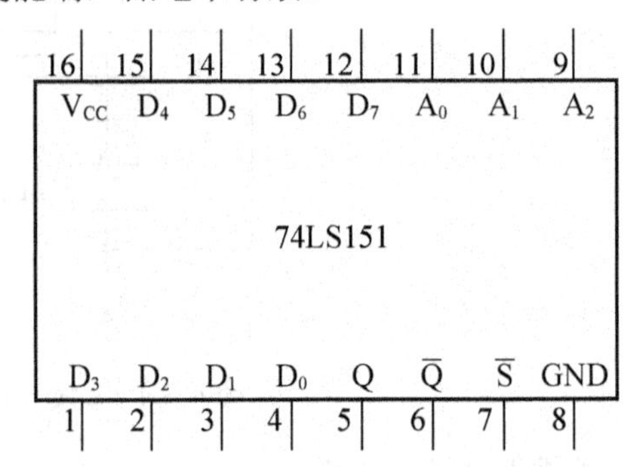

图 4.4.2　74LS151 引脚排列

表 4-4-1　74LS151 逻辑功能表

输入				输出	
$\overline{S}$	A_2	A_1	A_0	Q	$\overline{Q}$
1	×	×	×	0	1
0	0	0	0	D_0	$\overline{D}_0$
0	0	0	1	D_1	$\overline{D}_1$
0	0	1	0	D_2	$\overline{D}_2$
0	0	1	1	D_3	$\overline{D}_3$
0	1	0	0	D_4	$\overline{D}_4$
0	1	0	1	D_5	$\overline{D}_5$
0	1	1	0	D_6	$\overline{D}_6$
0	1	1	1	D_7	$\overline{D}_7$

2. 双 4 选 1 数据选择器 74LS153

所谓双 4 选 1 数据选择器，就是在一块集成芯片上有两个 4 选 1 数据选择器。其引脚排列如图 4.4.3，其逻辑功能表见表 4-4-2。

表 4-4-2　74LS153 逻辑功能表

输入			输出
$\overline{S}$	A_1	A_0	Q
1	×	×	0

续表

输　入			输　出
$\overline{S}$	A_1	A_0	Q
0	0	0	D_0
0	0	1	D_1
0	1	0	D_2
0	1	1	D_3

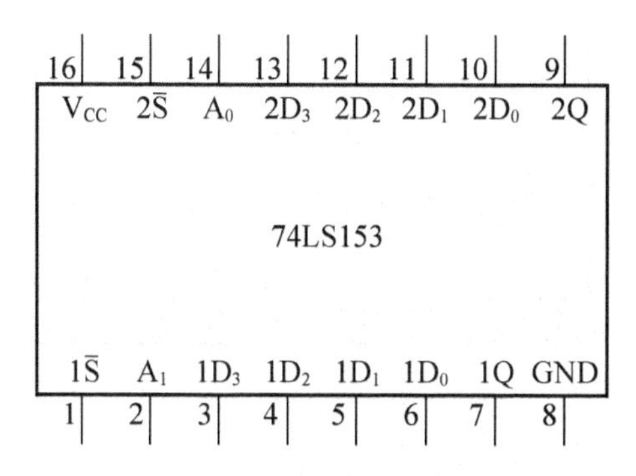

图 4.4.3　74LS153 引脚排列

数据选择器的用途很多。例如，多通道传输、数码比较、并行码变串行码以及实现逻辑函数等。

3. 数据选择器的应用——实现逻辑函数

例 1：用 8 选 1 数据选择器 74LS151 实现函数

$$F = A\overline{B} + \overline{A}C + B\overline{C}$$

采用 8 选 1 数据选择器 74LS151 可实现任意三输入变量的组合逻辑函数。

函数 F 的逻辑功能表见表 4-4-3，将函数 F 的逻辑功能表与 8 选 1 数据选择器的功能表相比较，可知：①将输入变量 C、B、A 作为 8 选 1 数据选择器的地址码 A_2、A_1、A_0；②使 8 选 1 数据选择器的各数据输入 D_0～D_7 分别与函数 F 的输出值一一相对应，即

表 4-4-3　函数 $F = A\overline{B} + \overline{A}C + B\overline{C}$ 的逻辑功能表

输　入			输　出
C	B	A	F
0	0	0	0
0	0	1	1
0	1	0	1
0	1	1	1
1	0	0	1
1	0	1	1
1	1	0	1
1	1	1	0

$$A_2A_1A_0=CBA$$
$$D_0=D_7=0$$
$$D_1=D_2=D_3=D_4=D_5=D_6=1$$

则 8 选 1 数据选择器的输出 Q 便实现了函数 $F=A\overline{B}+\overline{A}C+B\overline{C}$，其接线图如图 4.4.4 所示。

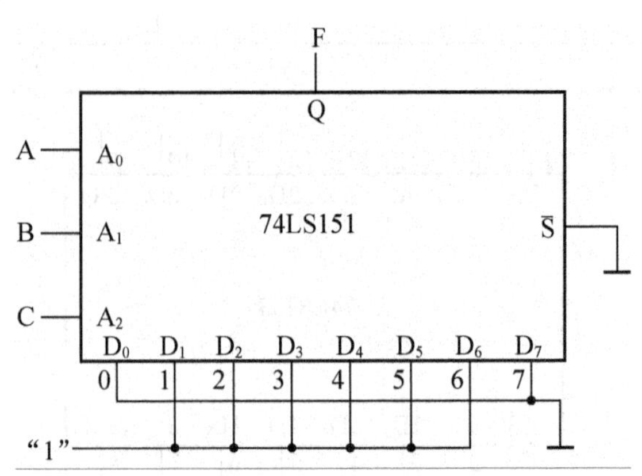

图 4.4.4　用 8 选 1 数据选择器实现 $F=A\overline{B}+\overline{A}C+B\overline{C}$

显然，当采用具有 n 个地址端的数据选择实现 n 变量的逻辑函数时，应将函数的输入变量加到数据选择器的地址端(A)，选择器的数据输入端(D)按次序以函数 F 输出值来赋值。

例 2：用 4 选 1 数据选择器 74LS153 实现函数为

$$F=\overline{A}BC+A\overline{B}C+AB\overline{C}+ABC$$

函数 F 的逻辑功能表见表 4-4-4 所示。

表 4-4-4　函数 $F=\overline{A}BC+A\overline{B}C+AB\overline{C}+ABC$ 的逻辑功能表 1

输　入			输　出
A	B	C	F
0	0	0	0
0	0	1	0
0	1	0	0
0	1	1	1
1	0	0	0
1	0	1	1
1	1	0	1
1	1	1	1

函数 F 有三个输入变量 A、B、C，而数据选择器有两个地址端 A_1、A_0，少于函数输入变量个数，在设计时可任选 A 接 A_1，B 接 A_0。将函数逻辑功能表 4-4-4 改画成 4-4-5 的形式，当将输入变量 A、B、C中 A、B接选择器的地址端 A_1、A_0，由表 4-4-5 不难看出：$D_0=0$，$D_1=D_2=C$，$D_3=1$，则 4 选 1 数据选择器的输出便实现了函数 $F=\overline{A}BC+A\overline{B}C+AB\overline{C}+ABC$，其接线图如图 4.4.5 所示。

表4-4-5 函数 $F=\overline{A}BC+A\overline{B}C+AB\overline{C}+ABC$ 的逻辑功能表2

输入			输出	中选数据端
A	B	C	F	
0	0	0	0	$D_0=0$
		1	0	
0	1	0	0	$D_1=C$
		1	1	
1	0	0	0	$D_2=C$
		1	1	
1	1	0	1	$D_3=1$
		1	1	

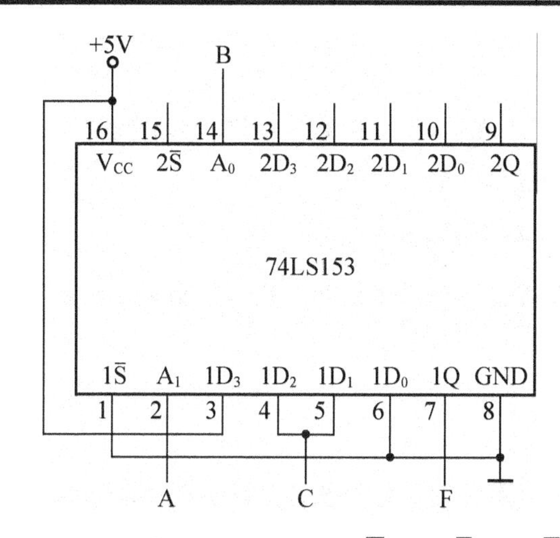

图4.4.5 用4选1数据选择器实现 $F=\overline{A}BC+A\overline{B}C+AB\overline{C}+ABC$

当函数输入变量大于数据选择器地址端(A)时，可能随着选用函数输入变量作地址的方案不同，而使其设计结果不同，需对几种方案比较，以获得最佳方案。

三、实验设备与器件

(1) +5V直流电源。

(2) 逻辑电平开关。

(3) 逻辑电平显示器。

(4) 74LS151(或CC4512)、74LS153(或CC4539)。

四、实验内容

1. 测试数据选择器74LS151的逻辑功能

按图4.4.6连接实验线路，地址端 A_2、A_1、A_0、数据端 D_0～D_7、使能端 $\overline{S}$ 接逻辑开关，输出端Q接逻辑电平显示器，按74LS151逻辑功能表逐项进行测试，并记录测试结果。

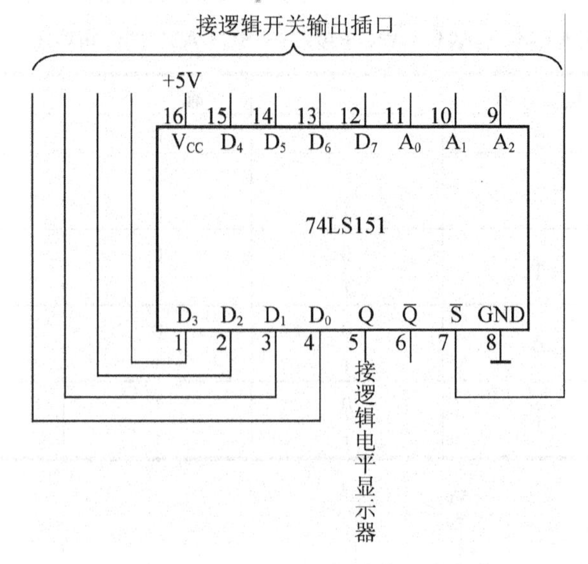

图 4.4.6　74LS151 逻辑功能测试电路

2. 测试 74LS153 的逻辑功能

测试方法及步骤同实验内容 1，并记录之。

3. 用 8 选 1 数据选择器 74LS151 设计 3 输入多数表决电路

(1) 写出设计过程。
(2) 画出接线图。
(3) 验证逻辑功能。

4. 用 8 选 1 数据选择器实现逻辑函数 $F(AB)=A\overline{B}+\overline{A}B+AB$

(1) 写出设计过程。
(2) 画出接线图。
(3) 验证逻辑功能。

五、预习内容

(1) 复习数据选择器的工作原理。
(2) 用数据选择器对实验内容中各函数式进行预设计。

六、实验报告

用数据选择器对实验内容进行设计、写出设计全过程、画出接线图、进行逻辑功能测试；总结实验收获、体会。

实验五　触发器的功能测试及其应用

一、实验目的

(1) 验证 JK 触发器和 D 触发器的逻辑功能，加深对触发器工作原理的理解。

(2) 掌握用触发器组成二进制加、减法计数器的方法。

二、预习要求

(1) 复习 JK 触发器和 D 触发器的工作原理。

(2) 熟悉 CT74LS112 双 JK 触发器和 CT74LS74 双 D 触发器的逻辑功能、逻辑符号和外引线排列。

(3) 认清触发器的功能表，掌握上升沿和下降沿触发有什么不同。

(4) 复习用触发器组成异步二进制加减计数器的工作原理。

三、实验仪器和元器件

直流稳压电源一台；CT74LS112 双 JK 触发器、CT74LS74 双 D 触发器各两片。

四、实验原理及参考电路

触发器是具有记忆功能的基本逻辑单元，其种类很多，本实验采用逻辑功能较全、用途较广的 CT74LS112 双 JK 触发器和 CT74LS74 双 D 触发器。图 4.5.1 和图 4.5.2 所示分别为它们的逻辑符号和外引脚排列图。它们的功能表见表 4-5-1 和表 4-5-2。

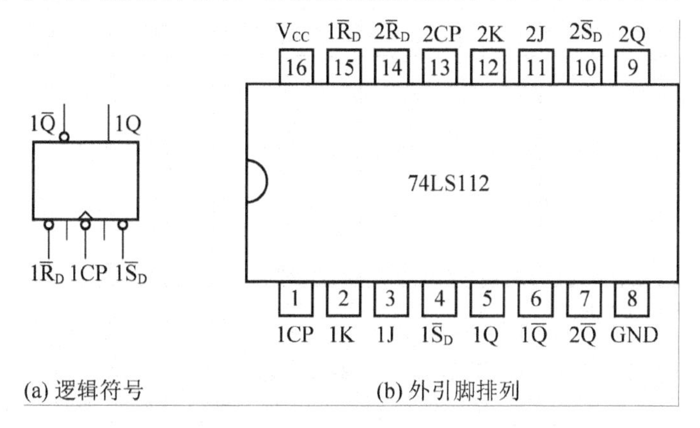

(a) 逻辑符号　　(b) 外引脚排列

图 4.5.1　CT74LS112 双 JK 触发器

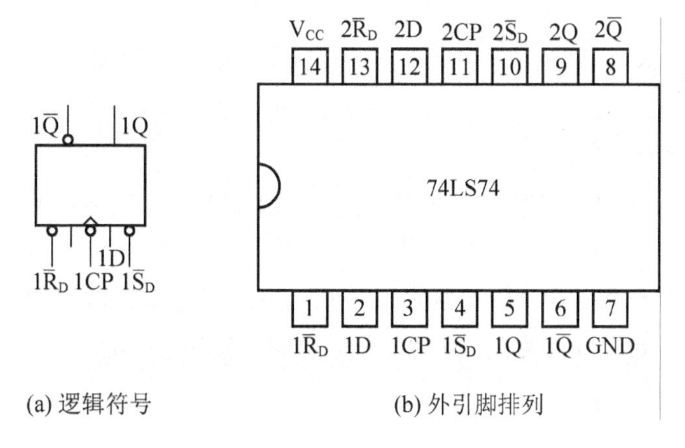

(a) 逻辑符号　　(b) 外引脚排列

图 4.5.2　CT74LS74 双 D 触发器

表 4-5-1　CT74LS112 双 JK 触发器功能表

输入					输出	
$\overline{S_D}$	$\overline{R_D}$	CP	J	K	Q_{n+1}	$\overline{Q}_{n+1}$
0	1	×	×	×	1	0
1	0	×	×	×	0	1
0	0	×	×	×	※	※
1	1	↓	0	0	Q_n	$\overline{Q}_n$
1	1	↓	1	0	1	0
1	1	↓	0	1	0	1
1	1	↓	1	1	$\overline{Q}_n$	Q_n
1	1	1	×	×	Q_n	$\overline{Q}_n$

表 4-5-2　CT74LS74 双 D 触发器功能表

输入				输出	
$\overline{S_D}$	$\overline{R_D}$	CP	D	Q_{n+1}	$\overline{Q}_{n+1}$
0	1	×	×	1	0
1	0	×	×	0	1
0	0	×	×	※	※
1	1	↑	1	1	0
1	1	↑	0	0	1

注：表中※代表不定状态。

由表 4-5-1 和表 4-5-2 可知，CT74LS112 双 JK 触发器和 CT74LS74 双 D 触发器的置 1 端 $\overline{S_D}$ 和置 0 端 $\overline{R_D}$ 都为低电平有效，且与 CP 端状态无关，当触发器处于工作状态时，$\overline{S_D}$ 和 $\overline{R_D}$ 必须都接高电平。JK 触发器利用 CP 的下降沿触发，D 触发器利用 CP 的上升沿触发。

五、实验内容和步骤

1. 验证 JK 触发器的逻辑功能

(1) 将 CT74LS112 集成块插入实验箱的集成电路底座上，认清有关插线柱和电路外引线的对应关系。

(2) 将双 JK 触发器中一个触发器的 $\overline{S_D}$ 、$\overline{R_D}$ 、J、K 输入端分别接实验箱的逻辑开关，CP 端接单次脉冲，Q、$\overline{Q}$ 接发光二极管。检查无误后接通 5V 直流电源，并按表 4-5-1 逐项验证 JK 触发器的功能。

2. 验证D触发器的逻辑功能

将CT74LS74集成块插入实验箱的集成电路底座上，将其中一个触发器的$\overline{S_D}$、$\overline{R_D}$、D输入端分别接实验箱的逻辑开关，CP端接单次脉冲，Q、$\overline{Q}$接发光二极管。检查无误后接通5V直流电源，并按表4-5-2逐项验证D触发器的功能。

3. 异步二进制加、减计数器实验

(1) 按图4.5.3用两只CT74LS112双JK触发器组成4位二进制异步加计数器。将低位Q与高位C连上，将各位$\overline{R_D}$连到一起接逻辑电平开关，将各位$\overline{S_D}$连到一起接逻辑电平开关，并置“1”，将N与单次脉冲微动开关连上，其余可以全部悬空。

(2) 按表4-5-3顺序依次操作，并将实验结果记录到表4-5-3中。

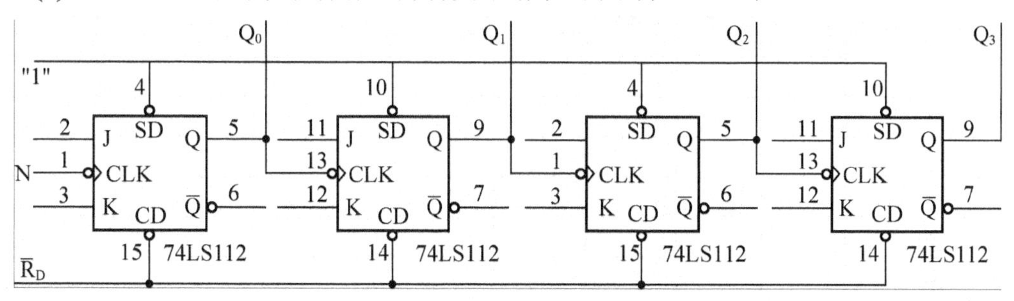

图4.5.3　4位异步二进制加计数器

(3) 按图4.5.4用两只CT74LS74双D触发器组成4位二进制异步减计数器。

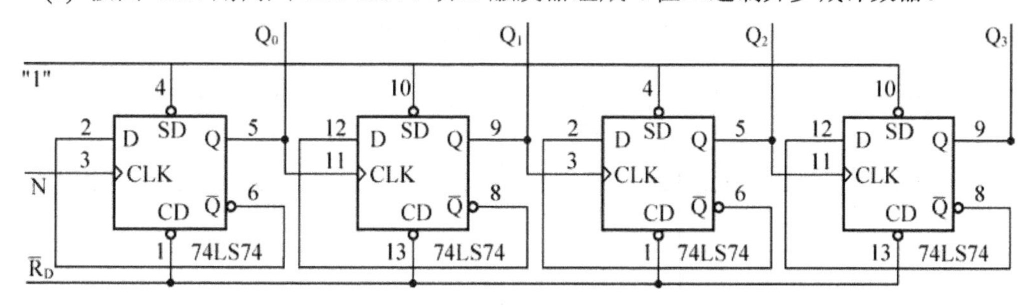

图4.5.4　4位异步二进制减计数器

(4) 按表4-5-4顺序依次操作，并将实验结果记录到表4-5-4中。

表4-5-3　4位二进制加计数器实验结果

顺　序	输　入		输　出
	$\overline{R_D}$	N	Q_3　Q_2　Q_1　Q_0
1	0	×	
2	1	1↘ 0	
3	1	0↗ 1	
4	0	×	

续表

顺　　序	输　　入		输　　出
	$\overline{R_D}$	N	Q_3　Q_2　Q_1　Q_0
5	1	↓	
6	1	↓	
7	1	↓	
8	1	↓	
9	1	↓	
10	1	↓	
11	1	↓	
12	1	↓	
13	1	↓	
14	1	↓	
15	1	↓	
16	1	↓	
17	1	↓	
18	1	↓	
19	1	↓	
20	1	↓	
21	1	↓	

表 4-5-4　4 位二进制减计数器实验结果

顺　　序	输　　入		输　　出
	$\overline{R_D}$	N	Q_3　Q_2　Q_1　Q_0
1	0	×	
2	1	0↗ 1	
3	1	1↘ 0	
4	0	×	
5	1	↑	
6	1	↑	
7	1	↑	
8	1	↑	
9	1	↑	
10	1	↑	
11	1	↑	
12	1	↑	
13	1	↑	
14	1	↑	

续表

顺序	输入		输出
	$\overline{R_D}$	N	Q_3 Q_2 Q_1 Q_0
15	1	↑	
16	1	↑	
17	1	↑	
18	1	↑	
19	1	↑	
20	1	↑	
21	1	↑	

六、实验报告

(1) 整理实验数据。

(2) 讨论若用下降沿 JK 触发器组成减计数器，用上升沿 D 触发器组成加计数器，应如何连接线路？

实验六 计数器及其应用

一、实验目的

(1) 学习用集成触发器构成计数器的方法。

(2) 掌握中规模集成计数器的使用及其功能测试方法。

(3) 运用集成计数器构成 1/N 分频器。

二、实验原理

计数器是一个用于实现计数功能的时序部件，它不仅可用来计脉冲数，还常用作数字系统的定时、分频和执行数字运算以及其他特定的逻辑功能。

计数器种类很多。按构成计数器中的各触发器是否使用一个时钟脉冲源来分，有同步计数器和异步计数器。根据计数制的不同，分为二进制计数器、十进制计数器和任意进制计数器。根据计数的增减趋势，又分为加法、减法和可逆计数器。还有可预置数和可编程序功能计数器等。目前，无论是 TTL 还是 CMOS 集成电路，都有品种较齐全的中规模集成计数器。使用者只要借助于器件手册提供的功能表和工作波形图以及引出端的排列，就能正确地运用这些器件。

1. 用 D 触发器构成异步二进制加/减计数器

图 4.6.1 是用 4 只 D 触发器构成的 4 位二进制异步加法计数器，它的连接特点是将每只 D 触发器接成 T 触发器，再由低位触发器的 $\overline{Q}$ 端和高一位的 CP 端相连接。

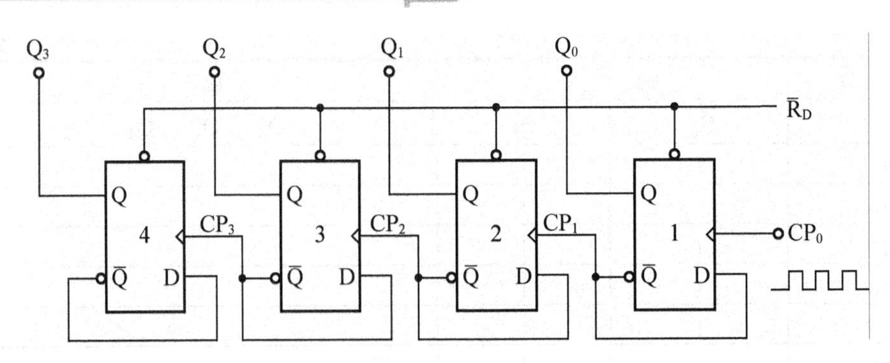

图 4.6.1　4 位二进制异步加法计数器

若将图 4.6.1 稍加改动，它即将低位触发器的 Q 端与高一位的 CP 端相连接，即构成了一个 4 位二进制减法计数器。

2. 中规模十进制计数器

CC40192 是同步十进制可逆计数器，它具有双时钟输入，并具有清除和置数等功能，其引脚排列及逻辑符号如图 4.6.2 所示。

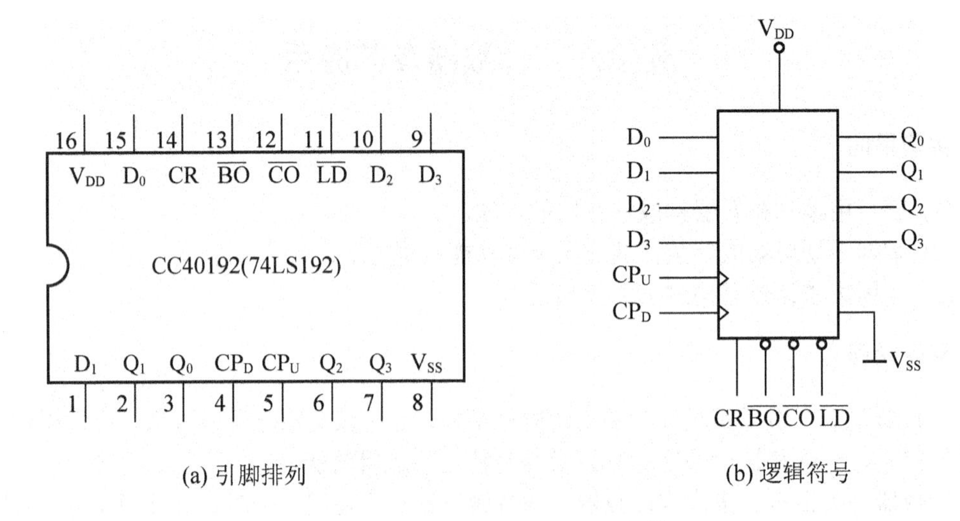

图 4.6.2　CC40192 引脚排列及逻辑符号

$\overline{LD}$—置数端　　CP_U—加计数端　　CP_D—减计数端

$\overline{CO}$—非同步进位输出端　　$\overline{BO}$—非同步借位输出端

D_0、D_1、D_2、D_3 —计数器输入端

Q_0、Q_1、Q_2、Q_3 —数据输出端　　CR—清除端

CC40192(同 74LS192，二者可互换使用)的功能表见表 4-6-1，说明如下。

表 4-6-1 CC40192 功能表

输入								输出			
CR	$\overline{LD}$	CP_U	CP_D	D_3	D_2	D_1	D_0	Q_3	Q_2	Q_1	Q_0
1	×	×	×	×	×	×	×	0	0	0	0
0	0	×	×	d	c	b	a	d	c	b	a
0	1	↑	1	×	×	×	×	加计数			
0	1	1	↑	×	×	×	×	减计数			

对表 4-6-1 有如下说明。

(1) 当清除端 CR 为高电平“1”时，计数器直接清零；若 CR 置低电平，则执行其他功能。

(2) 当 CR 为低电平，且置数端 $\overline{LD}$ 也为低电平时，数据直接从置数端 D_0、D_1、D_2、D_3 置入计数器。

(3) 当 CR 为低电平，且 $\overline{LD}$ 为高电平时，当执行计数功能。当执行加计数时，减计数端 CP_D 接高电平，计数脉冲由 CP_U 输入；在计数脉冲上升沿进行 8421 码十进制加法计数。当执行减计数时，加计数端 CP_U 接高电平，计数脉冲由减计数端 CP_D 输入，表 4-6-2 为 8421 码十进制加、减计数器的状态转换表。

表 4-6-2 8421 码十进制加、减计表器的状态转换表

加计数 →

输入脉冲数		0	1	2	3	4	5	6	7	8	9
输出	Q_3	0	0	0	0	0	0	0	0	1	1
	Q_2	0	0	0	0	1	1	1	1	0	0
	Q_1	0	0	1	1	0	0	1	1	0	0
	Q_0	0	1	0	1	0	1	0	1	0	1

← 减计数

3. 计数器的级联使用

一个十进制计数器只能表示 0～9 共 10 个数，为了扩大计数器范围，常用多个十进制计数器级联使用。

同步计数器往往设有进位(或借位)输出端，故可选用其进位(或借位)输出信号驱动下一级计数器。

图 4.6.3 是由 CC40192 利用进位输出 $\overline{CO}$ 控制高一位的 CP_U 端构成的加法计数器级联图。

4. 实现任意进制计数

(1) 用复位法获得任意进制计数器。假定已有 N 进制计数器，而需要得到一个 M 进制

计数器时，只要 M<N，用复位法使计数器计数到 M 时置“0”，即获得 M 进制计数器。如图 4.6.4 所示为一个由 CC40192 十进制计数器接成的六进制计数器。

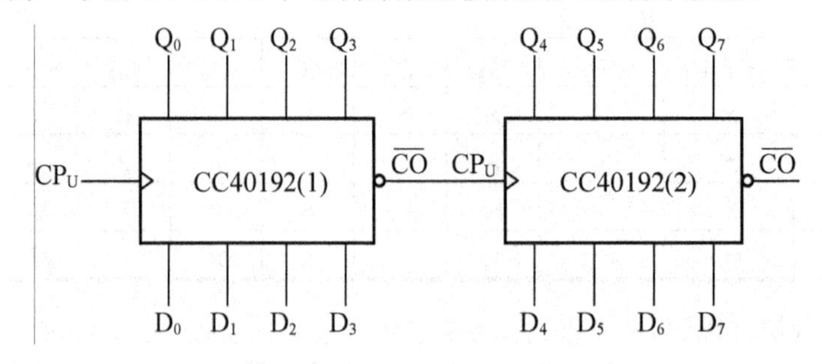

图 4.6.3　CC40192 级联电路

(2) 利用预置功能获 M 进制计数器。图 4.6.5 为用 3 个 CC40192 组成的 421 进制计数器。

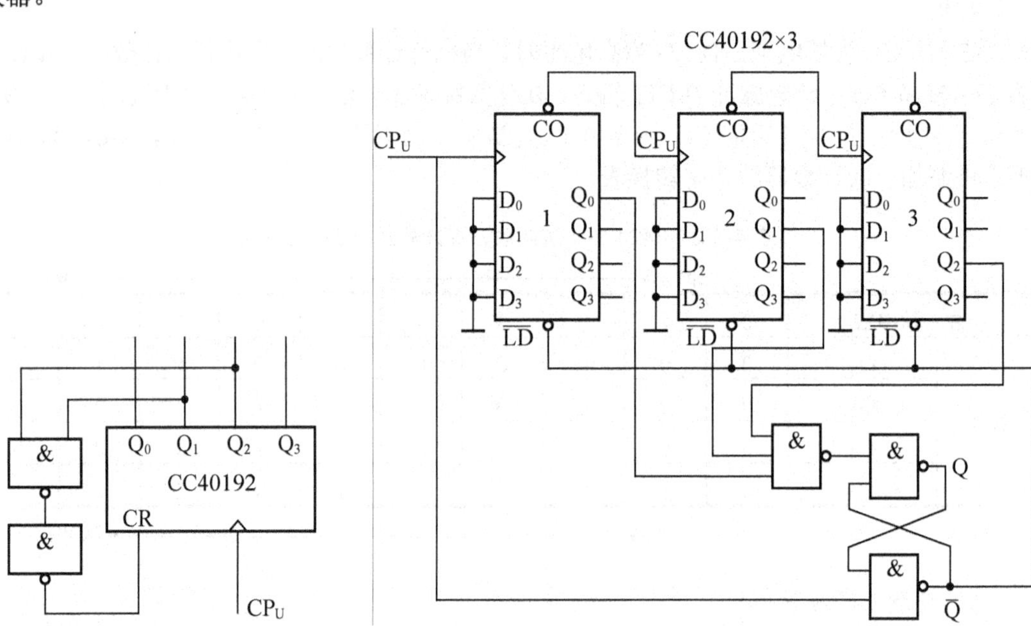

图 4.6.4　六进制计数器　　　　图 4.6.5　421 进制计数器

外加的由与非门构成的锁存器可以克服器件计数速度的离散性，保证在反馈置“0”信号作用下计数器能可靠地置“0”。

图 4.6.6 是一个特殊十二进制的计数器电路方案。在数字钟里，对时位的计数序列是 1、2、…11，12、1、…是十二进制的，且无 0 数。如图 4.6.6 所示，当计数到 13 时，通过与非门产生一个复位信号，使 CC40192(2)(时十位)直接置成 0000，而 CC40192(1)，即时的个位直接置成 0001，从而实现了 1～12 计数。

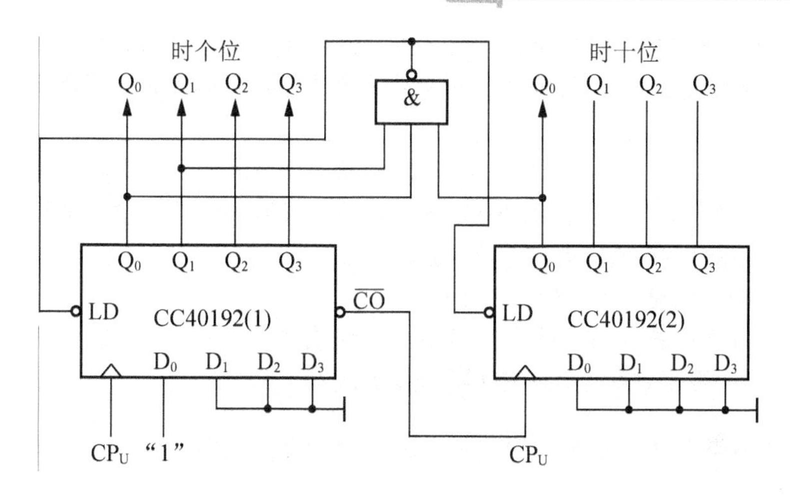

图 4.6.6　特殊十二进制计数器

三、实验设备与器件

(1) ＋5V 直流电源；连续、单次脉冲源。

(2) 双踪示波器、逻辑电平开关、逻辑电平显示器。

(3) 译码显示器、CC4013×2(74LS74)、CC40192×3(74LS192)、CC4011(74LS00)、CC4012(74LS20)。

四、实验内容

(1) 用 CC4013 或 74LS74 D 触发器构成 4 位二进制异步加法计数器。

① 按图 4.6.1 接线，$\overline{R}_D$ 接至逻辑开关输出插口，将低位 CP_0 端接单次脉冲源，输出端 Q_3、Q_2、Q_3、Q_0 接逻辑电平显示输入插口，各 $\overline{S}_D$ 接高电平“1”。

② 清零后，逐个送入单次脉冲，观察并列表记录 Q_3～Q_0 状态。

③ 将单次脉冲改为 1Hz 的连续脉冲，观察 Q_3～Q_0 的状态。

④ 将 1Hz 的连续脉冲改为 1kHz，用双踪示波器观察 CP、Q_3、Q_2、Q_1、Q_0 端波形，并描绘之。

⑤ 将图 4.6.1 电路中的低位触发器的 Q 端与高一位的 CP 端相连接，构成减法计数器，按实验内容②、③、④进行实验，观察并列表记录 Q_3～Q_0 的状态。

(2) 测试 CC40192 或 74LS192 同步十进制可逆计数器的逻辑功能。计数脉冲由单次脉冲源提供，清除端 CR、置数端 $\overline{LD}$、数据输入端 D_3、D_2、D_1、D_0 分别接逻辑开关，输出端 Q_3、Q_2、Q_1、Q_0 接实验设备的一个译码显示输入相应插口 A、B、C、D；$\overline{CO}$ 和 $\overline{BO}$ 接逻辑电平显示插口。按表 4-6-1 逐项测试并判断该集成块的功能是否正常。

① 清除。令 CR=1，其他输入为任意态，这时 $Q_3Q_2Q_1Q_0$=0000，译码数字显示为 0。清除功能完成后，置 CR=0。

② 置数。置 CR=0，CP_U，CP_D 任意，数据输入端输入任意一组二进制数，令 $\overline{LD}$=0，观察计数译码显示输出及预置功能是否完成，然后，置 $\overline{LD}$=1。

③ 加计数。置 CR=0，$\overline{LD}$ =CP_D =1，CP_U 接单次脉冲源。清零后送入 10 个单次脉冲，观察译码数字显示是否按 8421 码十进制状态转换表进行；输出状态变化是否发生在 CP_U 的上升沿。

④ 减计数。置 CR=0，$\overline{LD}$ =CP_U =1，CP_D 接单次脉冲源。参照步骤③进行实验。

(3) 图 4.6.3 所示，用两片 CC40192 组成两位十进制加法计数器，输入 1Hz 连续计数脉冲，进行由 00～99 累加计数，并记录之。

(4) 按图 4.6.4 电路进行实验，并记录之。

(5) 按图 4.6.5 或图 4.6.6 电路进行实验，并记录之。

(6) 设计一个数字钟移位六十进制计数器并进行实验。

五、实验预习要求

(1) 复习有关计数器部分内容。

(2) 绘出各实验内容的详细线路图。

(3) 拟出各实验内容所需的测试记录表格。

(4) 查手册，给出并熟悉实验所用各集成块的引脚排列图。

六、实验报告

(1) 画出实验线路图，记录、整理实验现象及实验所得的有关波形。对实验结果进行分析。

(2) 总结使用集成计数器的体会。

实验七　计数、译码和显示电路(综合设计性实验)

一、实验目的

(1) 掌握中规模集成计数器的逻辑功能及其使用方法。

(2) 学习中规模集成计数器采用“反馈归零法”设计构成任意进制计数器的方法。

(3) 熟悉巩固译码器和数码显示器的使用方法。

二、预习要求

(1) 复习计数、译码和数码显示电路的工作原理。

(2) 预习中规模集成计数器 CT74LS160 的逻辑功能和使用方法，熟悉其外引脚排列图。

三、实验原理及参考电路

1. 可预置十进制同步计数器 CT74LS160

可预置十进制同步计数器 CT74LS160 的外引脚排列如图 4.7.1 所示，其功能表见表 4-7-1。

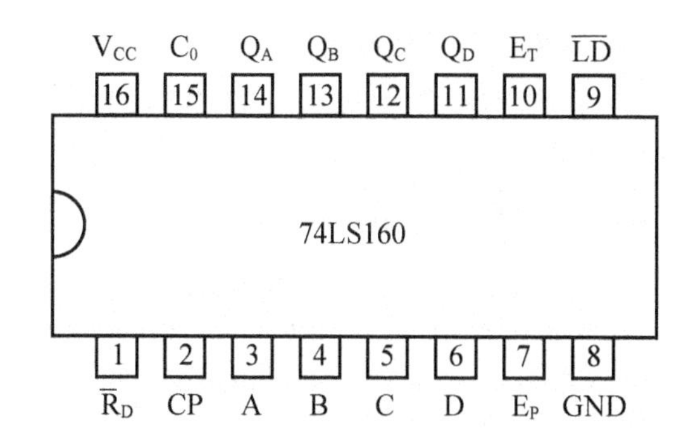

图 4.7.1　CT74LS160 外引脚排列图

表 4-7-1　CT74LS160 功能表

输入					输出
CP	$\overline{LD}$	$\overline{R_D}$	E_P	E_r	Q_3　Q_2　Q_1　Q_0
×	×	0	×	×	0　0　0　0
↑	0	1	×	×	置　数
↑	1	1	1	1	计　数
×	1	1	0	×	保　持
×	1	1	×	0	保　持

CP 为时钟脉冲输入端，上升沿触发，$\overline{LD}$ 为置数控制端，低电平有效；$\overline{R_D}$ 为异步清零端，低电平有效；E_P、E_T 为使能端；A、B、C、D 为 BCD8421 码置数端；Q_D、Q_C、Q_B、Q_A 为 BCD8421 码输出端。

2. 四线—七段译码器 CT74LS48 和数码管

BCD 码七段译码器 CT74LS48 的外引脚排列图和功能表分别如图 4.7.2 所示和见表 4-7-2。

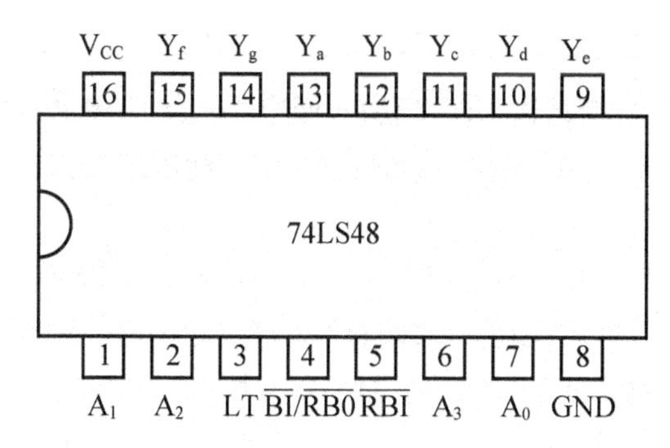

图 4.7.2　CT74LS48 的外引脚排列图

由表 4-7-2 可见，CT74LS48 具有以下特点。

(1) 消隐(也称灭灯)。只要 $\overline{BI/RBO}$ 接低电平，则无论其他各输入端为何状态，$Y_a \sim Y_g$ 各段输出均为低电平，显示器整体不亮。

(2) 在译码工作时，$\overline{LT}$、$\overline{BI/RBO}$、$\overline{RBI}$ 都接高电平(可悬空)。

表 4-7-2　CT74LS48 功能表

十进制或功能	输入						$\overline{BI}/\overline{RBO}$	输出						
	$\overline{LT}$	$\overline{RBI}$	A_3	A_2	A_1	A_0		Y_a	Y_b	Y_c	Y_d	Y_e	Y_f	Y_g
0	1	1	0	0	0	0	1	1	1	1	1	1	1	0
1	1	×	0	0	0	1	1	0	1	1	0	0	0	0
2	1	×	0	0	1	0	1	1	1	0	1	1	0	1
3	1	×	0	0	1	1	1	1	1	1	1	0	0	1
4	1	×	0	1	0	0	1	0	1	1	0	0	1	1
5	1	×	0	1	0	1	1	1	0	1	1	0	1	1
6	1	×	0	1	1	0	1	0	0	1	1	1	1	1
7	1	×	0	1	1	1	1	1	1	1	0	0	0	0
8	1	×	1	0	0	0	1	1	1	1	1	1	1	1
9	1	×	1	0	0	1	1	1	1	1	0	0	1	1
10	1	×	1	0	1	0	1	0	0	0	1	1	0	1
11	1	×	1	0	1	1	1	0	0	1	1	0	0	1
12	1	×	1	1	0	0	1	0	1	0	0	0	1	1
13	1	×	1	1	0	1	1	1	0	0	1	0	1	1
14	1	×	1	1	1	0	1	0	0	0	1	1	1	1
15	1	×	1	1	1	1	1	0	0	0	0	0	0	0
消隐	×	×	×	×	×	×	0	0	0	0	0	0	0	0
灭零输入	1	0	0	0	0	0	1	0	0	0	0	0	0	0
灯测试	0	×	×	×	×	×	1	1	1	1	1	1	1	1

(3) 灯测试功能。当灯测试输入($\overline{LT}$)加入低电平，并且 $\overline{BI/RBO}$ 悬空或保持高电平时，$Y_a \sim Y_g$ 各段输出均为高电平，显示器显示数字“8”。利用这一点常常可用来检查显示器的好坏。

显示器采用七段发光二极管显示器，它有共阴极和共阳极两种如图 4.7.3 所示，用它可以直接显示十进制数。图 4.7.3(c)为共阴极数码管 LC5011—11 的符号及外引脚排列图，它与译码器 CT74LS48 配套使用。其中，DP 为小数点。实验时，译码器 CT74LS48 的输出 $Y_a \sim Y_g$ 对应接数码管的各段 a～g，然后由译码器的输出端 Q_D、Q_C、Q_B、Q_A 按 8421BCD 码输入逻辑信号，数码管便能显示相应的十进制数字符号。

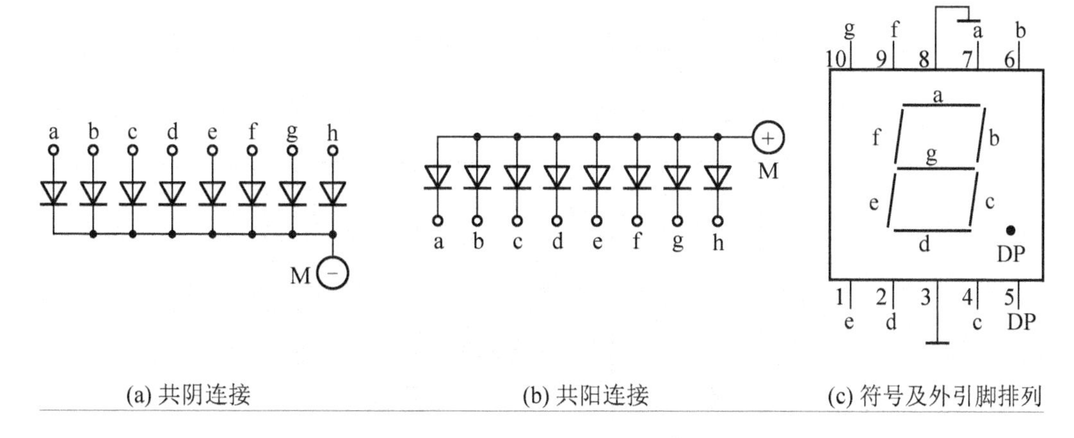

(a) 共阴连接　　(b) 共阳连接　　(c) 符号及外引脚排列

图 4.7.3　LED 数码管外引线排列图

四、实验内容和步骤

1. 十进制计数器和译码显示电路功能的验证

用 CT74LS160、CT74LS48 和数码管组成十进制计数器，注意认清接线柱和电路外引线的对应关系，CT74LS160 的输出端 Q_D、Q_C、Q_B、Q_A 接译码器的输入 A_3、A_2、A_1、A_0，CP 接单次脉冲微动开关，再按图 4.7.4 接线，其余各端可以悬空。

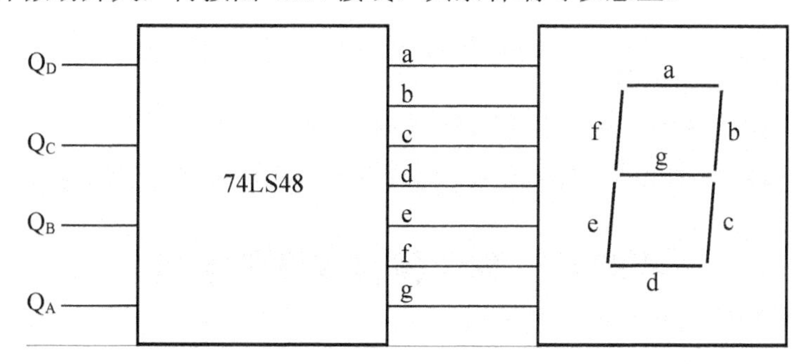

图 4.7.4　显示器原理图

按动单次脉冲微动开关，并列表记录数码管的显示周期。

2. 六进制计数器电路实验

(1) 在图 4.7.4 电路的基础上，按图 4.7.5 补接上一个 2 输入与非门，按动单次脉冲微动开关，并记录数码管显示的周期。

(2) 在图 4.7.5 的基础上，将与非门输出端接到 $\overline{LD}$ 上，将 $\overline{R_D}$ 接高电平，将 74LS160 的 A、B、C、D 都接“0”，按动单次脉冲微动开关，并记录数码管显示的周期。

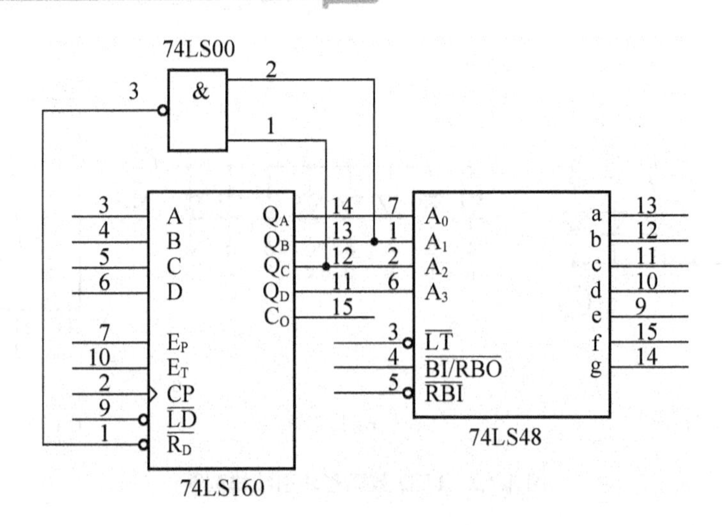

图 4.7.5　六进制计数电路原理图

五、实验仪器和元器件

直流稳压电源(1 台)；74LS160、74LS00、74LS48 集成电路(各 1 块)；七段发光显示器(1 块)。

六、实验报告

(1) 实验目的、实验电路。
(2) 计数器功能的验证结果，整理实验数据。
(3) 画出任意进制计数器的电路图，并列表记录数码管的显示周期。

实验八　移位寄存器及其应用

一、实验目的

(1) 掌握中规模 4 位双向移位寄存器逻辑功能及其使用方法。
(2) 熟悉移位寄存器的应用——实现数据的串行、并行转换和构成环形计数器。

二、实验原理

(1) 移位寄存器是一个具有移位功能的寄存器，它是指寄存器中所存的代码能够在移位脉冲的作用下依次左移或右移。既能左移又能右移的称为双向移位寄存器，只需要改变左、右移的控制信号便可实现双向移位要求。根据移位寄存器存取信息的方式不同分为串入串出、串入并出、并入串出、并入并出 4 种形式。

本实验选用的 4 位双向通用移位寄存器，型号为 CC40194 或 74LS194，两者功能相同，可互换使用，其逻辑符号及引脚排列如图 4.8.1 所示。

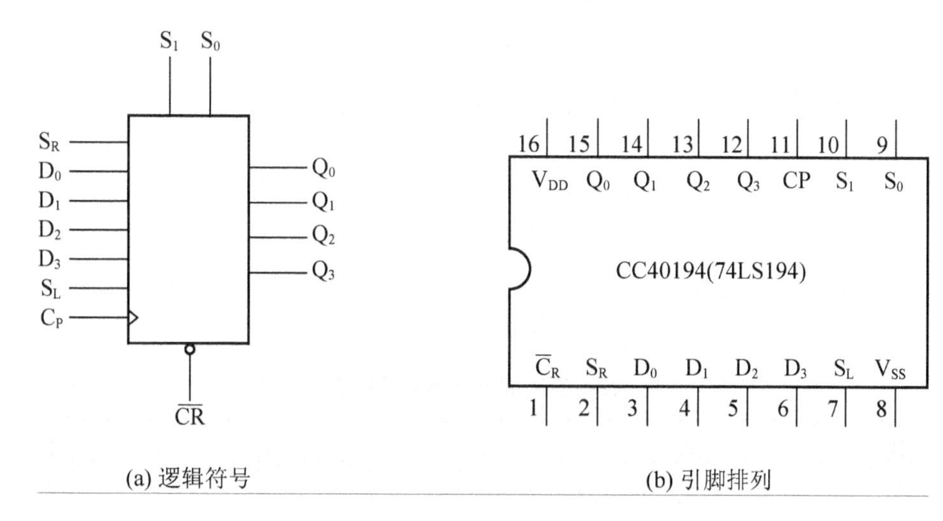

图 4.8.1　CC40194 的逻辑符号及引脚排列

其中，D_0、D_1、D_2、D_3 为并行输入端；Q_0、Q_1、Q_2、Q_3 为并行输出端；S_R 为右移串行输入端，S_L 为左移串行输入端；S_1、S_0 为操作模式控制端；$\overline{C}_R$ 为直接无条件清零端；CP 为时钟脉冲输入端。

CC40194 有 5 种不同操作模式，即并行送数寄存、右移(方向为 $Q_0 \rightarrow Q_3$)、左移(方向为 $Q_3 \rightarrow Q_0$)、保持及清零。

S_1、S_0 和 $\overline{C}_R$ 端的控制作用见表 4-8-1。

表 4-8-1　CC40194 引脚功能表

功能	输入										输出			
	CP	$\overline{C}_R$	S_1	S_0	S_R	S_L	D_0	D_1	D_2	D_3	Q_0	Q_1	Q_2	Q_3
清除	×	0	×	×	×	×	×	×	×	×	0	0	0	0
送数	↑	1	1	1	×	×	a	b	c	d	a	b	c	d
右移	↑	1	0	1	D_{SR}	×	×	×	×	×	D_{SR}	Q_0	Q_1	Q_2
左移	↑	1	1	0	×	D_{SL}	×	×	×	×	Q_1	Q_2	Q_3	D_{SL}
保持	↑	1	0	0	×	×	×	×	×	×	Q_0^n	Q_1^n	Q_2^n	Q_3^n
保持	↓	1	×	×	×	×	×	×	×	×	Q_0^n	Q_1^n	Q_2^n	Q_3^n

(2) 移位寄存器应用很广，可构成移位寄存器型计数器、顺序脉冲发生器、串行累加器；可用作数据转换，即把串行数据转换为并行数据，或把并行数据转换为串行数据等。本实验研究移位寄存器用作环形计数器和数据的串、并行转换。

① 环形计数器。把移位寄存器的输出反馈到它的串行输入端，就可以进行循环移位，如图 4.8.2 所示，把输出端 Q_3 和右移串行输入端 S_R 相连接，设初始状态 $Q_0Q_1Q_2Q_3$=1000，则在时钟脉冲作用下 $Q_0Q_1Q_2Q_3$ 将依次变为 0100→0010→0001→1000→…，见表 4-8-2，可见它是一个具有 4 个有效状态的计数器，这种类型的计数器通常称为环形计数器。图 4.8.2 电路可以由各个输出端输出在时间上有先后顺序的脉冲，因此也可作为顺序脉冲发生器。

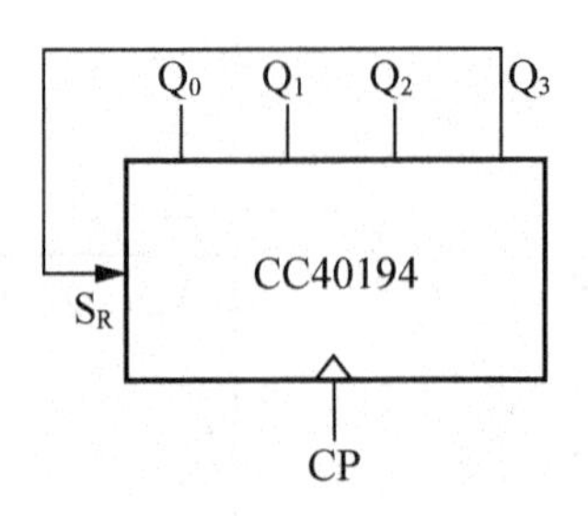

图 4.8.2 环形计数器

表 4-8-2 环形计数器功能表

CP	Q_0	Q_1	Q_2	Q_3
0	1	0	0	0
1	0	1	0	0
2	0	0	1	0
3	0	0	0	1

如果将输出 Q_0 与左移串行输入端 S_L 相连接，即可实现左移循环移位。

② 实现数据串、并行转换。

a. 串行/并行转换器。串行/并行转换是指串行输入的数码，经转换电路之后变换成并行输出。图 4.8.3 是用两片 CC40194(74LS194)4 位双向移位寄存器组成的 7 位串/并行数据转换电路。

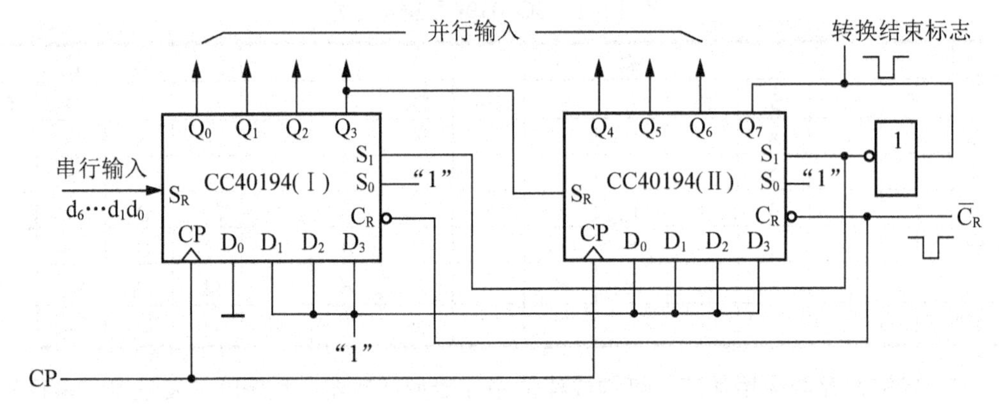

图 4.8.3 7 位串行/并行转换器

电路中 S_0 端接高电平“1”，S_1 受 Q_7 控制，两片寄存器连接成串行输入右移工作模式。Q_7 是转换结束标志，当 Q_7=1 时，S_1 为 0，使之成为 S_1S_0=01 的串入右移工作方式；当 Q_7=0 时，S_1=1，有 S_1S_0=10，则串行送数结束，标志着串行输入的数据已转换成并行输出了。

串行/并行转换的具体过程如下。

转换前，$\overline{C}_R$ 端加低电平，使 1、2 两片寄存器的内容清零，此时 S_1S_0=11，寄存器执行并行输入工作方式。当第一个 CP 脉冲到来后，寄存器的输出状态 Q_0～Q_7 为 01111111，

与此同时 S_1S_0 变为 01，转换电路变为执行串入右移工作方式，串行输入数据由 1 片的 S_R 端加入。随着 CP 脉冲的依次加入，输出状态的变化可列成表 4-8-3 所示。

表 4-8-3　串行/并行转换器功能表

CP	Q_0	Q_1	Q_2	Q_3	Q_4	Q_5	Q_6	Q_7	说明
0	0	0	0	0	0	0	0	0	清零
1	0	1	1	1	1	1	1	1	送数
2	d_0	0	1	1	1	1	1	1	右移操作 7 次
3	d_1	d_0	0	1	1	1	1	1	
4	d_2	d_1	d_0	0	1	1	1	1	
5	d_3	d_2	d_1	d_0	0	1	1	1	
6	d_4	d_3	d_2	d_1	d_0	0	1	1	
7	d_5	d_4	d_3	d_2	d_1	d_0	0	1	
8	d_6	d_5	d_4	d_3	d_2	d_1	d_0	0	
9	0	1	1	1	1	1	1	1	送数

由表 4-8-3 可见，右移操作 7 次之后，Q_7 变为 0，S_1S_0 又变为 11，说明串行输入结束。这时，串行输入的数码已经转换成了并行输出了。

当再来一个 CP 脉冲时，电路又重新执行一次并行输入，为第二组串行数码转换做准备。

b. 并行/串行转换器。并行/串行转换器是指并行输入的数码经转换电路之后，换成串行输出。图 4.8.4 是用两片 CC40194(74LS194)组成的 7 位并行/串行转换电路，它比图 4.8.3 多了两只与非门 G_1 和 G_2，电路工作方式同样为右移。

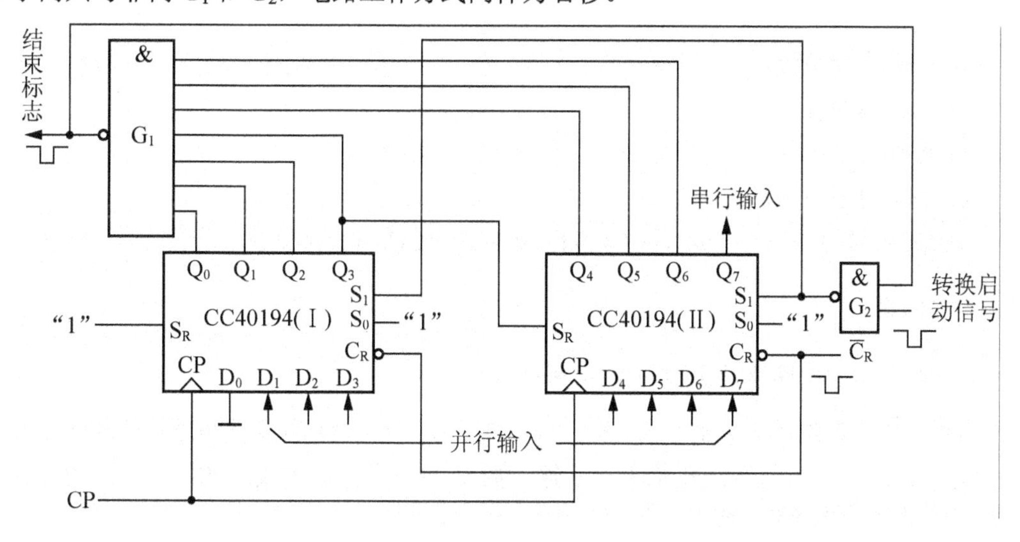

图 4.8.4　7 位并行/串行转换器

当寄存器清零后，加一个转换启动信号(负脉冲或低电平)。此时，由于方式控制 S_1S_0 为 11，转换电路执行并行输入操作。当第一个 CP 脉冲到来后，$Q_0Q_1Q_2Q_3Q_4Q_5Q_6Q_7$ 的状态为 $0D_1D_2D_3D_4D_5D_6D_7$，并行输入数码存入寄存器。从而使得 G_1 输出为 1，G_2 输出为 0，结果 S_1S_2 变为 01，转换电路随着 CP 脉冲的加入，开始执行右移串行输出，随着 CP 脉冲的依次加入，输出状态依次右移，待右移操作 7 次后，Q_0～Q_6 的状态都为高电平 1，与非门 G_1 输出为低电平，G_2 门输出为高电平，S_1S_2 又变为 11，表示并/串行转换结束，且为第二次并行输入创造了条件。转换过程见表 4-8-4。

表 4-8-4　并行/串行转换器功能表

CP	Q_0	Q_1	Q_2	Q_3	Q_4	Q_5	Q_6	Q_7	串　行　输　出						
0	0	0	0	0	0	0	0	0							
1	0	D_1	D_2	D_3	D_4	D_5	D_6	D_7							
2	1	0	D_1	D_2	D_3	D_4	D_5	D_6	D_7						
3	1	1	0	D_1	D_2	D_3	D_4	D_5	D_6	D_7					
4	1	1	1	0	D_1	D_2	D_3	D_4	D_5	D_6	D_7				
5	1	1	1	1	0	D_1	D_2	D_3	D_4	D_5	D_6	D_7			
6	1	1	1	1	1	0	D_1	D_2	D_3	D_4	D_5	D_6	D_7		
7	1	1	1	1	1	1	0	D_1	D_2	D_3	D_4	D_5	D_6	D_7	
8	1	1	1	1	1	1	1	0	D_1	D_2	D_3	D_4	D_5	D_6	D_7
9	0	D_1	D_2	D_3	D_4	D_5	D_6	D_7							

中规模集成移位寄存器，其位数往往以 4 位居多，当需要的位数多于 4 位时，可把几片移位寄存器用级联的方法来扩展位数。

三、实验设备及器件

(1) +5V 直流电源。

(2) 单次脉冲源。

(3) 逻辑电平开关。

(4) 逻辑电平显示器。

(5) CC40194×2(74LS194)、CC4011(74LS00)、CC4068(74LS30)。

四、实验内容

1. 测试 CC40194(或 74LS194)的逻辑功能

按图 4.8.5 接线，$\overline{C}_R$、S_1、S_0、S_L、S_R、D_0、D_1、D_2、D_3 分别接至逻辑开关的输出插口；Q_0、Q_1、Q_2、Q_3 接至逻辑电平显示输入插口。CP 端接单次脉冲源。按表 4-8-5 所规定的输入状态，逐项进行测试。

(1) 清除。令 $\overline{C}_R=0$，其他输入均为任意态，这时寄存器输出 Q_0、Q_1、Q_2、Q_3 应均为 0。清除后，置 $\overline{C}_R=1$。

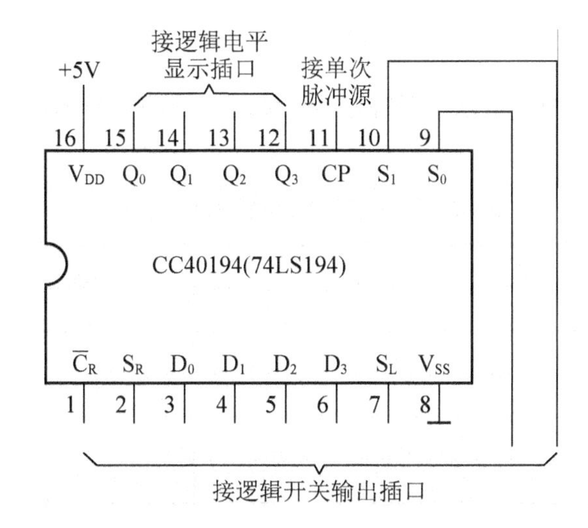

图 4.8.5 CC40194 逻辑功能测试

表 4-8-5 CC40194 逻辑功能表

清除	模式		时钟	串行		输入	输出	功能总结
$\overline{C}_R$	S_1	S_0	CP	S_L	S_R	D_0 D_1 D_2 D_3	Q_0 Q_1 Q_2 Q_3	
0	×	×	×	×	×	××××		
1	1	1	↑	×	×	a b c d		
1	0	1	↑	×	0	××××		
1	0	1	↑	×	1	××××		
1	0	1	↑	×	0	××××		
1	0	1	↑	×	0	××××		
1	1	0	↑	1	×	××××		
1	1	0	↑	1	×	××××		
1	1	0	↑	1	×	××××		
1	1	0	↑	1	×	××××		
1	0	0	↑	×	×	××××		

(2) 送数。令 $\overline{C}_R=S_1=S_0=1$，送入任意4位二进制数，如 $D_0D_1D_2D_3$=abcd，加CP脉冲，观察CP=0、CP由0→1、CP由1→0 3种情况下寄存器输出状态的变化，观察寄存器输出状态变化是否发生在CP脉冲的上升沿。

(3) 右移。清零后，令 $\overline{C}_R=1$，$S_1=0$，$S_0=1$，由右移输入端 S_R 送入二进制数码如0100，由CP端连续加4个脉冲，观察输出情况，并记录之。

(4) 左移。先清零或予置，再令 $\overline{C}_R=1$，$S_1=1$，$S_0=0$，由左移输入端 S_L 送入二进制数码如1111，连续加4个CP脉冲，观察输出端情况，并记录之。

(5) 保持。寄存器予置任意4位二进制数码abcd，令 $\overline{C}_R=1$，$S_1=S_0=0$，加CP脉冲，观察寄存器输出状态，并记录之。

2. 环形计数器

自拟实验线路用并行送数法予置寄存器为某二进制数码(如 0100)，然后进行右移循环，观察寄存器输出端状态的变化，并将实验数据记入表 4-8-6 中。

表 4-8-6 环形计数器右移循环实验数据

CP	Q_0	Q_1	Q_2	Q_3
0	0	1	0	0
1				
2				
3				
4				

3. 实现数据的串、并行转换

(1) 串行输入、并行输出。按图 4.8.3 接线，进行右移串入、并行输出实验，串入数码自定；改接线路用左移方式实现并行输出。自拟表格，并记录之。

(2) 并行输入、串行输出。按图 4.8.4 接线，进行右移并入、串出实验，并入数码自定。再改接线路用左移方式实现串行输出。自拟表格，并记录之。

五、实验预习要求

(1) 复习有关寄存器及串行、并行转换器有关内容。

(2) 查阅 CC40194、CC4011 及 CC4068 逻辑线路。熟悉其逻辑功能及引脚排列。

(3) 在对 CC40194 进行送数后，若要使输出端改成另外的数码，是否一定要使寄存器清零？

(4) 使寄存器清零，除采用 $\overline{C_R}$ 输入低电平外，可否采用右移或左移的方法？可否使用并行送数法？若可行，如何进行操作？

(5) 若进行循环左移，图 4.8.4 接线应如何改接？

(6) 画出用两片 CC40194 构成的 7 位左移串/并行转换器线路。

(7) 画出用两片 CC40194 构成的 7 位左移并/串行转换器线路。

六、实验报告

(1) 分析表 4-8-4 的实验结果，总结移位寄存器 CC40194 的逻辑功能并写入表格功能总结一栏中。

(2) 根据实验内容 2 的结果，画出 4 位环形计数器的状态转换图及波形图。

(3) 分析串/并、并/串转换器所得结果的正确性。

实验九 用集成与非门构成单稳触发器和多谐振荡器(设计性实验)

一、实验目的

(1) 掌握利用集成与非门组成单稳触发器和多谐振荡器的方法。

(2) 熟悉电路参数对单稳触发器的暂稳宽度和多谐振荡器的频率的影响。

二、预习要求

(1) 熟悉四2输入与非门74LS00的外引脚排列图和其功能表。

(2) 熟悉双踪示波器两路同时输入，测量幅值和测量时间的方法。

(3) 自行设计好实验表格，理论计算暂稳宽度 t_W 和振荡周期 T。

三、实验原理及参考电路

1. 单稳态触发器

用与非门组成的微分型单稳态触发器如图4.9.1所示，它的各点工作波形如图4.9.2所示。V_i 是由信号源给出的方波信号，经 R_1、C_1 组成的微分电路微分后为单稳态的触发信号。C_W、R_W 是暂稳宽度的定时器件，单稳态的输出经 G_3 隔离，输出为高电平的暂稳方波，其宽度为 $t_w = R_W \cdot C_W \text{Ln}\dfrac{V_{OH}}{V_{TH}}$，$V_{OH}$ 为74LS00与非门输出高电平的电压，V_{OH}=3.5V，V_{TH} 为与非门的阈值电压，V_{TH}=1.3V，代入上式得 $t_W = 1.0R_W \cdot C_W\,(\text{s})$。

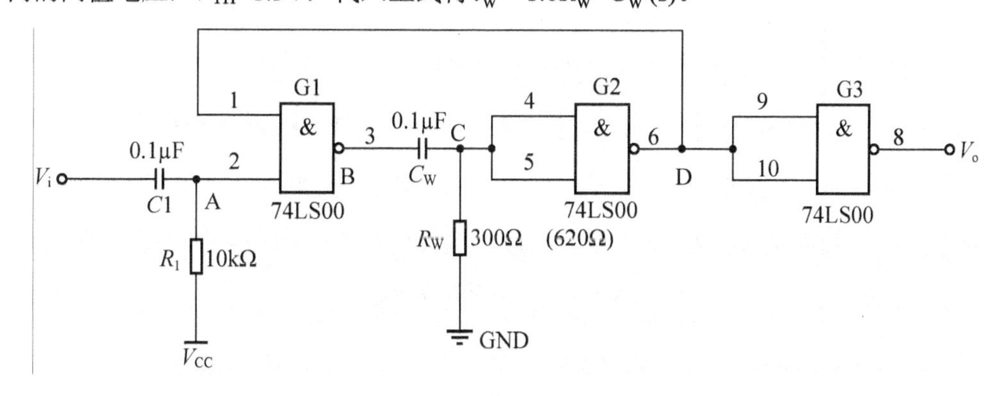

图4.9.1 微分型单稳态触发器电路

2. 多谐振荡器

利用74LS00与非门组成的非对称环行振荡电路原理图如图4.9.3所示，为了增加 G_2 和 C_W、R_W 的延迟时间，把图4.9.3中的 C_W 的接地端连到 G_1 的输出端。为了防止 V_2 在负跳时流过 G_3 的输入端钳位二极管的电流过大，在 G_3 输入端串一个电阻 R_S，实用电路如图4.9.4所示，它的振荡周期为

$$T=T_1+T_2=R_W\cdot C_W\text{Ln}\frac{2V_{OH}-V_{TH}}{V_{OH}-V_{TH}}+R_W\cdot C_W\text{Ln}\frac{V_{OH}-V_{TH}}{V_{TH}}$$

当 V_{OH}=3.5V，V_{TH}=1.3V 时，$T=2.26R_WC_W$。

波形图如图 4.9.5 所示。

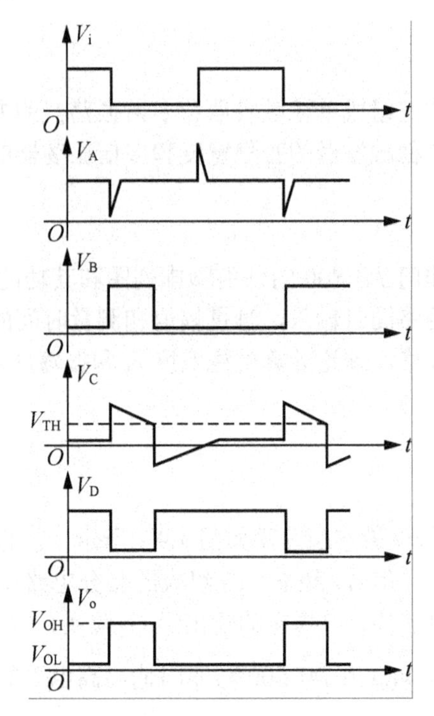

图 4.9.2　微分型单稳态触发器各点的波形

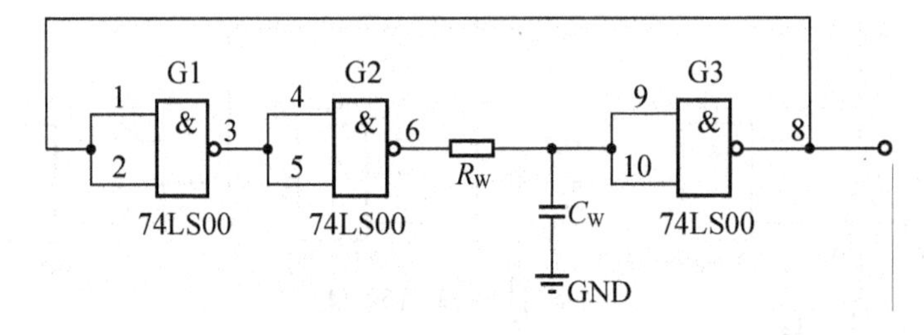

图 4.9.3　RC 环行振荡器

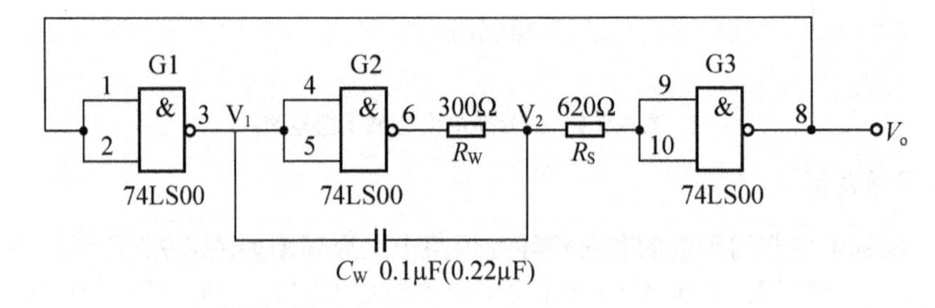

图 4.9.4　实用 RC 环行振荡器

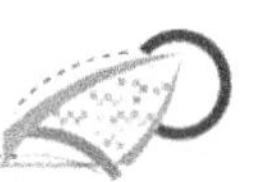

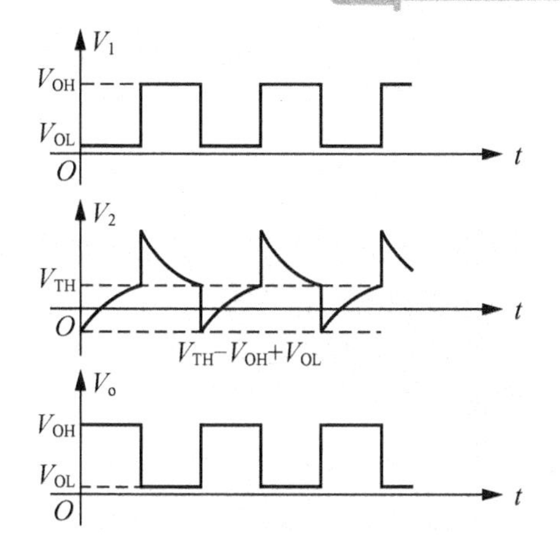

图 4.9.5　RC 多谐振荡器各点的波形

四、实验内容和步骤

(1) 单稳态触发器。

① 参考图 4.9.1 电路接线，C_W=0.1μF，R_W=300Ω，V_{CC}=5V。

② 调低频信号源，使其输出方波 V_{PP}=5V，f=1000Hz 左右。

③调好双踪示波器，用两组输入观察、比较、测量 V_i、V_A、V_B、V_C、V_D、V_o 波形。

④ 用坐标纸记录波形，注意坐标单位和相位关系。

⑤ 改取 R_W=620Ω，重做以上实验步骤。

(2) 多谐振荡器。

① 参考图 4.9.4 电路接线，取 R_W=300Ω，V_{CC}=5V，C_W=0.1μF。

② 用示波器观察、比较、测量 V_1、V_2、V_o 的波形，并记录之。

③ 改取 C_W=0.22μF，重做以上实验步骤。

五、实验仪器与器件

数字电路实验箱(1 台)；直流稳压电源(1 台)；双踪示波器(1 台)；集成电路 CT74LS00(1 块)；电容 0.1μF、0.01μF、0.22μF(各 1 只)；电阻 300Ω、620Ω、10kΩ(各 1 只)。

六、实验报告要求

(1) 整理、对比、分析实验数据。

(2) 整理波形图。

实验十　555 时基电路及其应用

一、实验目的

(1) 熟悉集成 555 时基电路的组成及其功能。

(2) 掌握用 555 时基电路构成单稳态触发器、多谐振荡器和施密特触发器的方法。

(3) 进一步熟悉脉冲波形产生电路和整形电路的测量和调试方法。

二、预习要求

(1) 复习集成555时基电路的基本结构和工作原理。

(2) 复习用555时基电路和外接RC定时元件构成单稳态触发器、多谐振荡器、施密特触发器的电路和输出信号有关参数的计算公式。

(3) 熟悉集成555时基电路的外引脚排列和功能表。

(4) 复习数字式频率计的使用方法。

三、实验原理及参考电路

1. 集成555时基电路简介

图4.10.1是集成555时基电路的内部结构框图和外引脚排列图。由于内部电压标准使用了3个5kΩ电阻，故取名555电路。它主要包括两个高精度的电压比较器(A_1、A_2)、一个RS触发器、放电三极管V和3个5kΩ电阻组成的分压器。

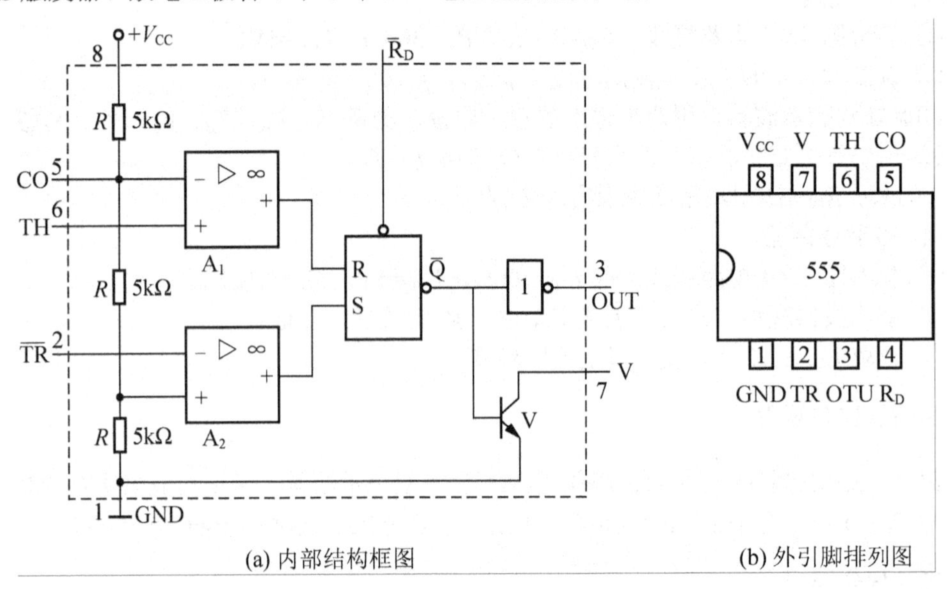

(a) 内部结构框图　　(b) 外引脚排列图

图4.10.1　555时基电路

555时基电路的功能主要取决于两个比较器，当比较器A_2的触发输入端$\overline{TR}$的电压小于$\frac{1}{3}V_{CC}$时，RS触发器置1，时基电路输出为1，放电管V截止；当比较器A_1的阈值电压输入端电压U_{TH}大于$\frac{2}{3}V_{CC}$时，RS触发器置0，时基电路输出为0，放电管V导通；当$U_{TH}<\frac{2}{3}V_{CC}$，$U_{\overline{TR}}>$比$\frac{1}{3}V_{CC}$时，比较器A_1、A_2输出均为0，RS触发器将维持原状态不变，因此时基电路输出和放电管V的状态不变。

比较器A_1的反向输入端为控制电压端，用CO表示，该输入端通过外接元件和电压源，

可改变控制端的电压，从而改变比较器 A_1、A_2 的参考电压。当 CO 端不用时，经常通过 0.01μF 的电容接地，以防引入干扰电压，此时比较器 A_1、A_2 的参考电压分别为 $\frac{2}{3}V_{CC}$ 和 $\frac{1}{3}V_{CC}$。

$\overline{R_D}$ 端为 RS 触发器的直接置 0 端，该输入端接低电平时，时基电路输出为 0，不用时，$\overline{R_D}$ 应接高电平。

555 时基电路的功能表见表 4-10-1。

表 4-10-1　555 时基电路功能表

阈值输入(TH)	触发输入($\overline{TR}$)	复位端($\overline{R_D}$)	输出(U_o)	放电管(V)
×	×	0	0	导通
>(2/3)V_{CC}	>(1/3)V_{CC}	1	0	导通
<(2/3)V_{CC}	<(1/3)V_{CC}	1	1	截止
<(2/3)V_{CC}	>(1/3)V_{CC}	1	不变	不变

2. 555 时基电路的典型应用

利用集成 555 时基电路，只要外部配上少许阻容元件，就可以构成单稳态触发器、多谐振荡器和施密特触发器，如图 4.10.2 所示。

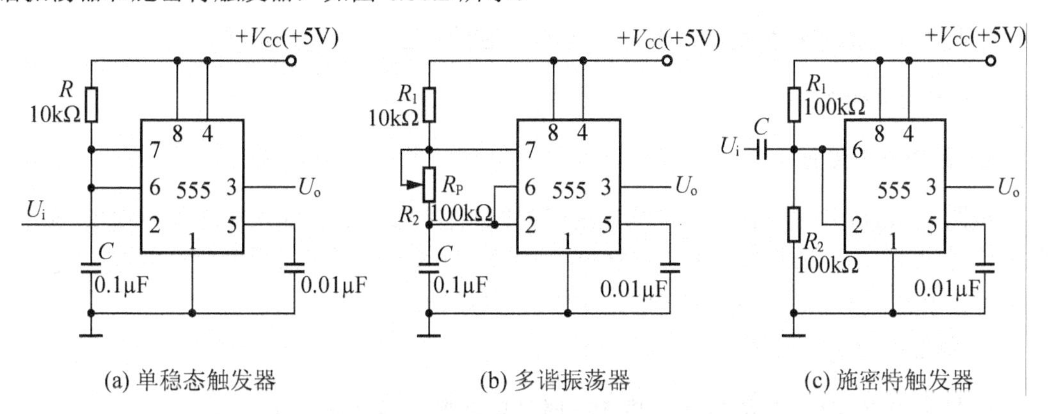

(a) 单稳态触发器　　(b) 多谐振荡器　　(c) 施密特触发器

图 4.10.2　555 时基电路的应用

(1) 单稳态触发器。用集成 555 时基电路构成单稳态触发器如图 4.10.2(a)所示。接通电源以后，V_{CC} 经电阻 R 向电容 C 充电，当电容两端电压 $U_C > \frac{2}{3}V_{CC}$ 时，触发器置 0，时基输出 U_o 为低电平，同时放电管 V 导通，电容 C 通过放电管很快放电，此时电路处于稳态。

当触发输入端 $\overline{TR}$ 外加触发信号 U_i，且 $U_i < \frac{1}{3}V_{CC}$ 时，触发器置 1，输出 U_o 变为高电平，放电管 V 截止。此时，电容 C 被充电，充电途径为+V_{CC}→R→C→地，电路进入暂稳态。当电容电压 $U_C > \frac{2}{3}V_{CC}$ 时，电路自行翻转，输出 U_o 回到低电平，同时 C 很快通过放电管 V 放电，电路暂稳态结束恢复稳态。

单稳态触发器的输出脉冲宽度即为电路的暂稳态时间，它决定于外部 RC 定时元件的参数，即 $t_{PO} \approx 1.1RC$。

(2) 多谐振荡器。电路如图 4.10.2(b)所示，接通电源以后，V_{CC} 经电阻 R_1、R_2 向电容 C 充电，当 $U_C > \frac{2}{3}V_{CC}$ 时，触发器置 0，输出 U_o 为低电平。同时，放电管 V 导通，电容 C 经过 R_2 和放电管 V 放电。当电容两端电压 $U_C < \frac{1}{3}V_{CC}$ 时，触发器置 1，输出 U_o 变为高电平，同时放电管 V 截止，电容 C 被再次充电。如此周而复始产生振荡，电容两端电压在 $\frac{1}{3}V_{CC}$ ～ $\frac{2}{3}V_{CC}$ 变化，而输出 U_o 则为一系列矩形波。输出高电平时间 $t_{PH} \approx 0.7(R_1 + R_2)C$，输出低电平时间为 $t_{PL} \approx 0.7R_2C$。振荡周期为 $T = t_{PL} + t_{PH} \approx 0.7(R_1 + 2R_2)C$。

(3) 施密特触发器。电路如图 4.10.2(c)所示，将 555 时基电路的阈值输入端 TH 和触发输入端 $\overline{\text{TR}}$ 相连，并加入三角波信号(或正弦波)信号 U_i，当 $U_i > \frac{2}{3}V_{CC}$ 时，触发器置 0，输出 U_o=0；当 $U_i < \frac{1}{3}V_{CC}$ 时，触发器置 1，输出 U_o=1。因此，施密特触发器的正向阈值电压 $U_{T+} = \frac{2}{3}V_{CC}$，负向阈值电压 $U_{T-} = \frac{1}{3}V_{CC}$，回差电压 $\Delta U_T = U_{T+} - U_{T-} = \frac{1}{3}V_{CC}$。

由此可见，施密特触发器输入三角波(或正弦波)时，输出为矩形波。

四、实验内容和步骤

1. 单稳态触发器

按图 4.10.2(a)接线，将 555 时基电路构成单稳态触发器，在输入端加入 600Hz、5V 的脉冲信号(保证信号周期 $T > t_{PO}$，并使低电平时间 $< t_{PO}$)，用示波器观察并绘出 U_i、U_C、U_o 的波形，并在图中标出各波形的周期、幅值和脉宽等参数。

2. 多谐振荡器

按图 4.10.2(b)所示电路接线，将 555 时基电路构成多谐振荡器。

(1) 将电位器的阻值调到最大(R_2 最大)，接通电源后，用示波器观察并绘出 U_C、U_o 的波形，并计算出输出波形的占空比。

(2) 调节电位器，改变 R_2 的阻值，再观察 U_C、U_o 波形的变化情况，当占空比为 0.25、0.5、0.75 时，分别测出 R_2 的大小。

3. 施密特触发器

按图 4.10.2(c)接线，将 555 时基电路构成施密特触发器，用函数发生器在输入端加入频率 1kHz、幅值 5V 的三角波(或正弦波)，用示波器分别观察 U_i 和 U_o 的波形，测量周期和幅值，并在图上求出 U_{T+}、U_{T-} 和回差电压 ΔU_T。

4. 模拟声响电路

按图 4.10.3 接线，组成两个多谐振荡器，调节定时元件，使 I 输出较低频率，II 输出较高频率，连好线，接通电源，试听音响效果。调换外接阻容元件，再试听音响效果。

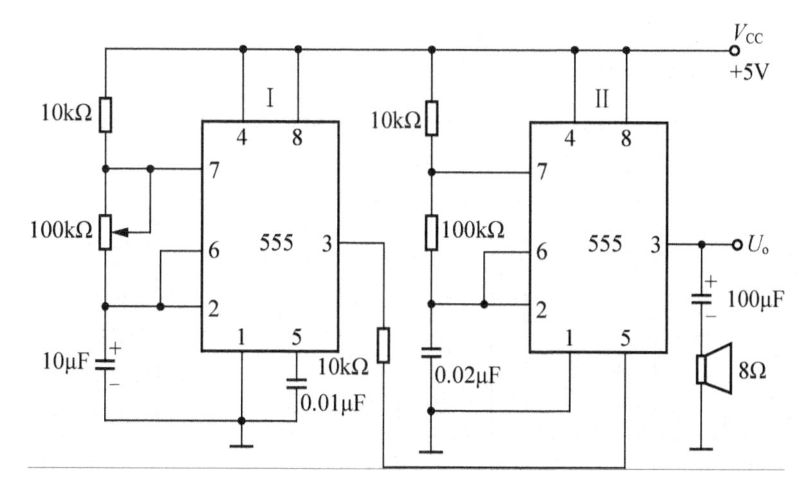

图 4.10.3　模拟声响电路

五、实验仪器与器件

直流电源、函数发生器、示波器、万用表(1 块)；555 集成电路(1 块)；电阻 100kΩ、10kΩ(各 2 只)，电位器 100kΩ(1 只)；电容 10μF、0.1μF、0.01μF(各 1 只)。

六、实验报告要求

(1) 实验目的、实验电路。

(2) 画出各实验电路中的有关波形并在图中标出有关的参数。

(3) 讨论单稳态触发器的暂稳态时间 t_{PO}；多谐振荡器的高电平时间 t_{PH}、低电平时间 t_{PL}、振荡周期 T；施密特触发器的阈值电压 U_{T+}、U_{T-}和回差电压 ΔU_T 等测量值与理论值的误差。

实验十一　D/A、A/D 转换器

一、实验目的

(1) 了解 D/A 和 A/D 转换器的基本工作原理和基本结构。

(2) 掌握大规模集成 D/A 和 A/D 转换器的功能及其典型应用。

二、实验原理

在数字电子技术的很多应用场合往往需要把模拟量转换为数字量，称为模/数转换器(A/D 转换器，简称 ADC)；或把数字量转换成模拟量，称为数/模转换器(D/A 转换器，简称 DAC)。完成这种转换的线路有多种，特别是单片大规模集成 A/D、D/A 转换器问世，为实现上述的转换提供了极大的方便。使用者通过手册提供的器件性能指标及典型应用电路，即可正确使用这些器件。本实验将采用大规模集成电路 DAC0832 实现 D/A 转换，ADC0809 实现 A/D 转换。

1. D/A转换器 DAC0832

DAC0832 是采用 CMOS 工艺制成的单片电流输出型 8 位数/模转换器。图 4.11.1 是 DAC0832 单片 D/A 转换器的逻辑框图及引脚排列。

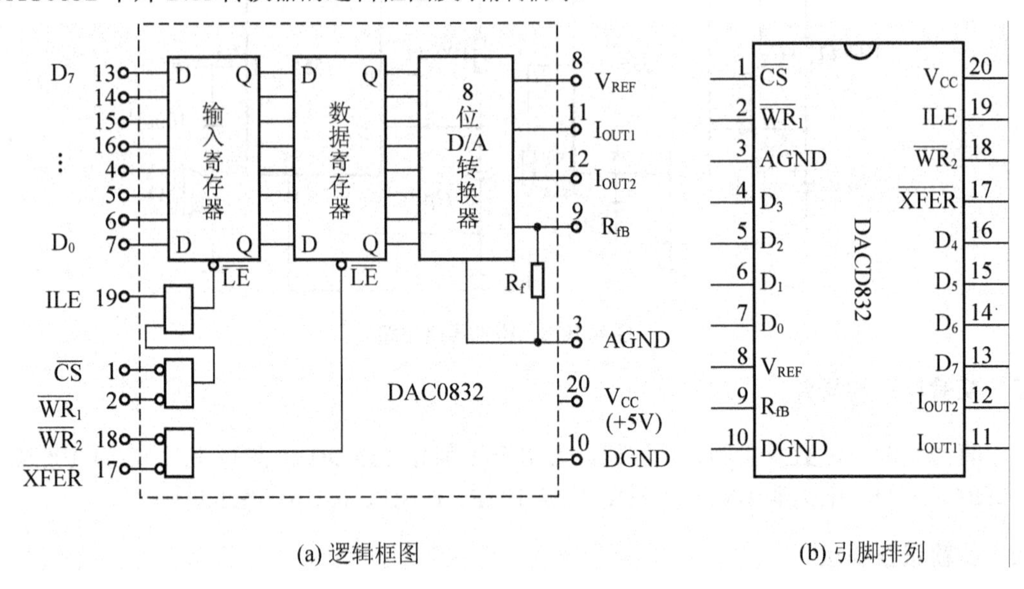

图 4.11.1　DAC0832 单片 D/A 转换器的逻辑框图和引脚排列

器件的核心部分采用倒 T 型电阻网络的 8 位 D/A 转换器，如图 4.11.2 所示。它由倒 T 型 R—$2R$ 电阻网络、模拟开关、运算放大器和参考电压 V_{REF} 这 4 部分组成。

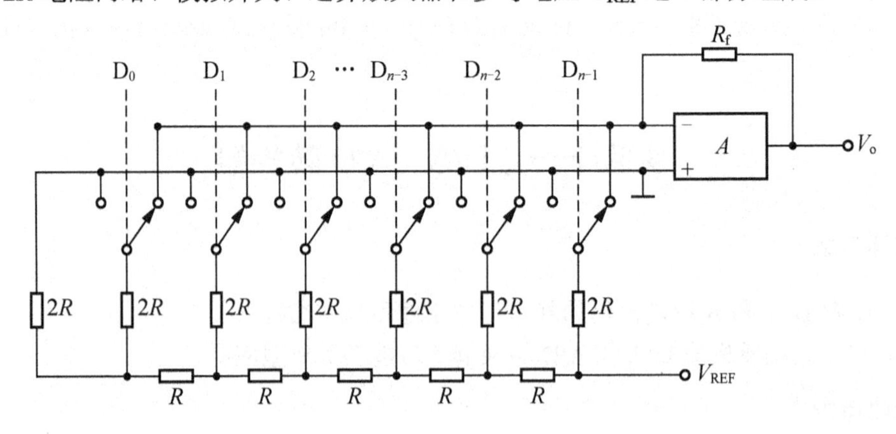

图 4.11.2　倒 T 型电阻网络 D/A转换电路

运放的输出电压为

$$V_o=\frac{V_{REF}\cdot R_f}{2^n R}(D_{n-1}\cdot 2^{n-1}+D_{n-2}\cdot 2^{n-2}+\cdots+D_0\cdot 2^0)$$

由上式可见，输出电压 V_o 与输入的数字量成正比，这就实现了从数字量到模拟量的转换。

一个 8 位的 D/A 转换器，它有 8 个输入端，每个输入端是 8 位二进制数的一位，有一个模拟输出端，输入可有 2^8=256 个不同的二进制组态，输出为 256 个电压之一，即输出电压不是整个电压范围内任意值，而只能是 256 个可能值。

DAC0832 的引脚功能说明如下。

(1) D_0～D_7：数字信号输入端。

(2) ILE：输入寄存器允许，高电平有效。

(3) $\overline{CS}$：片选信号，低电平有效。

(4) $\overline{WR_1}$：写信号 1，低电平有效。

(5) $\overline{XFER}$：传送控制信号，低电平有效。

(6) $\overline{WR_2}$：写信号 2，低电平有效。

(7) I_{OUT1}，I_{OUT2}：DAC 电流输出端。

(8) R_{fB}：反馈电阻，是集成在片内的外接运放的反馈电阻。

(9) V_{REF}：基准电压(－10～+10)V。

(10) V_{CC}：电源电压(＋5～＋15)V。

(11) AGND：模拟地；NGND：数字地(可接在一起使用)。

DAC0832 输出的是电流，要转换为电压，还必须经过一个外接的运算放大器，实验线路如图 4.11.3 所示。

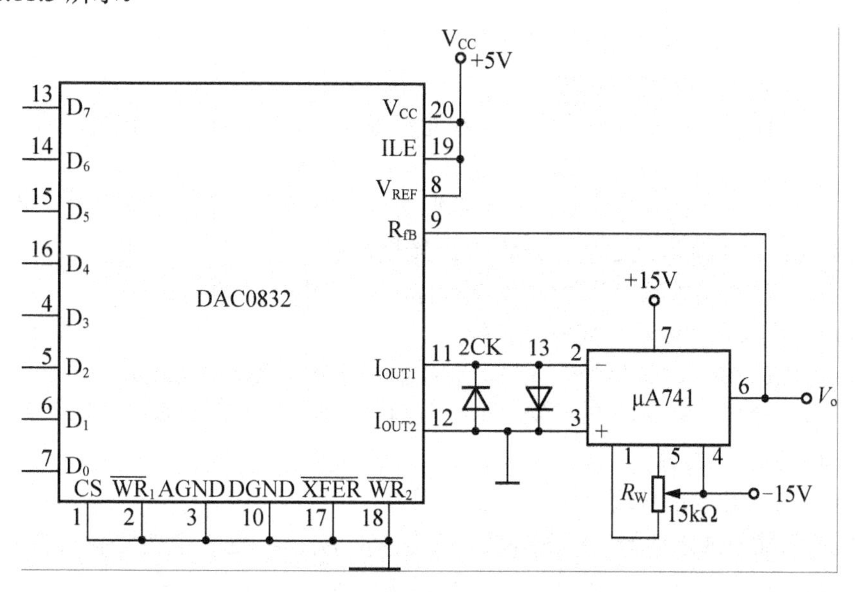

图 4.11.3　D/A 转换器实验线路

2. A/D转换器 ADC0809

ADC0809 是采用 CMOS 工艺制成的单片 8 位 8 通道逐次渐近型模/数转换器，其逻辑框图及引脚排列如图 4.11.4 所示。

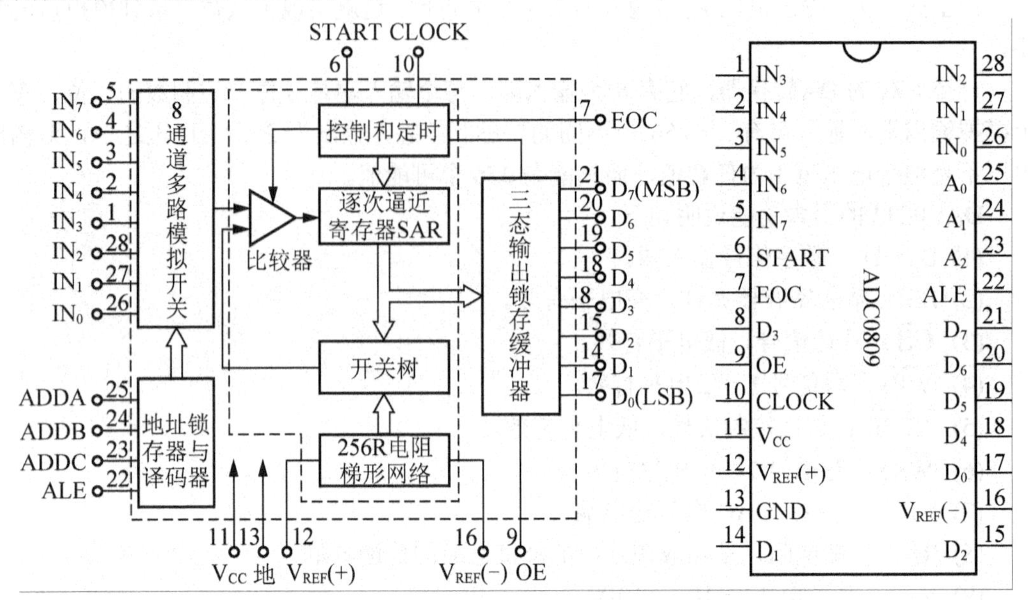

图 4.11.4 ADC0809 转换器逻辑框图及引脚排列

器件的核心部分是 8 位 A/D 转换器，它由比较器、逐次渐近寄存器、D/A 转换器及控制和定时 5 部分组成。

ADC0809 的引脚功能说明如下。

(1) IN_0—IN_7：8 路模拟信号输入端。

(2) A_2、A_1、A_0：地址输入端。

(3) ALE：地址锁存允许输入信号，在此脚施加正脉冲，上升沿有效，此时锁存地址码，从而选通相应的模拟信号通道，以便进行 A/D 转换。

(4) START：启动信号输入端，应在此脚施加正脉冲，当上升沿到达时，内部逐次逼近寄存器复位，在下降沿到达后，开始 A/D 转换过程。

(5) EOC：转换结束输出信号(转换结束标志)，高电平有效。

(6) OE：输入允许信号，高电平有效。

(7) CLOCK(CP)：时钟信号输入端，外接时钟频率一般为 640kHz。

(8) V_{cc}：+5V 单电源供电；$V_{REF}(+)$、$V_{REF}(-)$：基准电压的正极、负极。一般 $V_{REF}(+)$接+5V 电源，$V_{REF}(-)$接地。

(9) D_7～D_0：数字信号输出端。

① 模拟量输入通道选择。8 路模拟开关由 A_2、A_1、A_0 这 3 个地址输入端选通 8 路模拟信号中的任何一路进行 A/D 转换，地址译码与模拟输入通道的选通关系见表 4-11-1 所示。

表 4-11-1　地址译码与模拟输入通道的选择关系表

被选模拟通道		IN_0	IN_1	IN_2	IN_3	IN_4	IN_5	IN_6	IN_7
地址	A_2	0	0	0	0	1	1	1	1
	A_1	0	0	1	1	0	0	1	1
	A_0	0	1	0	1	0	1	0	1

② D/A 转换过程。在启动端(START)加启动脉冲(正脉冲)，D/A 转换即开始。如将启动端(START)与转换结束端(EOC)直接相连，转换将是连续的，在用这种转换方式时，开始应在外部加启动脉冲。

三、实验设备及器件

(1) +5V、±15V 直流电源。
(2) 双踪示波器。
(3) 计数脉冲源。
(4) 逻辑电平开关。
(5) 逻辑电平显示器。
(6) 直流数字电压表。
(7) DAC0832、ADC0809、μA741、电位器、电阻、电容若干。

四、实验内容

1. D/A转换器—DAC0832

(1) 按图 4.11.3 接线，电路接成直通方式，即 $\overline{CS}$、$\overline{WR_1}$、$\overline{WR_2}$、$\overline{XFER}$ 接地；ALE、V_{CC}、V_{REF} 接+5V 电源；运放电源接±15V；D_0～D_7 接逻辑开关的输出插口，输出端 V_o 接直流数字电压表。

(2) 调零，令 D_0～D_7 全置零，调节运放的电位器使μA741 输出为零。

(3) 按表 4-11-2 所列的输入数字信号，用数字电压表测量运放的输出电压 V_o，并将测量结果填入表中，并与理论值进行比较。

表 4-11-2　D/A转换器—DAC0832 实验数据

输入数字量								输出模拟量 V_o/V
D_7	D_6	D_5	D_4	D_3	D_2	D_1	D_0	V_{CC}=+5V
0	0	0	0	0	0	0	0	
0	0	0	0	0	0	0	1	
0	0	0	0	0	0	1	0	
0	0	0	0	0	1	0	0	
0	0	0	0	1	0	0	0	
0	0	0	1	0	0	0	0	
0	0	1	0	0	0	0	0	
0	1	0	0	0	0	0	0	
1	0	0	0	0	0	0	0	
1	1	1	1	1	1	1	1	

2. A/D 转换器—ADC0809

图 4.11.5 为 ADC0809 实验线路。

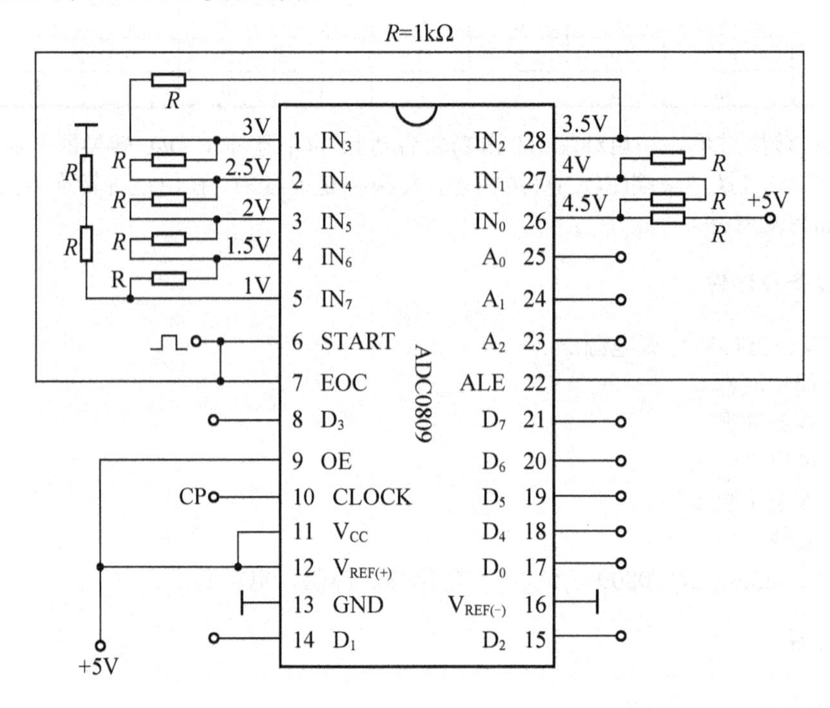

图 4.11.5 ADC0809 实验线路

(1) 8 路输入模拟信号 1～4.5V，由+5V 电源经电阻 R 分压组成；变换结果 D_0～D_7 接逻辑电平显示器输入插口，CP 时钟脉冲由计数脉冲源提供，取 f=100kHz；A_0～A_2 地址端接逻辑电平输出插口。

(2) 当接通电源后，在启动端(START)加一正单次脉冲，下降沿一到即开始 A/D 转换。

(3) 按表 4-11-3 的要求观察，记录 IN_0～IN_7 这 8 路模拟信号的转换结果，并将转换结果换算成十进制数表示的电压值，并与数字电压表实测的各路输入电压值进行比较，分析误差原因。

表 4-11-3 A/D 转换器—ADC0809 实验数据

被选模拟通道	输入模拟量	地	址		输出数字量								
IN	V_i/V	A_2	A_1	A_0	D_7	D_6	D_5	D_4	D_3	D_2	D_1	D_0	十进制
IN_0	4.5	0	0	0									
IN_1	4.0	0	0	1									
IN_2	3.5	0	1	0									
IN_3	3.0	0	1	1									
IN_4	2.5	1	0	0									
IN_5	2.0	1	0	1									
IN_6	1.5	1	1	0									
IN_7	1.0	1	1	1									

五、实验预习要求

(1) 复习 A/D、D/A 转换的工作原理。

(2) 熟悉 ADC0809、DAC0832 各引脚功能及其使用方法。

(3) 绘好完整的实验线路和所需的实验记录表格。

(4) 拟定各个实验内容的具体实验方案。

六、实验报告

整理实验数据，分析实验结果。

实验十二　多路智力竞赛抢答器的综合设计 (综合设计性实验)

一、实验目的

(1) 学习数字电路中 D 触发器、分频电路、多谐振荡器、CP 时钟脉冲源等单元电路的综合运用。

(2) 熟悉智力竞赛抢赛器的工作原理。

(3) 掌握简单数字系统设计、组装、调试及故障排除方法。

二、电路综合设计要求

1. 基本要求

(1) 设计一个智力竞赛抢答器，可同时供 8 名选手或 8 个代表队参加比赛，编号为 0、1、2、3、4、5、6、7，各用一个按钮。

(2) 给节目主持人设置一个控制开关，用来控制系统的清零和抢答的开始。

(3) 抢答器应具有数据锁存功能和显示功能。抢答开始后，若有选手按动抢答按钮，编号立即锁存，并在 LED 数码管上显示选手的编号，同时扬声器给出音响提示。此外，要封锁输入电路，禁止其他选手抢答，优先抢答选手的编号一直保持到主持人将系统清零为止。

2. 扩展要求

(1) 抢答器应具有定时抢答功能，且一次抢答的时间可由主持人设定，当节目主持人启动“开始”键后，要求定时器立即减计时，并在显示器上显示，同时扬声器发出短暂的声响，声响持续时间 0.5s 左右。

(2) 参赛选手在设定的时间内抢答，抢答有效，定时器停止工作，显示器上显示选手的编号和抢答时刻的时间，并保持到主持人将系统清零为止。

(3) 如果定时器的抢答时间已到，却没有选手抢答时，本次抢答无效，系统短暂报警，并封锁输入电路，禁止选手超时后抢答，时间显示器显示 00。

三、设计任务

(1) 进行设计方案的比较，并选定设计方案。

(2) 完成单元电路的设计和主要参数计算说明。

(3) 完成硬件原理图设计和 PCB 图设计。

(4) 若采用微处理器控制要完成相应软件的设计。

(5) 安装各单元电路，要求布线整齐、美观。

(6) 写出综合计性实验报告。

四、设计提示

(1) 电路实现设计方框图如图 4.12.1 所示。

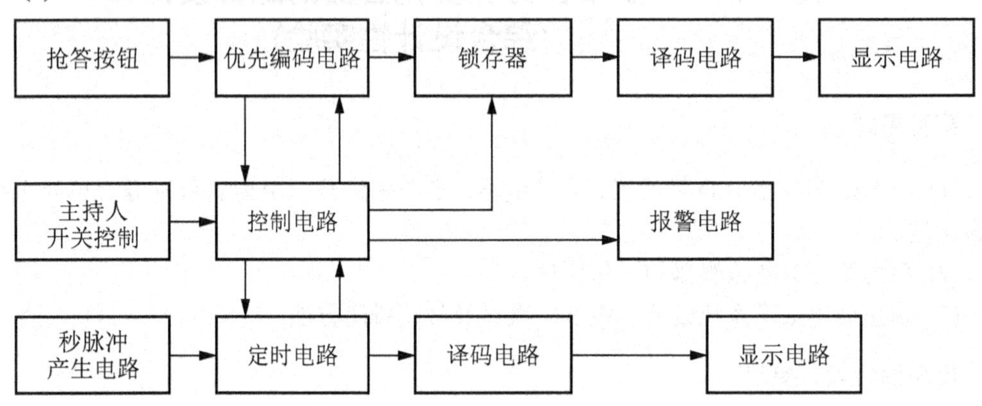

图 4.12.1　电路实现设计方框图

(2) 抢答器的工作过程如下：根据设计要求，当接通电源时，主持人将开关置于“清零”位置，抢答器处于禁止工作状态，编号显示器灭灯，定时显示器显示设定时间，当节目主持人宣布抢答开始后，同时将开关打到“开始”位置，扬声器给出声响提示，抢答器处于工作状态，定时器倒计时。当定时时间到，却没有选手抢答，系统报警，并封锁输入电路，禁止选手超时抢答。

(3) 抢答器完成下述 4 项工作。

① 优先编码电路立即分辨出抢答者的编号，并由锁存器进行锁存，然后由译码显示电路显示编号。

② 扬声器给出短暂声响，提醒主持人注意。

③ 控制电路要对输入编码电路进行封锁，避免其他选手再次抢答。

④ 控制电路要使定时器停止工作，时间显示器上显示剩余的抢答时间，并保持到主持人将系统清零为止。

(4) 可供选择的主要器件如下：74LS148(2 片)，74LS279(2 片)，74LS48(4 片)，74LS192(2 片)，NE555(2 片)，74LS00、74LS121(各 1 片)，发光管(2 个)，数码管(4 个)，89C52。

五、电路安装与调试

(1) 根据图 4.12.1 所示的电路实现设计方框图，按照信号的流向分级安装，逐级级联。

(2) 调试抢答电路，检查控制开关是否正常工作，当按键按下时，应显示对应的数码，再按下其他键时，数码管显示的数值应不变。

(3) 用示波器观察定时电路的定时时间是否准确，检查预置电路预置、显示是否正确。

(4) 检查报警电路是否正确工作。

六、实验报告要求

(1) 以论文的形式给出综合设计性实验报告。

(2) 要有相应的电路原理图和说明。

七、实验思考与总结

(1) 总结综合设计性实验的设计方法。

(2) 总结本实验运用的相应知识点。

(3) 分析实验中出现的故障及解决办法。

实验十三　电 子 秒 表

一、实验目的

(1) 学习数字电路中基本 RS 触发器、单稳态触发器、时钟发生器及计数、译码显示等单元电路的综合应用。

(2) 学习电子秒表的调试方法。

二、实验原理

图 4.13.1 为电子秒表的原理图。按功能分成 4 个单元电路进行分析。

1. 基本 RS 触发器

图 4.13.1 中单元 I 为用集成与非门构成的基本 RS 触发器，它属于低电平直接触发的触发器，有直接置位、复位的功能。

它的一路输出 $\overline{Q}$ 作为单稳态触发器的输入，另一路输出 Q 作为与非门 5 的输入控制信号。

按动按钮开关 K_2(接地)，则门 1 输出 $\overline{Q}=1$；门 2 输出 Q=0，K_2 复位后 Q、$\overline{Q}$ 状态保持不变。再按动按钮开关 K_1，则 Q 由 0 变为 1，门 5 开启，为计数器启动做好准备。$\overline{Q}$ 由 1 变 0，送出负脉冲，启动单稳态触发器工作。

基本 RS 触发器在电子秒表中的职能是启动和停止秒表的工作。

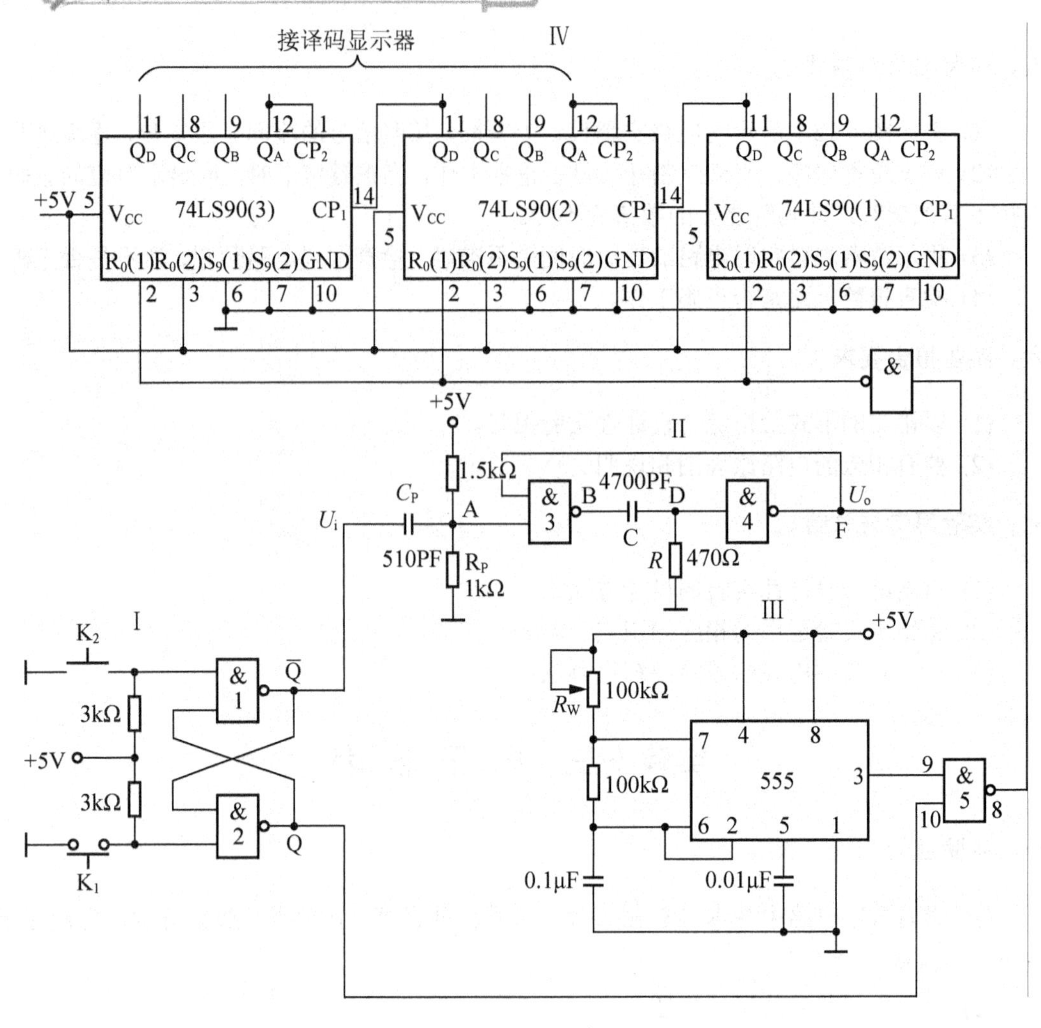

图 4.13.1　电子秒表原理图

2. 单稳态触发器

图 4.13.1 中单元Ⅱ为用集成与非门构成的微分型单稳态触发器，图 4.13.2 为单稳态触发器各点波形图。

单稳态触发器的输入触发负脉冲信号 U_i 由基本 RS 触发器 $\overline{Q}$ 端提供，输出负脉冲 U_o 通过非门加到计数器的清除端 R。

在静态时，门 4 应处于截止状态，故电阻 R 必须小于门的关门电阻 R_{Off}。定时元件 RC 取值不同，输出脉冲宽度也不同。当触发脉冲宽度小于输出脉冲宽度时，可以省去输入微分电路的 R_P 和 C_P。

单稳态触发器在电子秒表中的职能是为计数器提供清零信号。

3. 时钟发生器

图 4.13.1 中单元Ⅲ为用 555 定时器构成的多谐振荡器，是一种性能较好的时钟源。调节电位器 R_W，使在输出端 3 获得频率为 50Hz 的矩形波信号，当基本 RS 触发器 Q=1 时，

门 5 开启，此时 50Hz 脉冲信号通过门 5 作为计数脉冲加于计数器(1)的计数输入端 CP_2。

4. 计数及译码显示

二—五—十进制加法计数器 74LS90 构成电子秒表的计数单元，如图 4.13.1 中单元Ⅳ所示。其中计数器(1)接成五进制形式，对频率为 50Hz 的时钟脉冲进行五分频，在输出端 Q_D 取得周期为 0.1s 的矩形脉冲，作为计数器(2)的时钟输入。计数器(2)及计数器(3)接成 8421 码十进制形式，其输出端与实验装置上译码显示单元的相应输入端连接，可显示 0.1～0.9s；1～9.9s 计时。

注意：集成异步计数器 74LS90 是异步二—五—十进制加法计数器，它既可以作二进制加法计数器，又可以作五进制和十进制加法计数器。

图 4.13.3 为 74LS90 引脚排列，表 4-13-1 为其功能表。

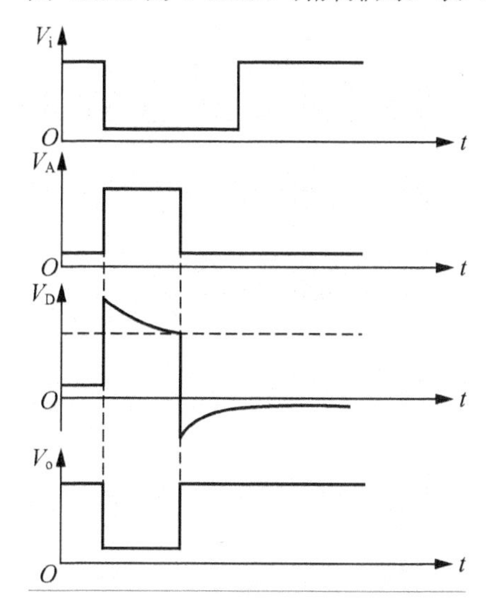

图 4.13.2　单稳态触发器各点波形图

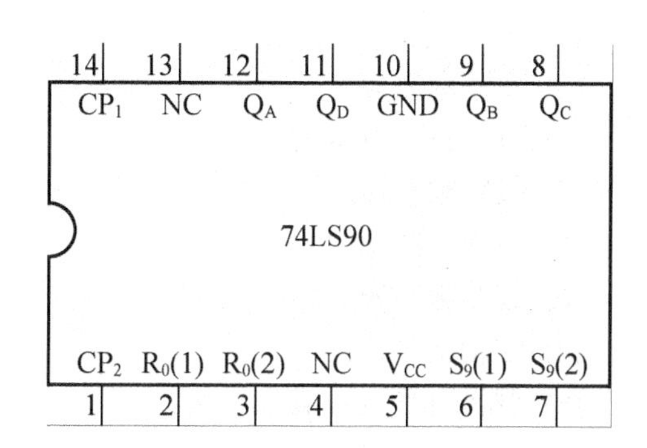

图 4.13.3　74LS90 引脚排列

表 4-13-1　74LS90 功能表

输入						输出				功能
清零		置 9		时钟		Q_D	Q_C	Q_B	Q_A	
$R_0(1)$、$R_0(2)$		$S_9(1)$、$S_9(2)$		CP_1	CP_2					
1	1	0 ×	× 0	×	×	0	0	0	0	清零
0 ×	× 0	1	1	×	×	1	0	0	1	置 9
0 ×	× 0	0 ×	× 0	↓	1	Q_A 输出				二进制计数
				1	↓	Q_D、Q_C、Q_B 输出				五进制计数
				↓	Q_A	Q_D、Q_C、Q_B、Q_A 输出 8421BCD 码				十进制计数
				Q_D	↓	Q_A、Q_D、Q_C、Q_B 输出 5421BCD 码				十进制计数
				1	1	不变				保持

通过不同的连接方式，74LS90可以实现4种不同的逻辑功能；而且还可借助$R_0(1)$、$R_0(2)$对计数器清零，借助$S_9(1)$、$S_9(2)$将计数器置9。其具体功能详述如下。

(1) 计数脉冲从CP_1输入，Q_A作为输出端，则为二进制计数器。

(2) 计数脉冲从CP_2输入，Q_D、Q_C、Q_B作为输出端，则为异步五进制加法计数器。

(3) 若将CP_2和Q_A相连，计数脉冲由CP_1输入，Q_D、Q_C、Q_B、Q_A作为输出端，则构成异步8421码十进制加法计数器。

(4) 若将CP_1与Q_D相连，计数脉冲由CP_2输入，Q_A、Q_D、Q_C、Q_B作为输出端，则构成异步5421码十进制加法计数器。

(5) 清零、置9功能。

① 异步清零

当$R_0(1)$、$R_0(2)$均为“1”，且$S_9(1)$、$S_9(2)$中有“0”时，实现异步清零功能，即$Q_DQ_CQ_BQ_A$=0000。

② 置9功能

当$S_9(1)$、$S_9(2)$均为“1”，且$R_0(1)$、$R_0(2)$中有“0”时，实现置9功能，即$Q_DQ_CQ_BQ_A$=1001。

三、实验设备与器件

(1) ＋5V直流电源。

(2) 双踪示波器。

(3) 直流数字电压表。

(4) 数字频率计。

(5) 单次脉冲源。

(6) 连续脉冲源。

(7) 逻辑电平开关。

(8) 逻辑电平显示器。

(9) 译码显示器。

(10) 74LS00×2、555×1、74LS90×3、电位器、电阻、电容若干。

四、实验内容

由于实验电路中使用器件较多，实验前必须合理安排各器件在实验装置上的位置，使电路逻辑清楚，接线较短。

在实验时，应按照实验任务的次序，将各单元电路逐个进行接线和调试，即分别测试基本RS触发器、单稳态触发器、时钟发生器及计数器的逻辑功能，待各单元电路工作正常后，再将有关电路逐级连接起来进行测试，直到测试电子秒表整个电路的功能。

这样的测试方法有利于检查和排除故障，保证实验顺利进行。

(1) 基本RS触发器的测试：测试方法参考实验九。

(2) 单稳态触发器的测试。

① 静态测试。用直流数字电压表测量A、B、D、F各点电位值，并记录之。

② 动态测试。输入端接1kHz连续脉冲源，用示波器观察并描绘D点(U_D)F点(U_o)波

形，如嫌单稳输出脉冲持续时间太短，难以观察，可适当加大微分电容 C(如改为 0.1μ)待测试完毕，再恢复 4700pF。

(3) 时钟发生器的测试。测试方法参考实验十四，用示波器观察输出电压波形并测量其频率，调节 R_W，使输出矩形波频率为 50Hz。

(4) 计数器的测试。

① 计数器(1)接成五进制形式，$R_O(1)$、$R_O(2)$、$S_9(1)$、$S_9(2)$接逻辑开关输出插口，CP_2 接单次脉冲源，CP_1 接高电平“1”，Q_D～Q_A 接实验设备上译码显示输入端 D、C、B、A，按表 4-13-1 测试其逻辑功能，并记录之。

② 将计数器(2)及计数器(3)接成 8421 码十进制形式，按内容①进行逻辑功能测试，并记录之。

③ 将计数器(1)、(2)、(3)级联，进行逻辑功能测试，并记录之。

(5) 电子秒表的整体测试。各单元电路测试正常后，按图 4.13.1 把几个单元电路连接起来，进行电子秒表的总体测试。

先按一下按钮开关 K_2，此时电子秒表不工作，再按一下按钮开关 K_1，则计数器清零后便开始计时，观察数码管显示计数情况是否正常，如不需要计时或暂停计时，按一下开关 K_2，计时立即停止，但数码管保留所计时之值。

(6) 电子秒表准确度的测试。利用电子钟或手表的秒计时对电子秒表进行校准。

五、实验报告

(1) 总结电子秒表整个调试过程。

(2) 分析调试中发现的问题及故障排除方法。

六、预习报告

(1) 复习数字电路中 RS 触发器、单稳态触发器、时钟发生器及计数器等部分内容。

(2) 除了本实验中所采用的时钟源外，选用另外两种不同类型的时钟源，可供本实验用。画出电路图，选取元器件。

(3) 列出电子秒表单元电路的测试表格。

(4) 列出调试电子秒表的步骤。

实验十四　数字电子钟

一、实验目的

(1) 了解用集成电路构成数字钟的基本电路。

(2) 熟悉基本 RS 触发器、单稳态触发器、时钟发生器及计数、译码和显示等单元电路的综合应用。

(3) 学习数字式计数器的设计与调试方法。

二、设计任务与要求

1. 设计任务

设计制作一台数码管显示的数字钟。

2. 设计要求

(1) 时钟具有显示星期、时、分、秒的功能。

(2) 具有快速校准时、分、秒的功能。

(3) 具有整点报时的功能，在离整点前 10s 时，便自动发出鸣叫声，步长 1s，每隔 1s 鸣叫一次，前 4 响是低音，后 1 响为高音，共鸣叫 5 次，最后 1 响结束时为整点。

(4) 整点报时高音为 1000Hz。

(5) 计时准确度为每天误差不超过 10s。

三、电路设计

1. 设计要点

数字钟一般由振荡器、分频器、计数器、译码器、显示器等几部分组成，这些都是数字电路中应用最广的基本电路，其原理框图如图 4.14.1 所示。石英晶体振荡器产生的时标信号送到分频器，分频电路将时标信号分成每秒一次的方波秒信号。秒信号送入计数器进行计数，并把累计的结果以“时”、“分”、“秒”的数字显示出来。“秒”的显示由两级计数器和译码器组成的六十进制计数电路实现；“分”的显示电路与“秒”相同，“时”的显示由两级计数器和译码器组成的二十四进制电路来实现，所有计时结果均由 6 位数码管显示。

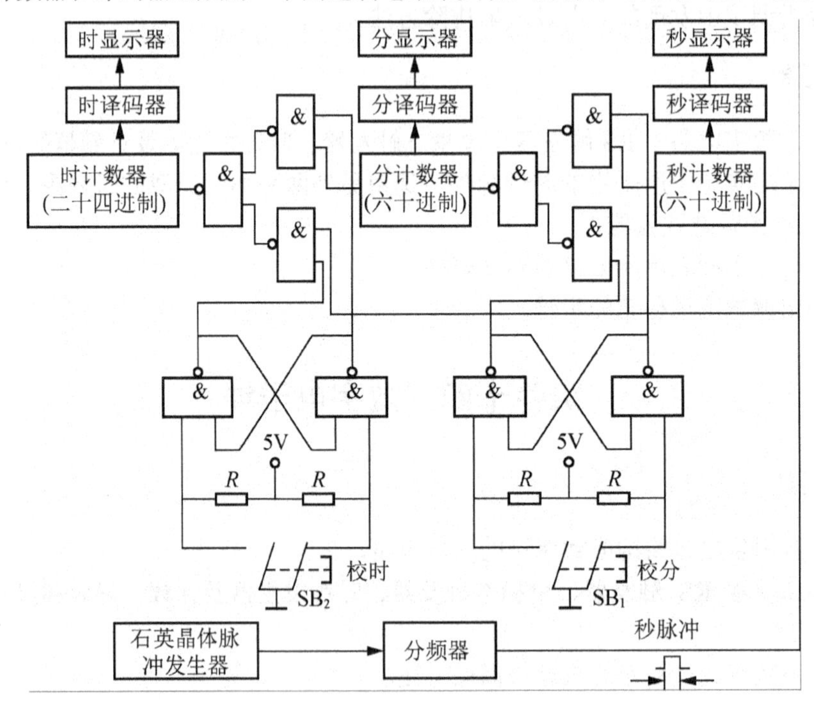

图 4.14.1 数字钟的原理框图

2. 原理分析

数字钟逻辑电路图如图 4.14.2 所示。

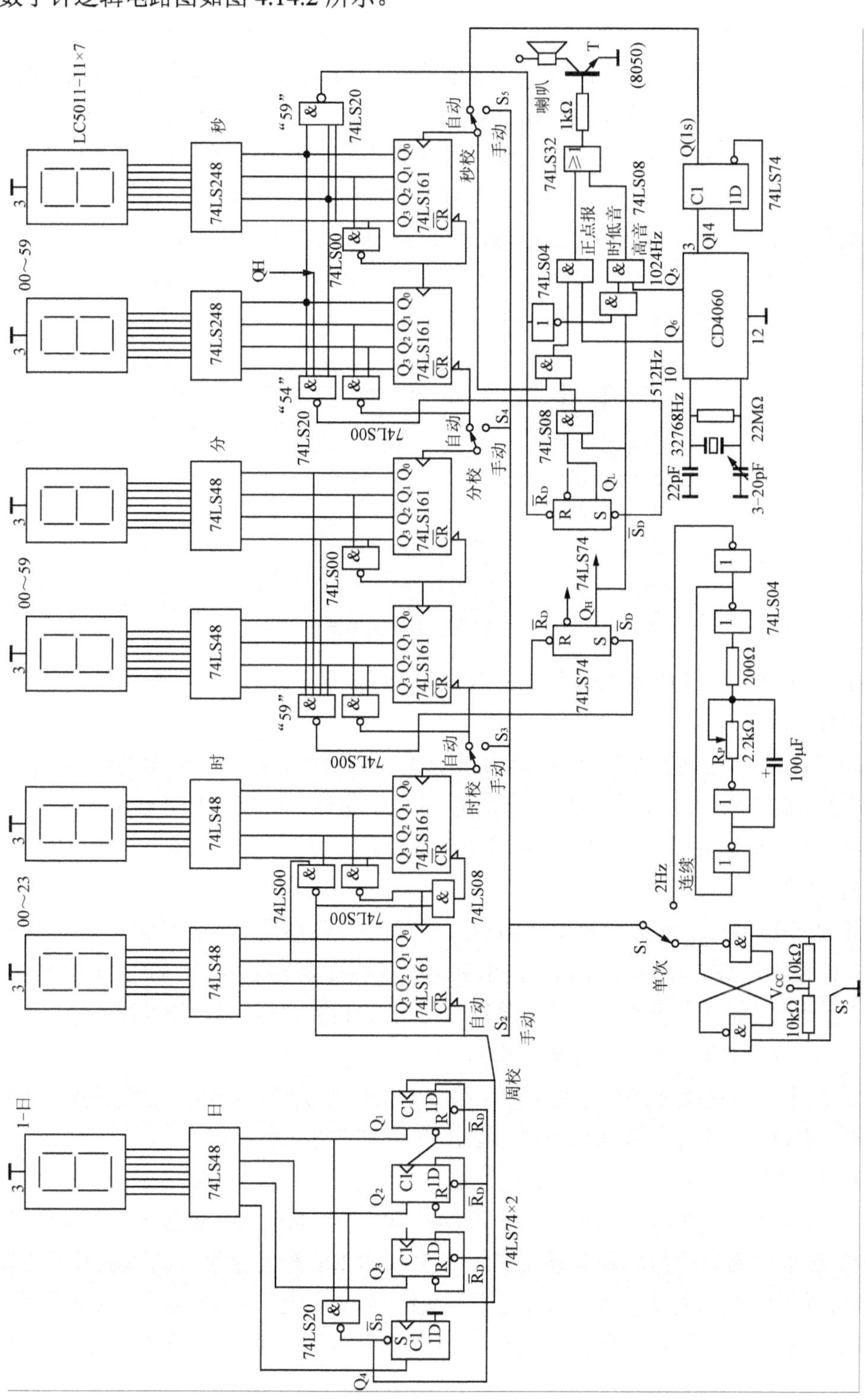

图 4.14.2　数字钟逻辑电路图

(1) 石英晶体振荡器。振荡器是电子钟的核心，用它产生标准频率信号，再由分频器分成秒时间脉冲，振荡器振荡频率的精度与稳定度基本上决定了钟的准确度。

振荡电路由石英晶体、微调电容与集成反相器等元件构成，原理图如图 4.14.3 所示。其中，门 G_1、门 G_2 是反相器，门 G_1 用于振荡，门 G_2 用于缓冲整形，R_F 为反馈电阻，反馈电阻的作用是为反相器提供偏置，使其工作在放大状态。反馈电阻 R_F 的值选取太大，会使放大器偏置不稳甚至不能正常工作；R_F 值太小又会使反馈网络负担加重。图中 C_1 是频率微调电容，一般取 5～35pF。C_2 是温度特性校正电容，一般取 20～40pF。电容 C_1、C_2 与晶体共同构成 п 型网络，以控制振荡频率，并使输入输出移相 180°。

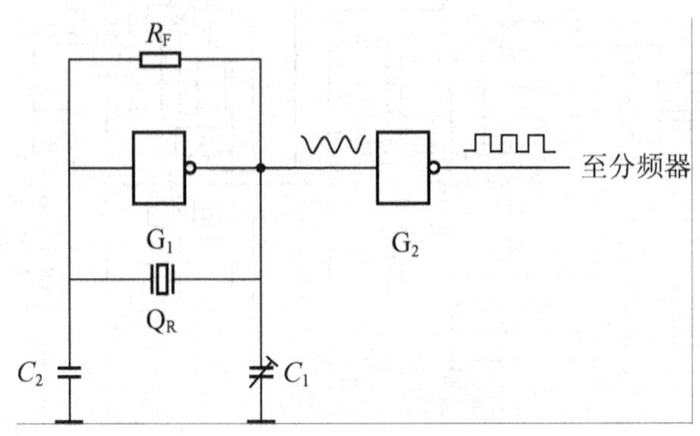

图 4.14.3　晶体振荡器

石英晶体振荡器的振荡频率稳定，输出波形近似于正弦波，可用反相器整形而得到矩形脉冲输出。

(2) 分频器。时间标准信号的频率很高，要得到秒脉冲，需要分频电路。目前，多数石英电子表的振荡频率为 2^{16}=32768Hz，用 15 位二进制计数器进行分频后可得到 1 Hz 的秒脉冲信号，也可采用单片 CMOS 集成电路实现。

(3) 计数器。

① 六十进制计数。计数器的电路形式很多，一般都是由一级十进制计数器和一级六进制计数器组成。图 4.14.4 所示是用两块中规模集成电路 74LS160 按反馈置零法串接而成的秒计数器的十位和个位，输出脉冲除用做自身清零外，同时还作为“分”计数器的输入信号。分计数器电路与秒计数器相同。

② 二十四进制计数。图 4.14.5 所示为二十四进制小时计数器，它是用两片 74LS160 组成的，也可用两块中规模集成电路 74LS160 和与非门构成。

(4) 译码和显示电路。译码就是把给定的代码进行翻译，变成相应的状态，用于驱动 LED 7 段数码管，只要在它的输入端输入 8421 码，7 段数码管就能显示十进制数字。

(5) 校准电路。校准电路实质上是一个由基本 RS 触发器组成的单脉冲发生器，如图 4.14.6 所示。当从图 4.14.6 中可知，未按按钮 SB 时，与非门 G_2 的一个输入端接地，基本 RS 触发器处于 1 状态，即 Q=1，$\overline{Q}$=0，这时数字钟正常工作，分脉冲能进入分计数器，

时脉冲也能进入时计数器。当按下 SB 时，与非门 G_1 的一个输入端接地，于是基本 RS 触发器翻转为 0 状态，即 Q=0，$\overline{Q}$=1。若所按的是校分的按钮 S4，则单脉冲或连续脉冲可以直接进入分计数器而分脉冲被阻止进入，因而能较快地校准分计数器的计数值。若所按的是校时的按钮 S3，则单脉冲或连续脉冲可以直接进入时计数器而时脉冲被封锁，于是就能较快地对时计数器值进行校准。校准后将校正按钮释放，使其恢复原位，数字钟继续进行正常的计时工作。当分计到 59min 时，将分触发器 Q_H 置 1，而等到秒计数到 54s 时，将秒触发器 Q_L 置 1，然后通过 Q_L 与 Q_H 相与后，再和 1s 标准秒信号相与，输出控制低音扬声器鸣叫，直到 59s 时，产生一个复位信号，使 Q_L 清零，低音鸣叫停止；同时 59s 信号的反相又和 Q_H 相与，输出控制高音扬声器鸣叫。当分、秒计数从 59：59 变为 00：00 时；鸣叫结束，完成整点报时。电路中的高、低音信号分别由 CD4060 分频器的输出端 Q_5 和 Q_6 产生。Q_5 输出频率为 1024Hz，Q_6 为 512Hz。高、低两种频率的信号通过或门输出驱动晶体管 T，带动扬声器鸣叫。

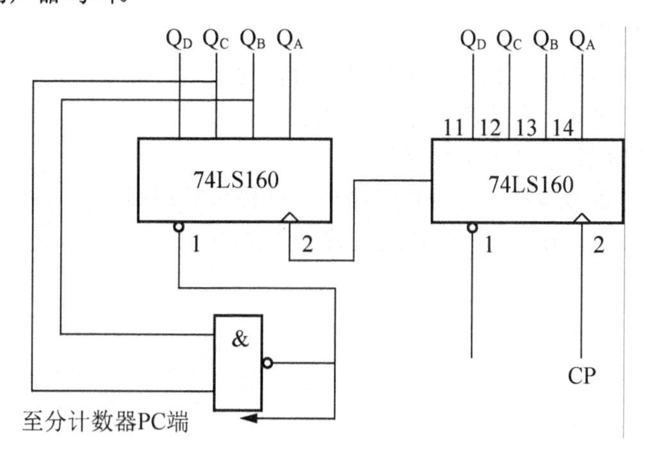

图 4.14.4　六十进制计数器

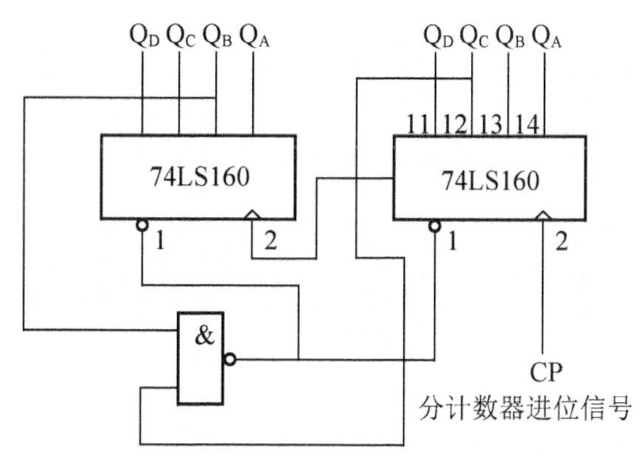

图 4.14.5　二十四进制计数器

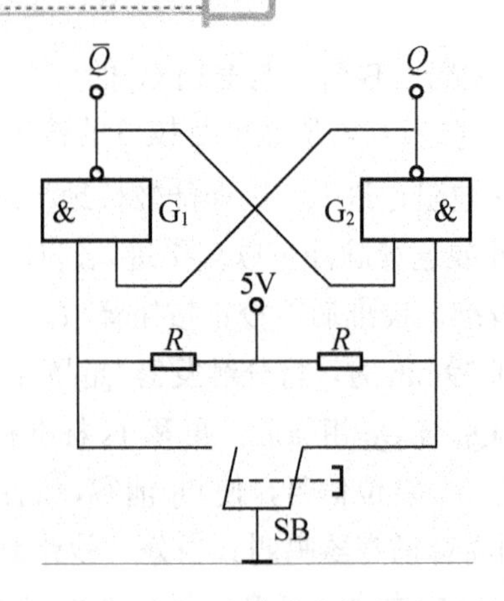

图 4.14.6　单脉冲发生器

四、电路调试

(1) 画出电路原理图。

(2) 按电路原理图接线，认真检查电路是否正确。

(3) 调试振荡器电路，使振荡频率为 32768Hz。

(4) 测试 74LS74 的 Q 端输出频率。

(5) 调试校准电路，按秒校、分校、时校、周校顺序调整。

(6) 调试整点报时电路，低音 512Hz、高音 1024Hz。

(7) 电路统调。

第5章 Multisim10简介及仿真实验

Multisim10电路仿真是一种非常优秀的虚拟实验平台，被誉为“计算机中的电子实验室”。采用仿真软件进行仿真实验教学，可有效地对理论教学起到辅助作用，以解决理论课程存在的理论性强、内容抽象不易理解的问题，对课程的重点难点随时进行电路仿真，能加深学生对课程内容的理解，并提高实践技能，对培养学生综合分析能力和创新能力有重要意义；能充分发挥各种教学优势，尤其适用于学生做综合性设计性实验项目。

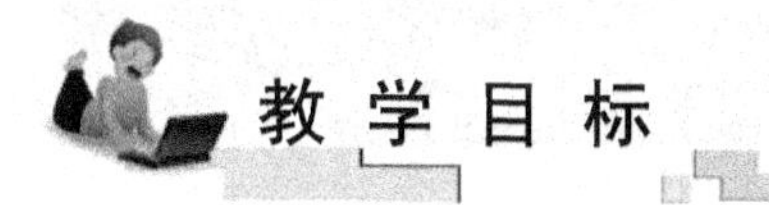

教学目标

(1) 验证、巩固、充实和丰富电工电子理论知识。

(2) 培养电工基本操作技能和处理实验结果的基本方法。

(3) 根据理论分析与仿真实验数据及实验现象得出结论。

(4) 培养研究和解决科学技术问题的独立工作能力。

(5) 拓展电工技术发展知识。

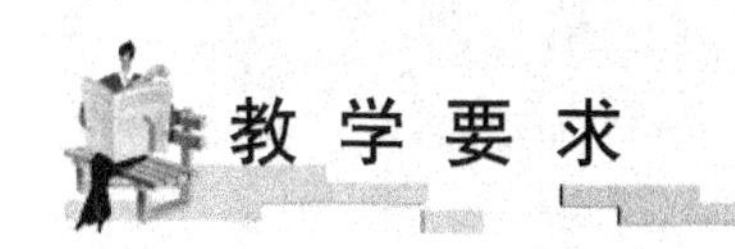

教学要求

知识要点	能力要求	相关知识
电工电子理论知识 电工电子实验技能	(1) 掌握电工电子理论知识、实验原理 (2) 熟悉虚拟实验操作技巧 (3) 了解常用仪器仪表工作原理	数据处理 误差分析

推荐阅读资料

1. 熊伟，梁青，侯传教. Multisim 7 电路设计及仿真应用. 北京:清华大学出版社：2005(7).

2. 周凯. EWB虚拟电子实验室—Multisim 7&Ultiboard 7 电子电路设计与应用. 北京：电子工业出版社：2005(6).

3. 杨欣，王玉凤，刘湘黔. 电路设计与仿真—基于 Multisim 8 与 Protel 2004. 北京：清华大学出版社，2006(4).

基本概念

(1) 仿真实验是指用计算机软件技术，模拟传统实验的实验过程，可随时随地操作实验，且无危险，与传统实验教学相辅相成，从而提高教学信息化水平。

(2) 虚拟元器件(Virtual Component)是一种以通用计算机作为系统控制器，以软件来实现人机交互和大部分仪器功能的计算机仪器系统。

引例：

在航空工业方面，采用仿真实验技术使大型客机的设计和研制周期缩短 20%。利用飞行仿真器在地面训练飞行员，不仅能节省大量燃料和经费(其经费仅为空中飞行训练的 1/10)，而且不受气象条件和场地的限制。

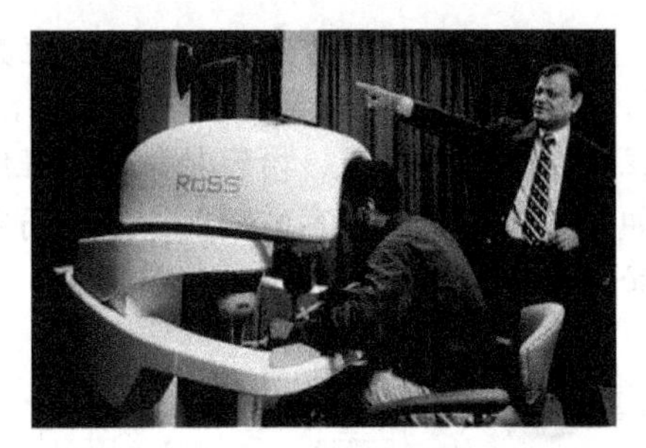

在飞行仿真器上可以设置一些在空中训练时无法设置的故障，从而培养飞行员应付故障的能力。训练仿真器所特有的安全性也是仿真技术的一个重要优点。在航天工业方面，采用仿真实验代替实弹试验可使实弹试验的次数减少 80%。

在电力工业方面，采用仿真实验系统对核电站进行调试、维护和排除故障，一年即可收回建造仿真系统的成本。

国家电网仿真实验室

电路仿真实验室

现代仿真技术不仅应用于传统的工程领域，而且日益广泛地应用于社会、经济、生物等领域，如交通控制、城市规划、资源利用、环境污染防治、生产管理、市场预测、世界经济的分析和预测、人口控制等。

引论　软 件 简 介

电子工作平台 Electronics Work Bench(EWB)，是加拿大 IIT 公司于 20 世纪 80 年代末、90 年代初推出的用于电路仿真与设计的 EDA 软件，又称为“虚拟电子工作台”。IIT 公司从 EWB6.0 版本开始，将专用于电路仿真与设计的模块更名为 Multisim，大大增强了软件的仿真测试和分析功能，同时大大扩充了元件库中的仿真元件数量，使仿真设计更精确、可靠。Multisim 意为“万能仿真”。Multisim10 作为仿真软件的最新版本，不仅完善了以前版本的基本功能，更增加了许多新的功能。

一、Multisim 的特点

(1) 采用直观的图形界面创建电路，在计算机屏幕上模仿真实实验室的工作平台，创建电路需要的元器件，电路仿真需要的测试仪器均可直接从屏幕上选取，操作方便。

(2) Multisim 提供的虚拟仪器的控制版面外形和操作方式都与实物相似，并可实时地显示测量结果。

(3) Multisim 带有丰富的测量元件，提供了 13000 个元件，且元件被分为不同的系列，可以非常方便地选取。此外，还提供 20 种常用器件的逼真 3D 视图，给设计者以生动的器件，体会真实设计的效果(图 5.0.1)。

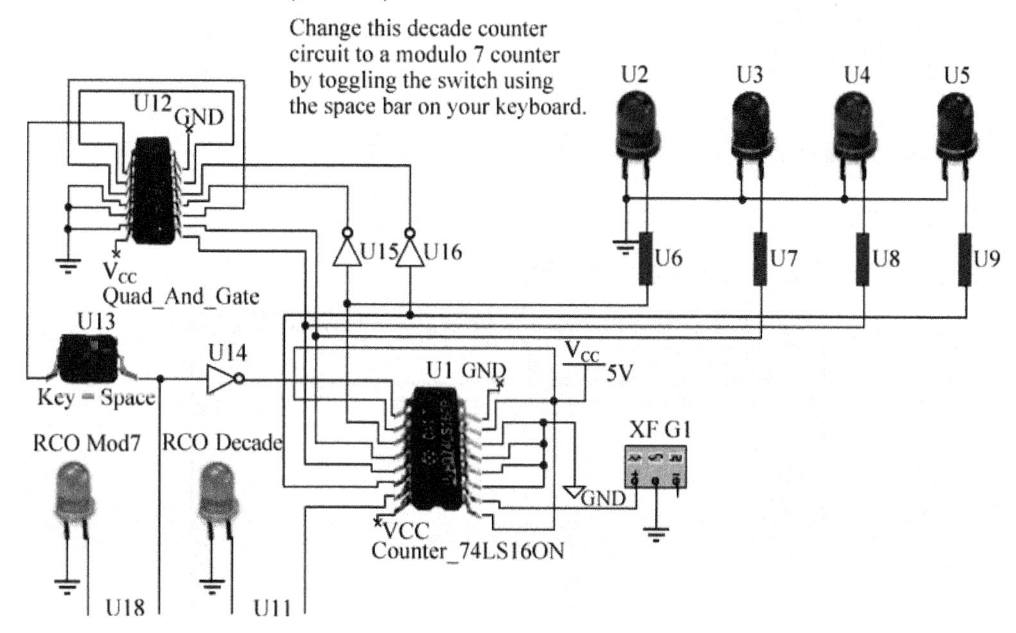

图 5.0.1　3D 效果电路

(4) Multisim 具有强大的电路分析功能，提供了直流分析、交流分析、顺势分析、傅里叶分析、传输函数分析等 19 种分析功能。作为设计工具，它可以同其他流行的电路分析、设计和制板软件交换数据。

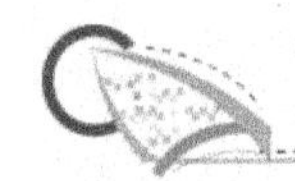

(5) Multisim 还是一个优秀的电子技术训练工具，利用它提供的虚拟仪器可以用比实验室中更灵活的方式进行电路实验，仿真电路的实际运行情况，并熟悉常用电子仪器测量方法。

(6) 有多种输入输出接口，与 SPICE 软件兼容，且可相互转换。Multisim 产生的电路文件还可以直接输出至常见的 Protel、 Tango、Orcad 等印制电路板排版软件。

二、主要功能

(1) 直流工作点分析。
(2) 交流分析。
(3) 暂态分析。
(4) 傅里叶分析。
(5) 噪声分析。
(6) 失真分析。
(7) 直流扫描。
(8) 灵敏度分析。
(9) 参数扫描。
(10) 温度扫描。
(11) 零-极点分析。
(12) 传输函数分析。
(13) 最坏情况分析。
……

三、Multisim10 操作介绍

1. 操作界面

图 5.0.2 所示为 Multisim10 窗口界面图。

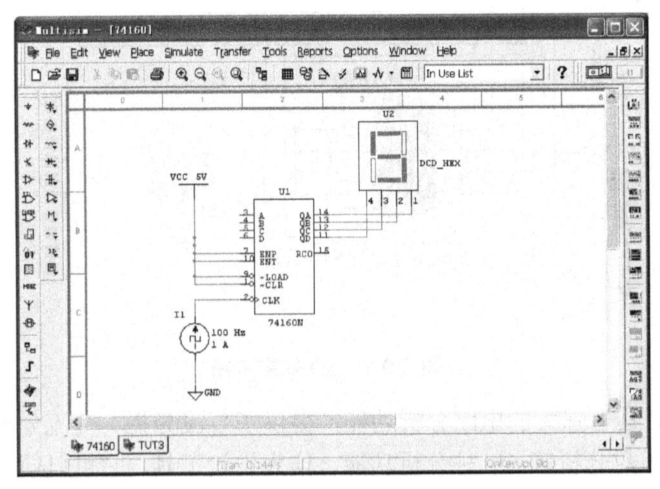

图 5.0.2 Multisim10 窗口界面

Multisim10 窗口界面主要包括以下几个部分。

(1) 菜单栏。

File Edit View Place Simulate Transfer Tools Options Window Help

从左到右分别是文件、编辑、视图、放置、仿真、传输、工具、选项、窗口、帮助。

(2) 系统工具栏。

它包括新建、打开、保存、剪切、复制等。

(3) 设计工具栏。

它包括器件、编辑器、仪表、仿真等。

(4) 元器件库工具栏。

它包括电源、基本元件、二极管、晶体管、模拟元件、元器件、总线等。

(5) 仪表工具栏。

从左到右分别是数字万用表、函数发生器、示波器、波特图仪、字信号发生器、逻辑分析仪、瓦特表、逻辑转换仪、失真分析仪、网络分析仪、频谱分析仪。

2. 文件基本操作

与 Windows 常用的文件操作一样，Multisim10 有如下操作功能。

(1) New——新建文件。

(2) Open——打开文件。

(3) Save——保存文件。

(4) Save As——文件另存为。

(5) Print——打印文件。

(6) Print Setup——打印设置。

(7) Exit——退出等相关的文件操作。

以上这些操作既可以在菜单栏 File 子菜单下选择命令，也可以应用快捷键或工具栏的图标进行快捷操作。

3. 元器件基本操作

常用的元器件编辑功能如下。

(1) 90 Clockwise——顺时针旋转 90°。

(2) 90 CounterCW——逆时针旋转 90°。

(3) Flip Horizontal——水平翻转。

(4) Flip Vertical——垂直翻转。

(5) Component Properties——元件属性等。

这些操作既可以在菜单栏 Edit 子菜单下选择命令，也可以应用快捷键进行快捷操作。

4. 文本基本编辑

对文字注释方式有两种：直接在电路工作区输入文字或者在文本描述框输入文字，两种操作方式有所不同。

(1) 电路工作区输入文字。选择 Place / Text 命令或使用快捷 Ctrl+T 操作，然后用鼠标单击需要输入文字的位置，输入需要的文字。用鼠标指向文字块，右击鼠标，在弹出的菜单中选择 Color 命令，选择需要的颜色。双击文字块，可以随时修改输入的文字。

(2) 文本描述框输入文字。利用文本描述框输入文字不占用电路窗口，便可以对电路的功能、实用说明等进行详细的说明，也可以根据需要修改文字的大小和字体。选择 View/ Circuit Description Box 命令或使用快捷 Ctrl+D 操作，打开电路文本描述框，在其中输入需要说明的文字，便可以保存和打印输入的文本。8.0 版本则是通过 Tool 菜单的编辑器输入。

5. 图纸标题栏编辑

选择 Place/Title Block 命令，在打开对话框的查找范围处指向 Multisim / Titleblocks 目录，在该目录下选择一个*.tb7 图纸标题栏文件，将其放在电路工作区中。用鼠标指向文字块，右击鼠标，在弹出的菜单中选择 Properties 命令，或者双击 Title Block 进行编辑。

6. 子电路创建

子电路是用户自己建立的一种单元电路。将子电路存放在用户器件库中，既可以反复调用并使用子电路。利用子电路可使复杂系统的设计模块化、层次化，也可以增加设计电路的可读性、提高设计效率、缩短电路周期。

创建子电路的工作需要以下几个步骤：选择、创建、调用、修改 。

(1) 子电路的创建。选择 Place/Hierarchical block from file 命令，在屏幕出现的 Subcircuit Name 对话框中输入子电路名称 sub1，单击 OK 键，选择电路复制到用户器件库，同时给出子电路图标，完成子电路的创建。

(2) 子电路的修改。双击子电路模块，在出现的对话框中选择 Edit Subcircuit 命令，屏幕将显示子电路的电路图，直接修改电路图即可。

(3) 子电路的输入/输出。为了能对子电路进行外部连接，需要对子电路添加输入/输出。选择 Place/HB/SB Connecter 命令或使用快捷 Ctrl+I 操作，屏幕上将出现输入/输出符号，将其与子电路的输入/输出信号端进行连接。带有输入/输出符号的子电路才能与外电路连接。

(4) 子电路选择。把需要创建的电路放到电子工作平台的窗口上，按住鼠标左键，拖动选定电路。被选择电路的部分由周围的方框标示，完成子电路的选择。

7. 元器件栏

元器件栏包括电源、电阻、二极管、三极管、集成电路、TTL 集成电路、COMS 集成电路、数字器件、混合器件库、指示器件库、其他器件库、电机类器件库、射频器件库、

导线、总线。

显示或隐藏设计项目栏，电路属性栏，电路元件属性栏，新建元件对话框，启动仿真分析，图表，电气规则检查，从 Unltiboard 导入数据，导出数据到 Unltiboard，使用元件列表，帮助。

8. 仪器仪表栏

Multisim 在仪器仪表栏下提供了 19 个常用仪器仪表，依次为数字万用表、函数发生器、瓦特表、双通道示波器、四通道示波器、波特图仪、频率计、字信号发生器、逻辑分析仪、逻辑转换器、IV 分析仪、失真度仪、频谱分析仪、网络分析仪、Agilent 信号发生器、Agilent 万用表、Agilent 示波器、tektronix 示波器、测量探针。双击可打开详细界面。

9. 仪器仪表栏——示波器

示波器的控制面板分为以下 4 个部分。

(1) Time Base(时间基准)。Scale(量程)：设置显示波形时的 X 轴时间基准；X Position(X 轴位置)：设置 X 轴的起始位置。

显示方式设置有如下 4 种：①Y/T 方式指的是 X 轴显示时间，Y 轴显示电压值；②Add 方式指的是 X 轴显示时间，Y 轴显示 A 通道和 B 通道电压之和；③A/B 或 B/A 方式指的是 X 轴和 Y 轴都显示电压值。

(2) Channel A(通道 A)。Scale(量程)：通道 A 的 Y 轴电压刻度设置；Y Position(Y 轴位置)：设置 Y 轴的起始点位置，起始点为 0 表明 Y 轴和 X 轴重合，起始点为正值表明 Y 轴原点位置向上移，否则向下移。

触发耦合方式有交流耦合(AC)、0 耦合(0)或直流耦合(DC)，交流耦合：只显示交流分量；直流耦合：显示直流和交流之和；0 耦合：在 Y 轴设置的原点处显示一条直线。

(3) Channel B(通道 B)(与通道 A 相同)。

(4) Trigger(触发)。触发方式主要用来设置 X 轴的触发信号、触发电平及边沿等。Edge(边沿)：设置被测信号开始的边沿，设置先显示上升沿或下降沿。Level(电平)：设置触发信号的电平，使触发信号在某一电平时启动扫描。触发信号选择：Auto(自动)；通道 A 和通道 B 表明用相应的通道信号作为触发信号；Ext 为外触发；Sing 为单脉冲触发；Nor 为一般脉冲触发。

10. 波特图仪(Bode Plotter)

利用波特图仪可以方便地测量和显示电路的频率响应，波特图仪适合于分析滤波电路或电路的频率特性，特别易于观察截止频率。需要连接两路信号：一路是电路输入信号；另一路是电路输出信号。且需要在电路的输入端接交流信号。

波特图仪控制面板分为 Magnitude(幅值)或 Phase(相位)的选择、Horizontal(横轴)设置、Vertical(纵轴)设置、显示方式的其他控制信号，面板中的 F 指的是终值，I 指的是初值。在波特图仪的面板上，可以直接设置横轴和纵轴的坐标及其参数。

11. 数字信号发生器(Word Generator)

数字信号发生器是一个通用的数字激励源编辑器，可以多种方式产生32位的字符串，在数字电路的测试中应用非常灵活。左侧是控制面板，右侧是字信号发生器的字符窗口。控制面板分为 Controls(控制方式)、Display(显示方式)、Trigger(触发)、Frequency(频率)等几个部分。两个连接端口是 Ready and Trigger。

12. 逻辑转换器(Logic Converter)

Multisim 提供了一种虚拟仪器：逻辑转换器。实际中没有这种仪器，逻辑转换器可以在逻辑电路、真值表和逻辑表达式之间进行转换。它有8路信号输入端和1路信号输出端。还具有6种转换功能：逻辑电路转换为真值表、真值表转换为逻辑表达式、真值表转换为最简逻辑表达式、逻辑表达式转换为真值表、逻辑表达式转换为逻辑电路、逻辑表达式转换为与非门电路。

13. 分析仪(IV Analyzer)

IV 分析仪专门用来分析晶体管的伏安特性曲线，如二极管、NPN 管、PNP 管、NMOS 管、PMOS 管等器件。IV 分析仪相当于实验室的晶体管图示仪，需要将晶体管与连接电路完全断开，才能进行 IV 分析仪的连接和测试。IV 分析仪有3个连接点，用于实现与晶体管的连接。

14. 失真度仪(Distortion Analyzer)

失真度仪专门用来测量电路的信号失真度，失真度仪提供的频率范围为 20Hz～100kHz。

15. 频谱分析仪(Spectrum Analyzer)

它用来分析信号的频域特性，其频域分析范围的上限为4GHz。Span Control 用来控制频率范围，选择 Set Span 的频率范围由 Frequency 区域决定；选择 Zero Span 的频率范围由 Frequency 区域设定的中心频率决定；选择 Full Span 的频率范围为 1kHz～4GHz。Frequency 用来设定频率：Span 设定频率范围、Start 设定启始频率、Center 设定中心频率、End 设定终止频率。Amplitude 用来设定幅值单位，有如下3种选择：dB、dBm、Lin。其中，dB = 10Log10V；dBm = 20Log10(V/0.775)；Lin 为线性表示。

16. 网络分析仪(Network Analyzer)

网络分析仪主要用来测量双端口网络的特性，如衰减器、放大器、混频器、功率分配器等。Multisim 提供的网络分析仪可以测量电路的 S 参数、并计算出 H、Y、Z 参数。

17. 仿真 Agilent 仪器

仿真 Agilent 仪器有如下3种：Agilent 信号发生器、Agilent 万用表、Agilent 示波器。这3种仪器与真实仪器的面板、按钮、旋钮操作方式完全相同，使用起来更加真实。

18. tektronix 示波器

19. 测量探针

四、Multisim 基本分析方法

1. 直流工作点分析(DC Operating Point Analysis)

直流工作点分析也称静态工作点分析，电路的直流分析是在电路中电容开路、电感短路时，计算电路的直流工作点，即在恒定激励条件下求电路的稳态值。

在电路工作时，无论是大信号还是小信号，都必须给半导体器件以正确的偏置，以便使其工作在所需的区域，这就是直流分析要解决的问题。了解电路的直流工作点，才能进一步分析电路在交流信号作用下能否正常工作。因此，求解电路的直流工作点在电路分析过程中是至关重要的。

2. 交流分析(AC Analysis)

交流分析是在正弦小信号工作条件下的一种频域分析。它计算电路的幅频特性和相频特性，是一种线性分析方法。Multisim 在进行交流频率分析时，首先分析电路的直流工作点，并在直流工作点处对各个非线性元件做线性化处理，得到线性化的交流小信号等效电路，并用交流小信号等效电路计算电路输出交流信号的变化。

在进行交流分析时，电路工作区中自行设置的输入信号将被忽略。也就是说，无论给电路的信号源设置的是三角波还是矩形波，在进行交流分析时，都将自动设置为正弦波信号，分析电路随正弦信号频率变化的频率响应曲线。

3. 瞬态分析(Transient Analysis)

瞬态分析是一种非线性时域分析方法，是在给定输入激励信号时，分析电路输出端的瞬态响应。Multisim 在进行瞬态分析时，首先计算电路的初始状态，然后从初始时刻起，到某个给定的时间范围内，选择合理的时间步长，计算输出端在每个时间点的输出电压，输出电压由一个完整周期中的各个时间点的电压来决定。启动瞬态分析时，只要定义启始时间和终止时间，Multisim 可以自动调节合理的时间步进值，以兼顾分析精度和计算时需要的时间；也可以自行定义时间步长，以满足一些特殊要求。

4. 傅里叶分析(Fourier Analysis)

傅里叶分析是一种分析复杂周期性信号的方法。它将非正弦周期信号分解为一系列正弦波、余弦波和直流分量之和。傅里叶分析以图表或图形方式给出信号电压分量的幅值频谱和相位频谱。傅里叶分析同时也计算了信号的总谐波失真(THD)，THD 定义为信号的各次谐波幅度平方和的平方根再除以信号的基波幅度，并以百分数表示。

5. 失真分析(Distortion Analysis)

放大电路输出信号的失真通常是由电路增益的非线性与相位不一致造成的。增益的非线性将会产生谐波失真，相位的不一致将产生互调失真。Multisim 失真分析通常用于分析那些采用瞬态分析不易察觉的微小失真。如果电路有一个交流信号，Multisim 的失真分析将计算每点的二次和三次谐波的复变值；如果电路有两个交流信号，则分析 3 个特定频率的复变值，这 3 个频率分别是(f_1+f_2)，(f_1-f_2)，($2f_1-f_2$)。

6. 噪声分析(Noise Analysis)

电路中的电阻和半导体器件在工作时都会产生噪声，噪声分析就是定量分析电路中噪声的大小。Multisim 提供了热噪声、散弹噪声和闪烁噪声等 3 种不同的噪声模型。噪声分析利用交流小信号等效电路，计算由电阻和半导体器件所产生的噪声总和。假设噪声源互不相关，而且这些噪声值都独立计算，总噪声等于各个噪声源对于特定输出节点的噪声均方根之和。

7. 直流扫描分析(DC Sweep Analysis)

直流扫描分析是根据电路直流电源数值的变化，计算电路相应的直流工作点。在分析前可以选择直流电源的变化范围和增量。在进行直流扫描分析时，电路中的所有电容将被视为开路，所有电感将被视为短路。

在分析前，需要确定扫描的电源是一个还是两个，并确定分析的节点。如果只扫描一个电源，得到的是输出节点值与电源值的关系曲线。如果扫描两个电源，则输出曲线的数目等于第二个电源被扫描的点数。第二个电源的每一个扫描值，都对应一条输出节点值与第一个电源值的关系曲线。

8. 参数扫描分析(Parameter Sweep Analysis)

参数扫描分析是在用户指定每个参数变化值的情况下，对电路的特性进行分析。在参数扫描分析中，变化的参数可以从温度参数扩展为独立电压源、独立电流源、温度、模型参数和全局参数等多种参数。显然，温度扫描分析也可以通过参数扫描分析来完成。

实验一　共射放大电路

一、实验目的

(1) 熟悉 Multisim10 软件的使用方法。

(2) 掌握放大电路静态工作点的仿真方法及其对放大电路性能的影响；测试输入、输出波形。

(3) 学习放大电路静态工作点、电压放大倍数、输入电阻、输出电阻的开环和闭环仿真方法。

二、虚拟实验仪器及器材

双踪示波器、信号发生器、交流毫伏表、数字万用表。

三、实验步骤

(1) Multisim 启动窗口如图 5.1.1 所示。

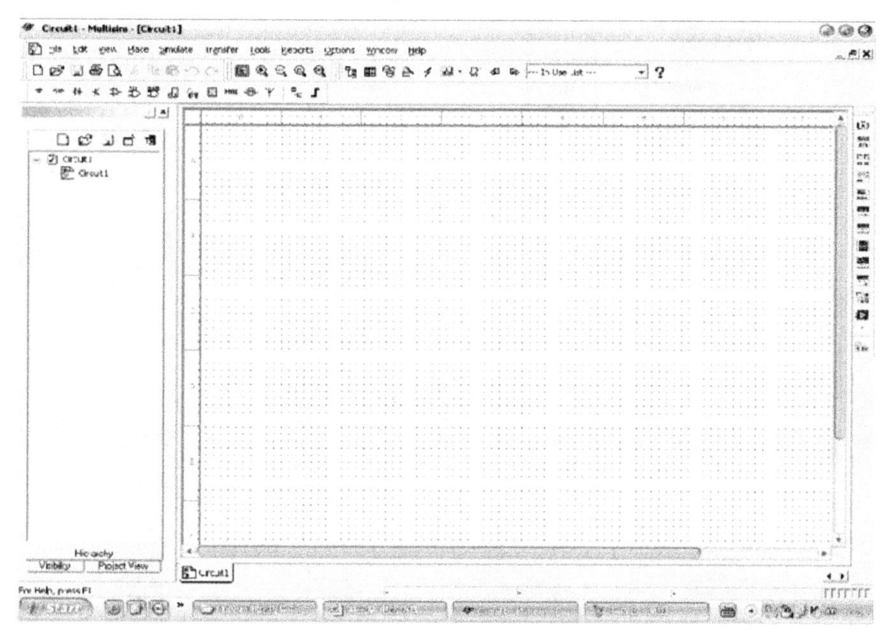

图 5.1.1　Multisim 启动窗口

(2) 选择菜单栏上 Place/Component 命令，弹出如图 5.1.2 所示的 Select a Component 对话框。

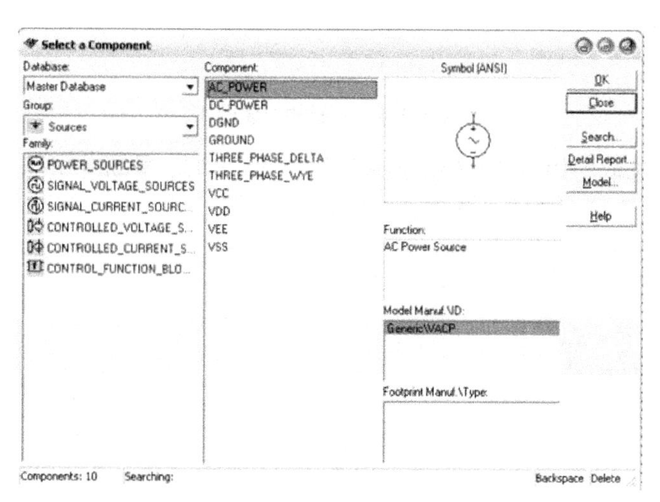

图 5.1.2　Select a Component 对话框 1

(3) 在 Group 下拉列表中选择“Basic”选项，如图 5.1.3 所示。

(4) 选择“RESISTOR”命令，此时在右边列表中选中 1.5kΩ 5%电阻，单击 OK 按钮。此时，该电阻随鼠标一起移动，在工作区适当位置单击，如图 5.1.4 所示。

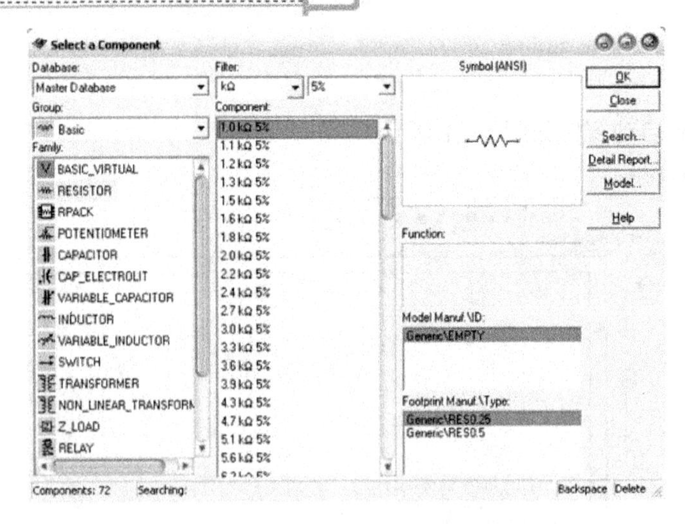

图 5.1.3　Select a Component 对话框 2

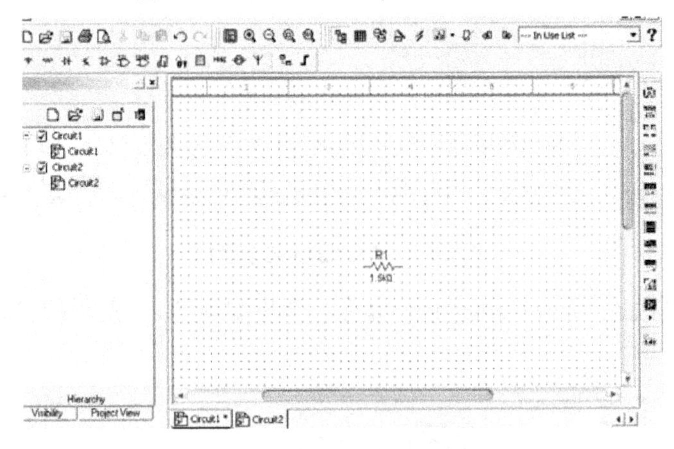

图 5.1.4　元器件放置图 1

(5) 同理，把选取的如图 5.1.5 所示的所有电阻、电容、滑动变阻器、三极管、信号源、直流电源等放入工作区。最终，元器件放置如下。

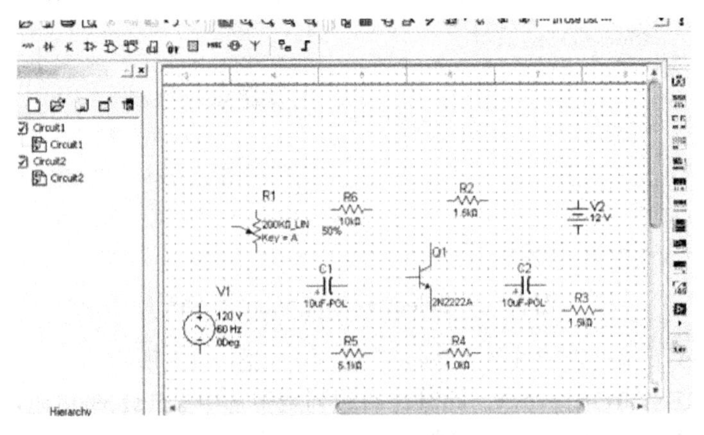

图 5.1.5　元器件放置图 2

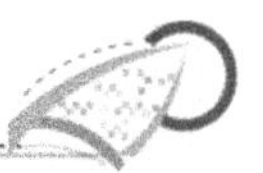

(6) 元件的移动与旋转，即选中元件按住鼠标左键不放，便可以移动元件的位置；单击元件(就是选中元件)，然后再右击鼠标，如图 5.1.6 所示，便可以旋转元件。

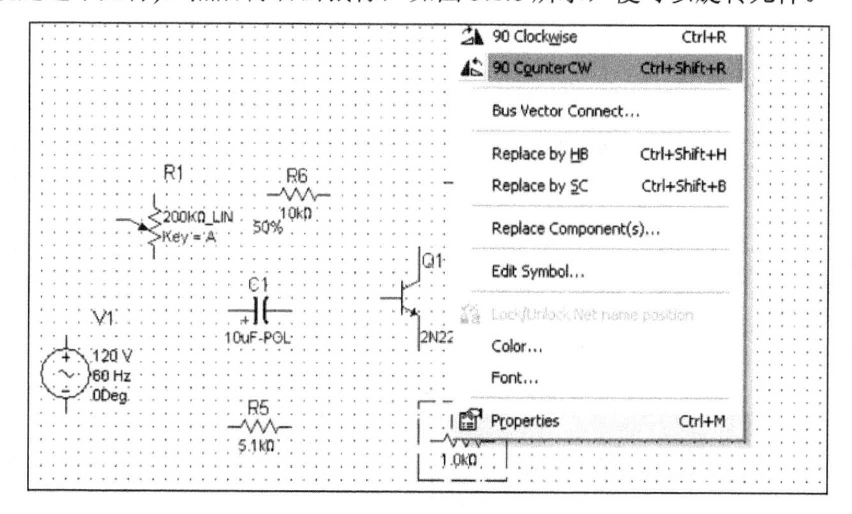

图 5.1.6 元器件放置图 3

(7) 同理，调整所有元件，如图 5.1.7 所示。

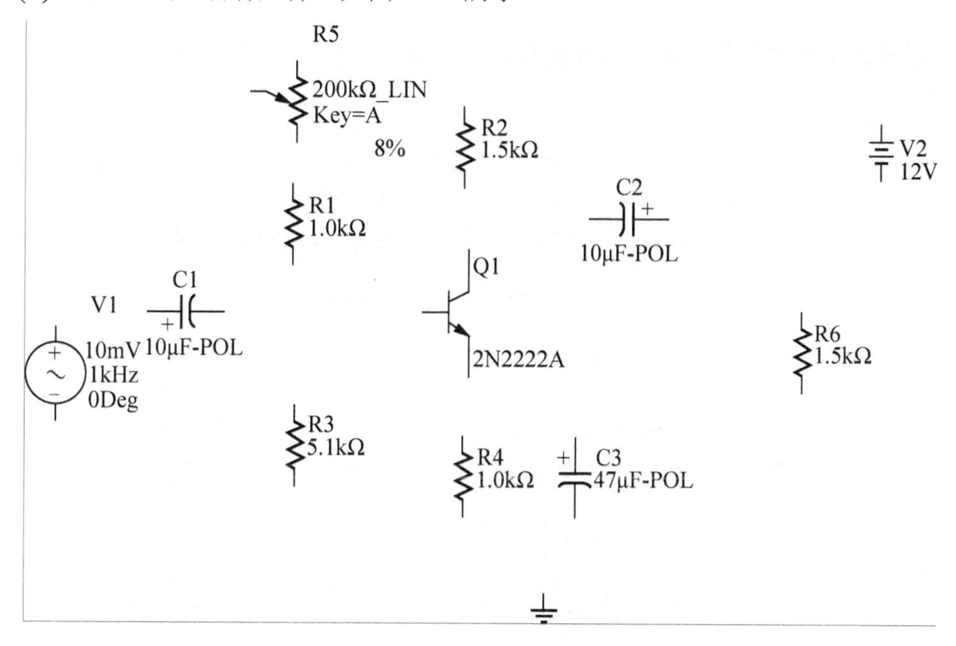

图 5.1.7 调整后的元器件

(8) 将鼠标移动到元件的管脚并进行单击，便可以连接线路。将所有元件连接成如图 5.1.8 所示的电路。

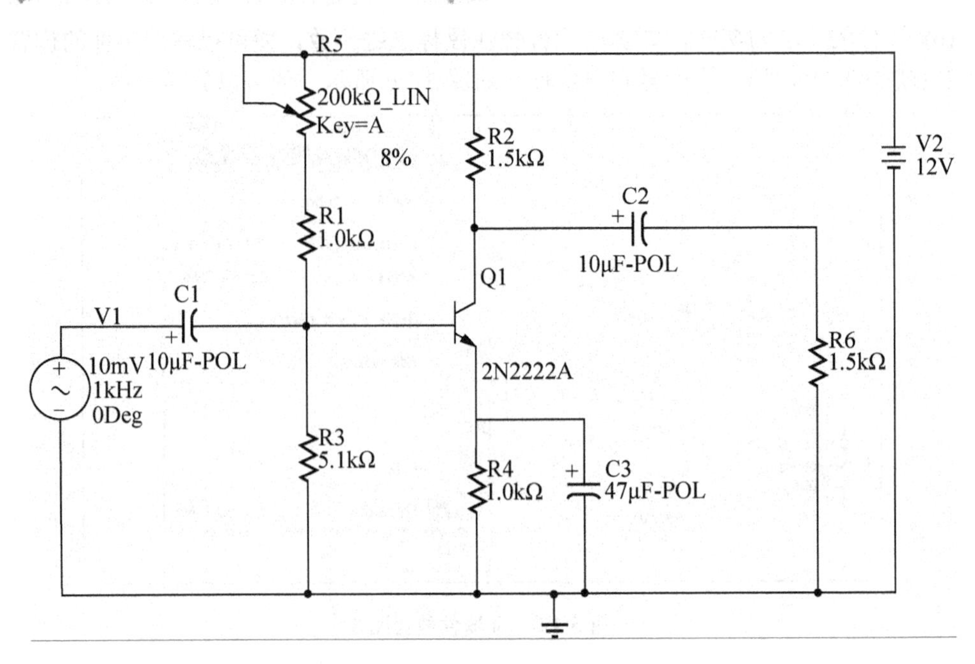

图 5.1.8　元器件连接后的电路图

(9) 选择菜单栏中的 Options/Sheet Properties 命令，如图 5.1.9 所示。

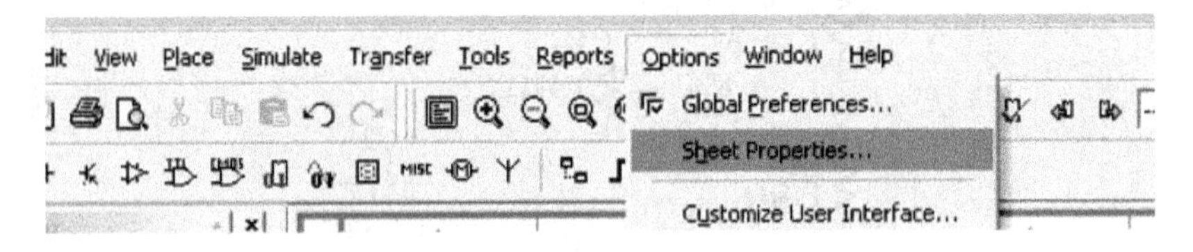

图 5.1.9　Options/Sheet Properties 命令

(10) 在弹出的对话框中选取 Show All 选项，如图 5.1.10 所示。

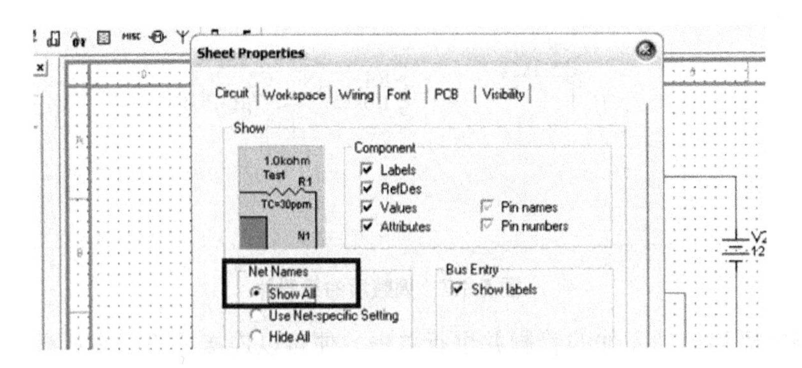

图 5.1.10　Show All 选项

(11) 此时，电路中每条线路出上便出现编号(图 5.1.11)，以便后来仿真。

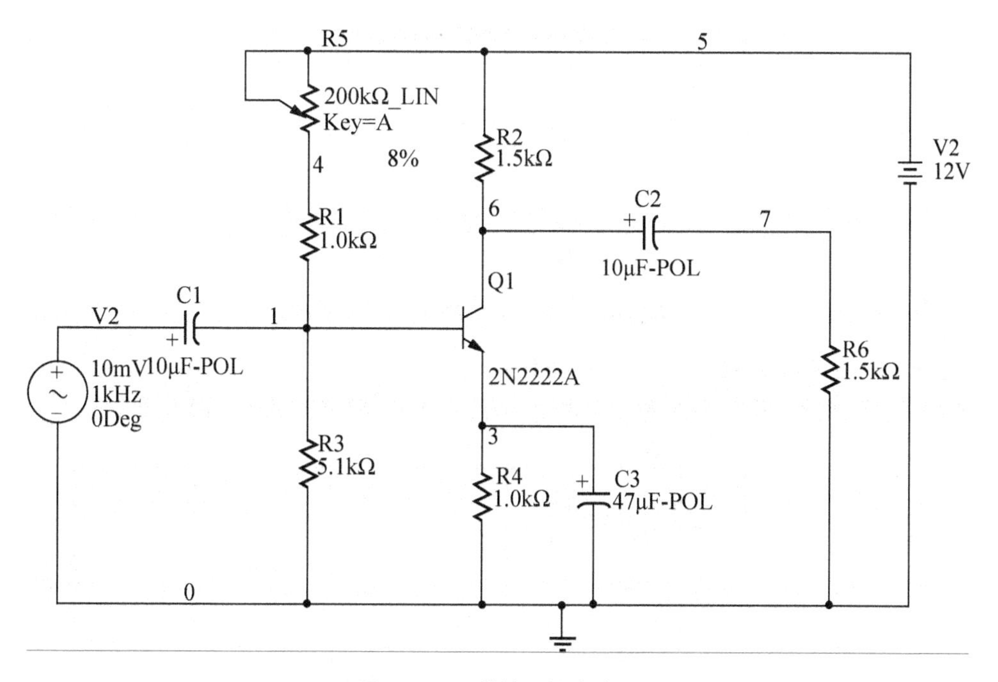

图 5.1.11　带编号的电路图

(12) 如果要在 2N222A 的 e 端加上一个 100Ω的电阻，可以先选中“3”这条线路，然后按 Del 键就可以删除，如图 5.1.12 所示。

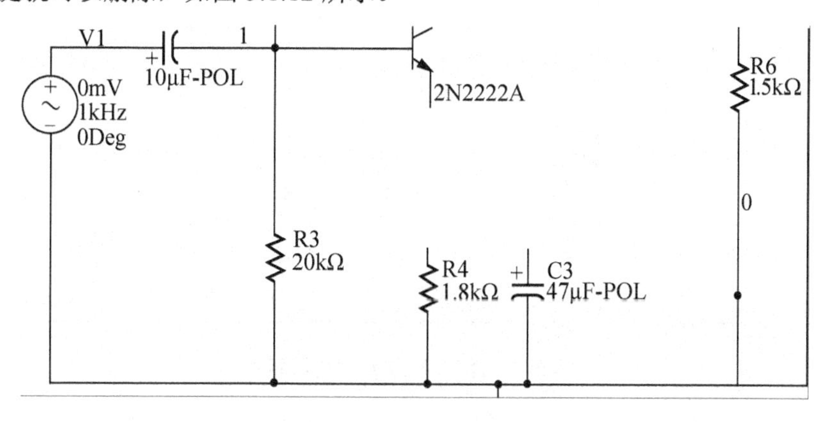

图 5.1.12　电路图修改示范

(13) 之后，选择菜单栏上的 Place/Component 命令，弹出如图 5.1.13 所示的 Select a Component 对话框，选取 RESISTOR 选项，再单击 OK 按钮。

注意：该电路当中元件阻值与前面几个步骤中阻值不一样，更改的方法如下：例如(要把 R3从5.1kΩ更改为20kΩ)，选中 R3电阻并进行右击，如图5.1.14所示。

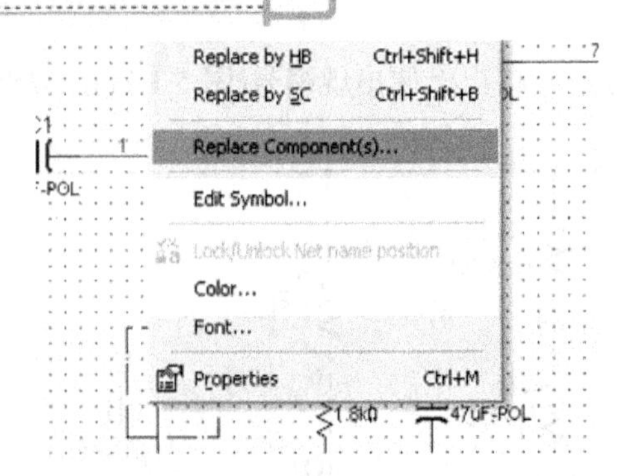

图 5.1.13　Select a Component 对话框

之后，重新选取 20kΩ电阻便会自动更换。

(14) 单击仪表工具栏中的第一个图标(即万用表)，放置如图 5.1.14 所示。

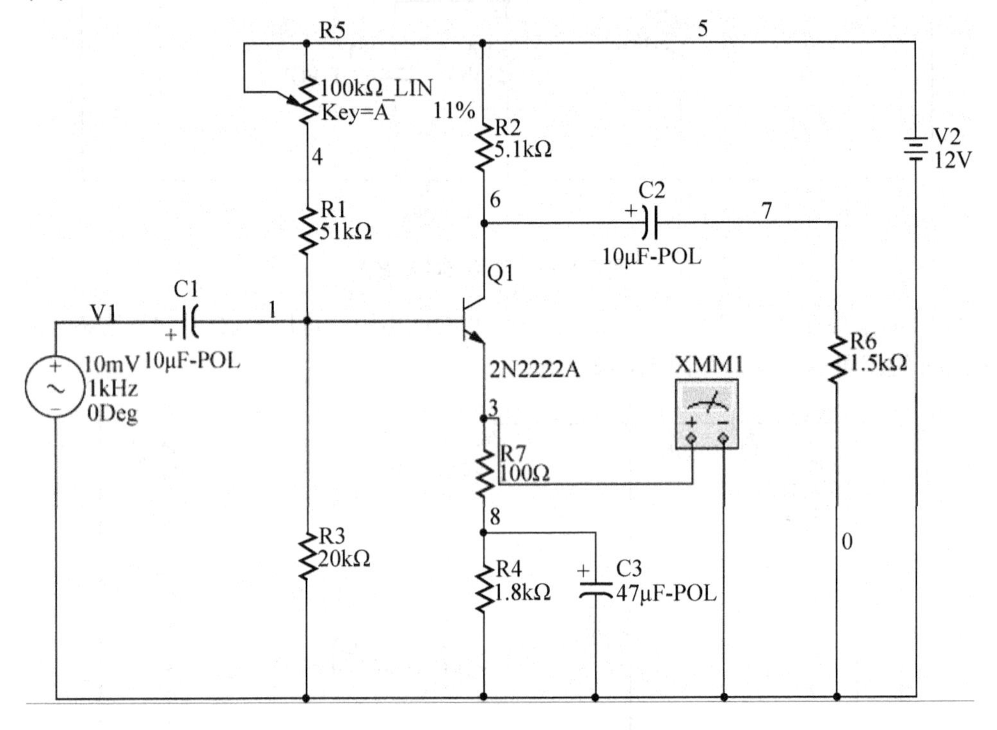

图 5.1.14　更改后的电路图

(15) 单击工具栏中 “运行”按钮，便进行数据的仿真。之后，双击图标，就可以观察三极管 e 端对地的直流电压。然后，单击滑动变阻器，会出现一个虚框。之后，按 A 键，就可以增加滑动变阻器的阻值，按 Shift+A 组合键便可以降低其阻值。

(16) 静态数据仿真。

① 调节滑动变阻器的阻值，使万用表的数据为 2.2V。

② 执行菜单栏中 Simulate/Analyses/DC Operating Point 命令。

③ 进行如图 5.1.15 所示操作。

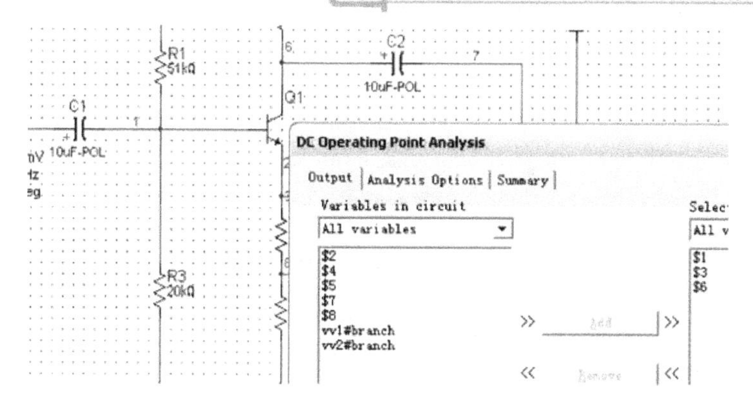

图 5.1.15　仿真操作

注意：$1 就是电路图中三极管基级上的$1，$3、$6 分别是发射极和集电极上的$3 和$6。

④ 单击对话框上的 Simulate 按钮，如图 5.1.16 所示。

⑤ 仿真结果如图 5.1.17 所示。

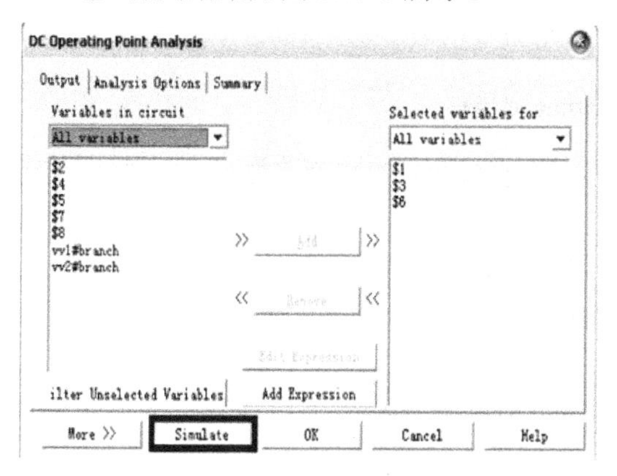

图 5.1.16　仿真过程

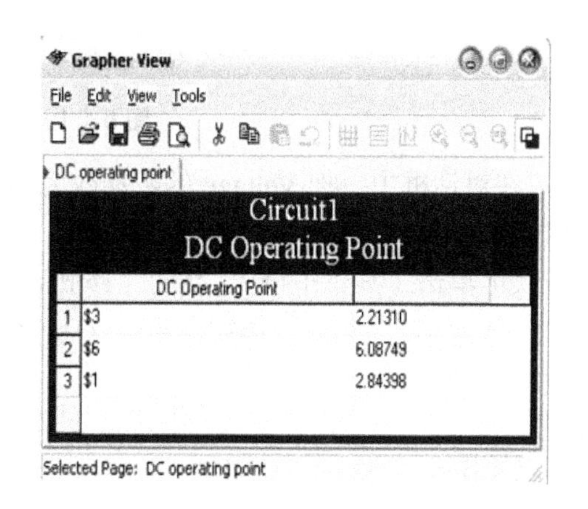

图 5.1.17　仿真结果图

⑥ 记录数据，并将其填入表 5-1-1 中。

表 5-1-1

仿真数据(对地数据)/V			计算数据/V		
基级	集电极	发射极	V_{be}	V_{ce}	Rp

注：*Rp* 的值，等于滑动变阻器的最大阻值乘上百分比。

(17) 动态仿真一。

① 单击仪表工具栏中的第 4 个(即示波器 Oscilloscope)图标并进行放置，然后连接电路。

注意：示波器分为两个通道，每个通道有+和−，连接时只需用+即可，示波器默认的地是已经连接好的。观察波形图时会出现不知道哪个波形是哪个通道的，解决方法是更改连接通道的导线颜色，即右击导线，弹出图 5.1.18。

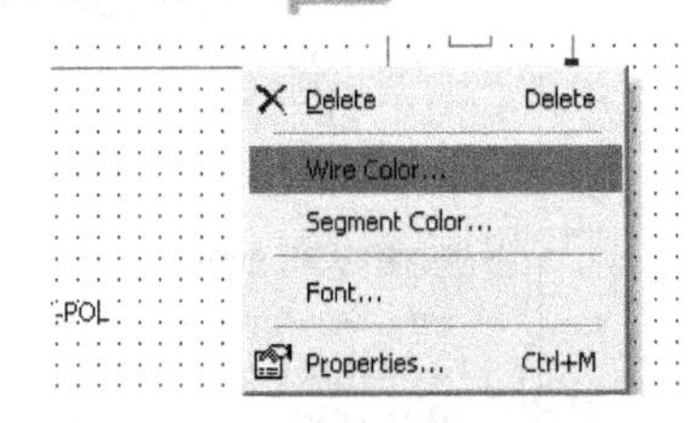

图 5.1.18　更改导线颜色

选择 Wire Color 命令，就可以更改颜色，同时示波器中波形颜色也随之改变。

② 右击 V_1 选项，出现图标，选择 Properties 命令，出现图 5.1.19。

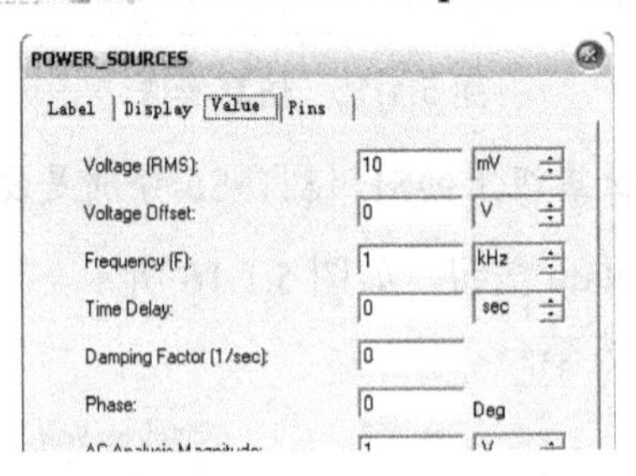

图 5.1.19　Properties 对话框

在对话框中，把 Voltage 的数据改为 10mV，Freguency 的数据改为 1kHz，然后单击 OK 按钮。

③ 单击工具栏中“运行”按钮，便可进行数据的仿真。

④ 双击图标，得到波形如图 5.1.20 所示。

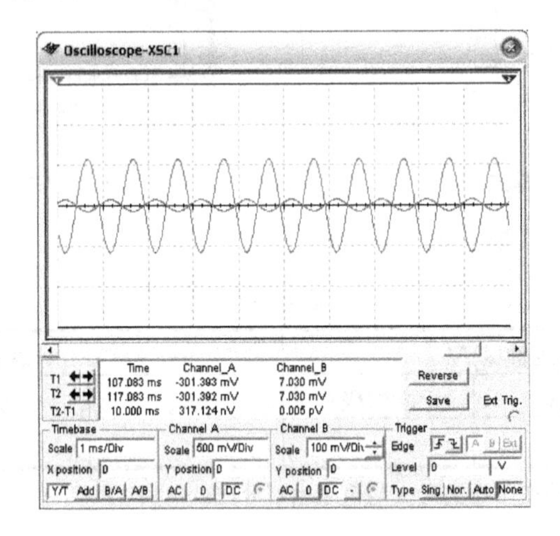

图 5.1.20　波形图 1

注：如果波形太密或者幅度太小，可以调整 Scale 里边的数据。

⑤ 记录波形，并说出它们的相位有何不同。

(18) 动态仿真二。

① 删除负载电阻 R6，重新连接示波器，如图 5.1.21 所示。

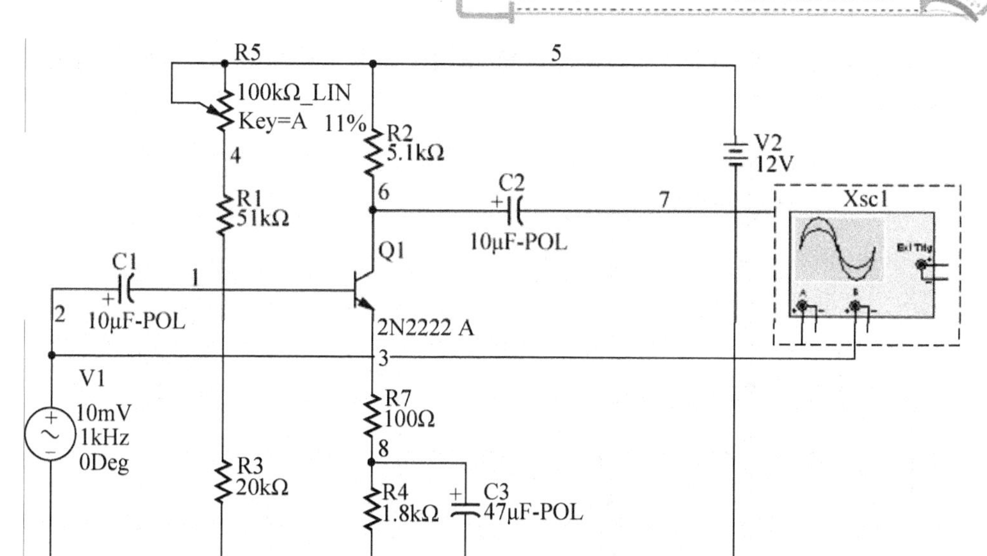

图 5.1.21　重新连接示波器图

② 重新启动仿真，波形如图 5.1.22 所示。

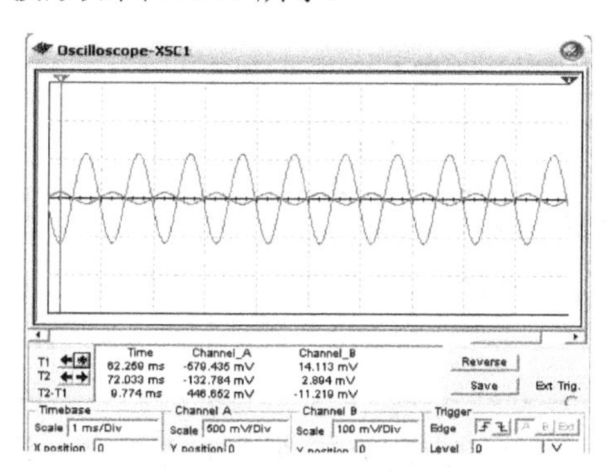

图 5.1.22　波形图 2

可以单击 T1 和 T2 的箭头，移动如图 5.1.22 所示的竖线，就可以读出输入和输出的峰值。

注意：峰峰值应为有效值除以 $2\sqrt{2}$ 。

将实验数据记入表 5-1-2 中(注此表中 *R*L 为无穷)。

表 5-1-2　实验数据表 1

仿真数据(注意填写单位)		计算
V_i有效值	V_o有效值	A_v

③ 其他不变，分别加上 5.1kΩ和 330Ω的电阻，如图 5.1.23 所示，并将实验数据记入表 5-1-3 中。

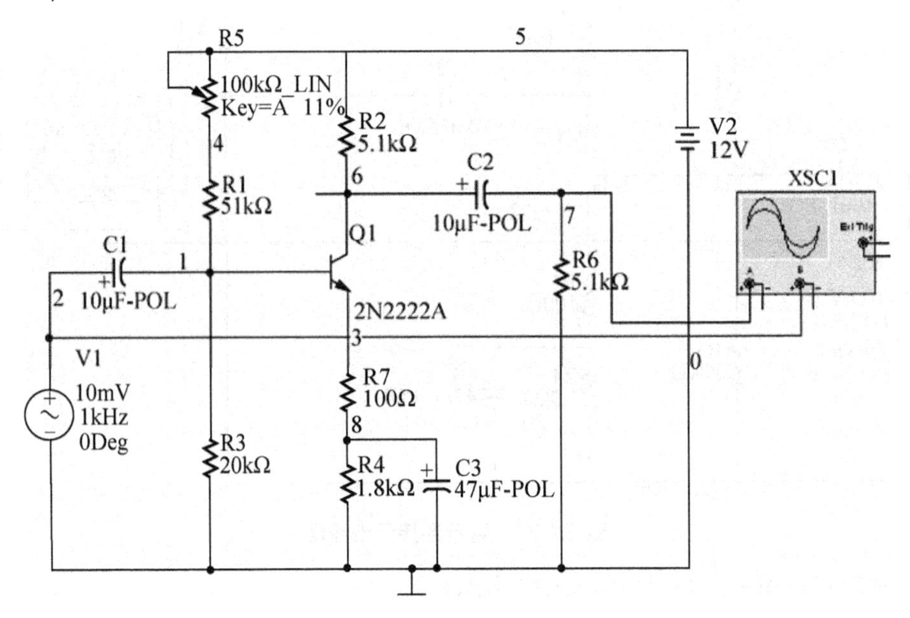

图 5.1.23 电路图 1

表 5-1-3 实验数据表 2

仿真数据(注意填写单位)			计算
R_L	V_i有效值	V_o有效值	A_v
5.1kΩ			
330Ω			

其他不变，增大和减小滑动变阻器的值，观察 V_o的变化，并记录其波形。将实验数据记入表 5-1-4 中。

表 5-1-4 实验数据表 3

	V_b	V_c	V_e	画出波形
R_p增大				
R_p减小				

注意：如果效果不明显，可以适当增大输入信号。

(19) 动态仿真三。

① 测量输入电阻 R_i。在输入端串联一个 5.1kΩ的电阻，如图 5.1.24 所示，并且连接一个万用表，按图 5.1.24 进行连接。启动仿真，记录数据，并填写表 5-1-5。

注意：万用表要打在交流档才能测试数据。

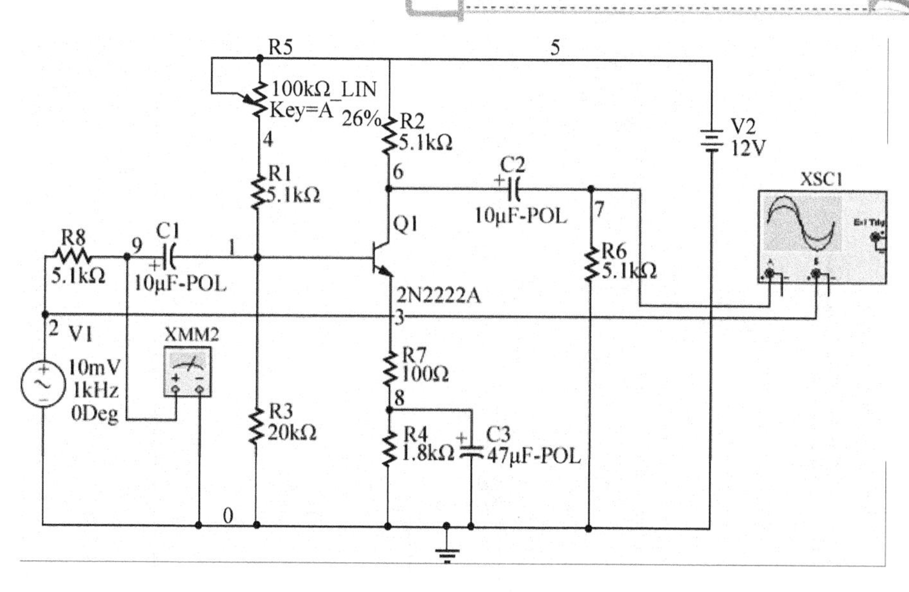

图 5.1.24　电路图 2

R_i 的计算公式为

________________________。

表 5-1-5　实验数据表 4

仿真数据(注意填写单位)		计算
信号发生器有效电压值	万用表的有效数据	R_i

② 测量输出电阻 R_o 如图 5.1.25 所示，注意，万用表要打在交流档才能测试数据，其数据为 V_L。

如图 5.1.25 所示，注意，万用表要打在交流档才能测试数据，其数据为 V_o。电路图 4 如图 5.1.26 所示。

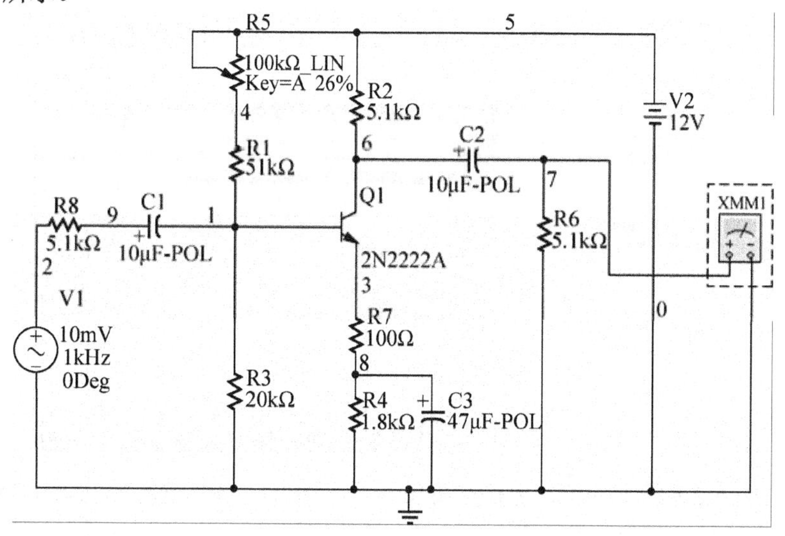

图 5.1.25　电路图 3

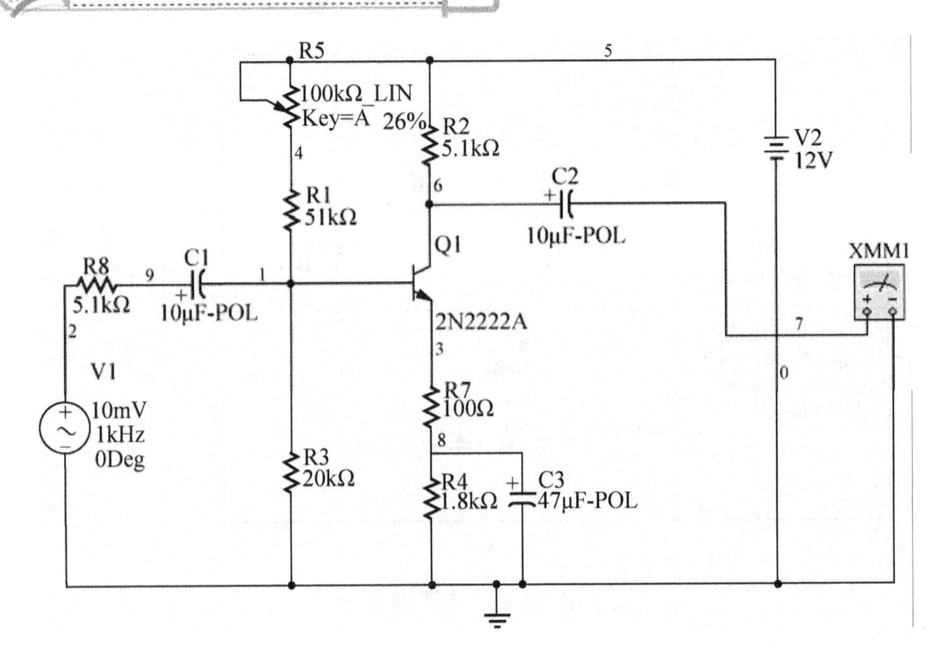

图 5.1.26　电路图 4

R_o的计算公式为

______________________________。

表 5-1-6

仿真数据		计　算
V_L	V_o	R_o

实验二　RC 一阶动态电路响应仿真分析

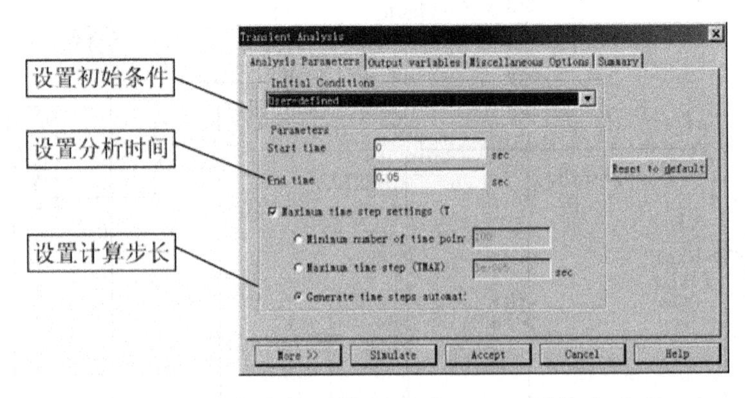

(1) 观察图 5.2.1 所示的 RC 电路的零输入响应 $u_c(t)$、零状态响应 $u_c(t)$，设 $u_c(0+)=0$。设置分析时间：时间常数τ=RC，工程上认为经过 4～5τ，暂态过程结束。

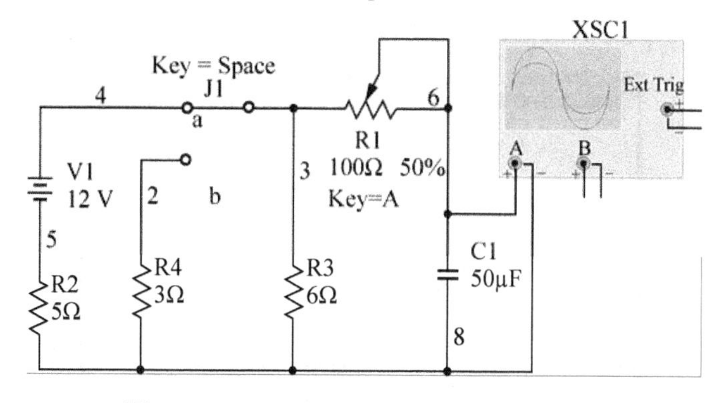

图 5. 2.1　RC 一阶零状态电路、零输入电路

其仿真结果如图 5.2.2 和图 5.2.3 所示。

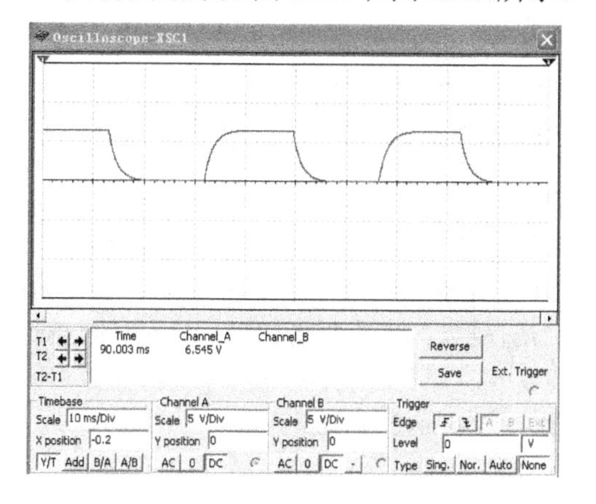

图 5.2.2　R_1=30Ω时零状态电路响应曲线

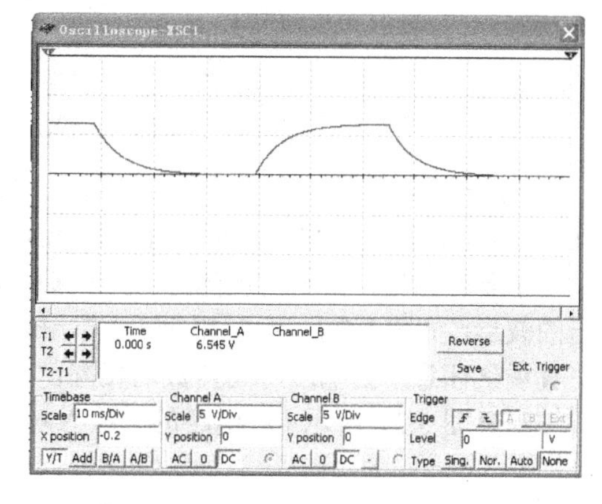

图 5.2.3　R_1=100Ω时零状态电路响应曲线

(2) 观察图 5.2.4 所示的 RC 电路的一阶电路全响应 $u_c(t)$。将图 5.2.1 中 R_4 支路串接一个电源 V_2 如图 5.2.4 所示，这是两类激励都存在的全响应电路，切换开关，用示波器观察换路后电容端电压的变化如图 5.2.5 所示。从示波器直观可见以上这 3 类响应的波形：零状态响应 u_c(t)的波形从零值开始按照指数规律增长最终达到新的稳态值；零输入响应 u_c(t)的波形从旧的稳态值开始按照指数规律趋于零值；全响应 u_c(t)的波形正是前两种响应的叠加。

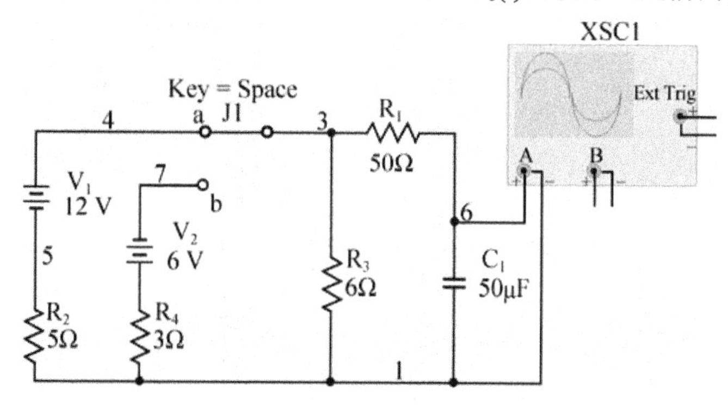

图 5.2.4　RC 一阶电路全响应

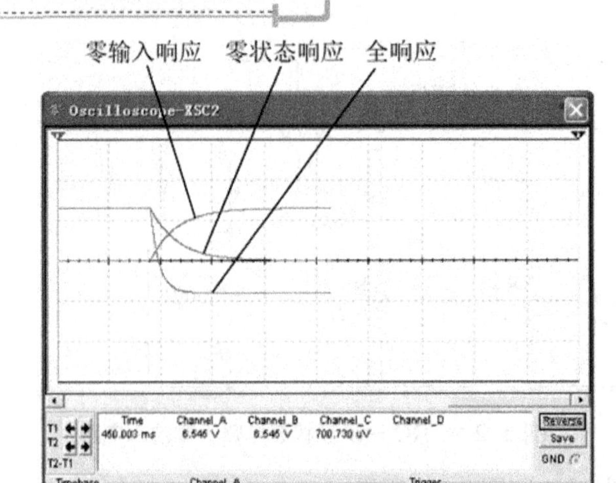

图 5.2.5 RC 一阶电路全响应曲线

(3) 一阶电路的时间常数仿真分析。一阶电路时间常数的公式为$\tau=R_{eq}\cdot C$(或$\tau=L/R_{eq}$)，其中τ与电路参数的关系，可以利用 Multisim10 仿真分析中的 Parameter Sweep 功能，改变某一个器件参数，如 R_1 的值增大为 100Ω，双击示波器重新观察上述 3 种情况下电容端电压的波形，如图 5.2.3 所示。由于 R_{eq} 与τ成正比，R_{eq} 越大，波形变化越慢，响应时间越长，仿真观察任意一处响应时间常数均相同。

观察图 5.2.6 所示 RC 电路的零输入响应 $u_c(t)$，已知 $u_c(0+)$=10V。

实验三　二阶电路动态响应仿真分析

在 Multisim10 中创建如图 5.3.1 所示的 *RLC* 串联电路，各元件的参数如图 5.3.1 所示，用 Multisim10 仿真分析二阶串联电路的零状态波形。设二阶电路的初始值：$i_L(0+)$、$\left.\frac{di_L}{dt}\right|_{0+}$、$u_c(0+)$、$\left.\frac{du_c}{dt}\right|_{0+}$ 均为零。

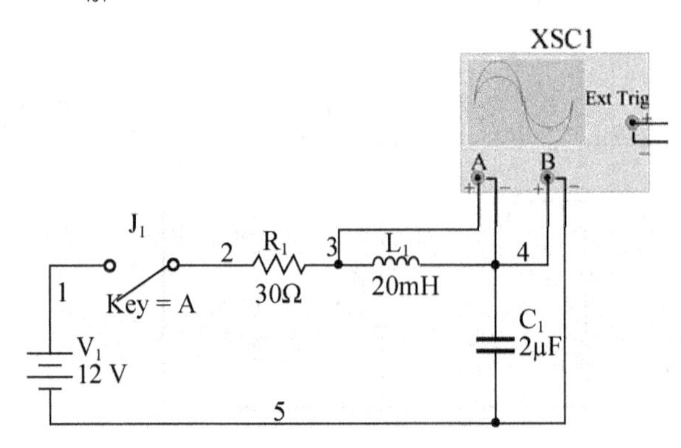

图 5.3.1 *RLC* 串联二阶零状态电路

1. 建立电路微分方程

在图 5.3.1 电路中关于电容电压的二阶微分方程为

$$LC\frac{\mathrm{d}^2u_c}{\mathrm{d}t^2}+RC\frac{\mathrm{d}u_c}{\mathrm{d}t}+u_c=U_S \tag{1}$$

其特征方程为

$$LCP^2+RCP+1=0 \tag{2}$$

特征根为

$$P_{1,2}=-\frac{R}{2L}\pm\sqrt{(\frac{R}{2L})^2-\frac{1}{LC}} \tag{3}$$

特征根的性质根据 R 与 $2\sqrt{L/C}$ 的大小关系不同，有 3 种不同的情况，R 称为临界电阻。

2. 判断电路的 4 种响应情况

(1) 当 $R>2\sqrt{L/C}$ (过阻尼)时，特征根为两个不等实根，过渡过程为非振荡衰减。

(2) 当 $R<2\sqrt{L/C}$ (欠阻尼)时，特征根为共轭复根，过渡过程为振荡衰减。

(3) 当 $R=2\sqrt{L/C}$ (临界阻尼)时，特征根为两个相等的实根，过渡过程为非振荡衰减。

(4) 特殊情况当 $R=0$ (无阻尼)时，特征根为共轭虚根，过渡过程为不衰减振荡。

3. 二阶动态电路的响应曲线仿真

在电感和电容两端分别接入虚拟示波器，同时观察电感电压和电容电压的波形。根据公式计算出临界电阻为 $R_0=2\sqrt{L/C}=200\Omega$ 。

双击打开示波器面板，示波器面板参数如图 5.3.2 所示。单击开关换路，观测所示波形，显然在响应波形中有衰减振荡现象，因为图 5.3.1 中 R_1=200Ω，R_1<R_0，即电路处于欠阻尼状态。

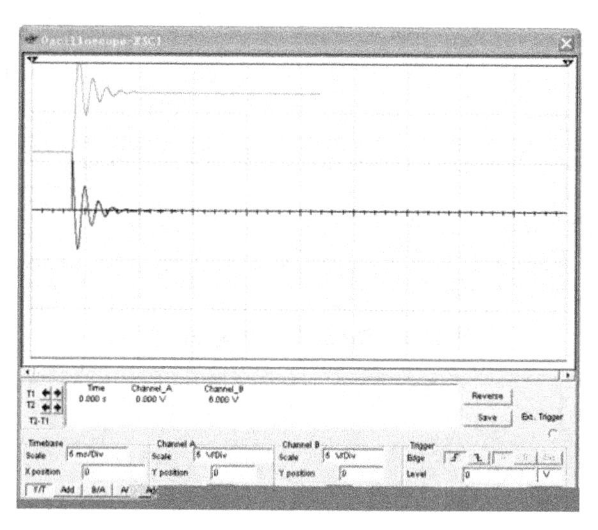

图 5.3.2　R=30Ω时二阶电路响应曲线

进一步分析过阻尼、临界阻尼、欠阻尼这 3 种状态与图 5.3.1 中电阻 R_1 的关系。利用 Multisim10 的参数扫描方式(Parameter Sweep)进入参数扫描对话框，R_1 的取值可以采用列表法进行设置，分别设 3 个典型值，大于 200Ω，等于 200Ω，小于 200Ω，等于 0，取 240Ω、200Ω、0Ω。执行输出波形分别如图 5.3.3、图 5.3.4 所示。

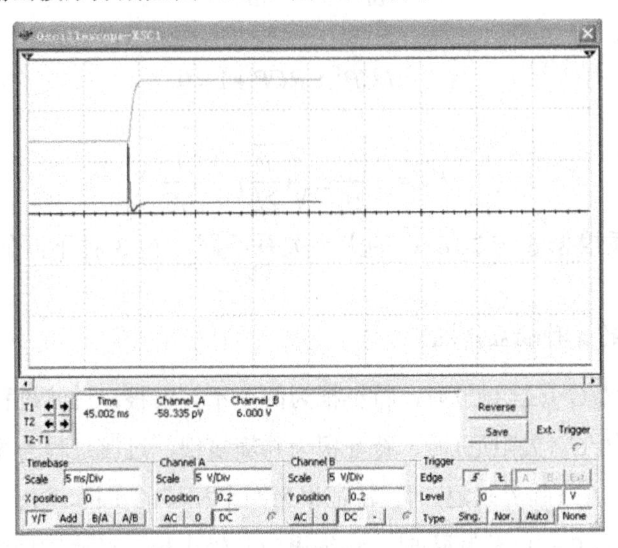

图 5.3.3　R_1=240Ω时二阶电路响应曲线

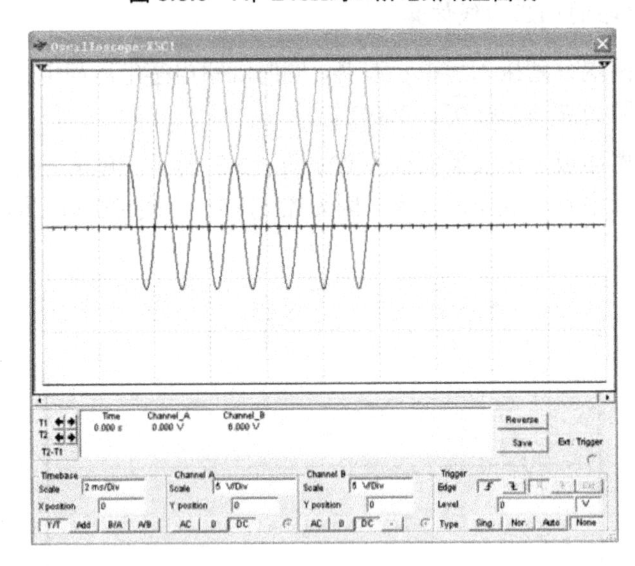

图 5.3.4　R_1=0Ω时二阶电路响应曲线

附录A　常用指针式仪表的标记符号

分　类	符　号	名　称
电压电流种类	DC	直流
	AC	交流
	≂	直流和交流
测量对象	Ⓐ	电流表
	Ⓥ	电压表
	Ⓦ	有功功率表
	kwh	电度表
工作原理		磁电式仪表
		整流式仪表
		电磁式仪表
		电动式仪表
		磁电式比率表
准确度等级	1.5	以标尺量限的百分数表示
	(1.5)	以指示值的百分数表示
绝缘实验	☆2 (或 ϟ 2kV)	绝缘强度试验电压
刻度盘工作位置	⊥	标尺位置垂直
	⊓	标尺位置水平
端钮	+	正端钮
	−	负端钮
	*	公用端钮
调零		调零

附录B　常用电路元件

一、电阻器

1. 电阻器的质量指标

1) 容许误差

固定电阻器的容许误差一般分为六级，见表B-1。

表B-1　固定电阻器的容许误差等能表

级　　别	0.05	01	02	I	II	III
容许误差	±0.5%	±1%	±2%	±5%	±10%	±20%

电工和电子线路采用I级、II级、III级电阻器已经能满足要求，某些要求高的线路则应采用精度更高的电阻器。

2) 额定功率

额定功率是指在标准大气压和一定的环境温度下，电阻器所能承受在长期连续负荷而不改变其性能的允许功率。

3) 最大工作电压

电阻器在正常工作条件下，两端所能承受的最大电压值称为最大工作电压。

2. 电阻器和电位器型号的意义

元件数值和误差登记的标志方法主要有值标和色标法两种。

(1) 电阻值的值标法是将元件值和误差直接印在元件上以便读数。其标志代号由下面几部分组成如图B.1所示。国产电阻器的型号命名及含义见表B-2。

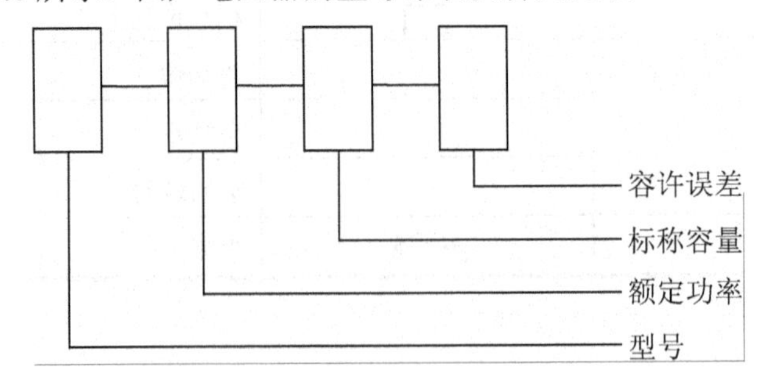

图B.1　电阻值的值标法标志代号组成

表 B-2 国产电阻器的型号命名及含义

第一部分		第二部分		第三部分		第四部分
用字母表示主称		用字母表示材料		用数字或字母表示特征		用数字表示序号
符号	意义	符号	意义	符号	意义	意义
R	电阻器	C	沉积膜或高频瓷	1、2	普通、普通或阻燃	包括额定功率、阻值、允许误差、精度等级
W	电位器	F	复合膜	3 或 C	超高频	
		H	合成碳膜	4	高阻	
		I	玻璃釉膜	5	高温	
		J	金属膜	7 或 J	精密	
		N	无机实心	8	高压(电阻器)	
		S	有机实心		特殊函数(电位器)	
		T	碳膜	9	特殊(如熔断型等)	
		U	硅碳膜	G	高功率	
		X	线绕	L	测量	
		Y	氧化膜	T	可调	
				X	小型	
		O	玻璃膜	C	防潮	
				Y	被釉	
		P	硼碳膜	B	不燃性	
				W	微调	
				D	多圈(电位器)	

例如，“RJX-0.25-5.1K-Ⅱ”表示小型金属膜电阻，额定功率 0.25W，阻值 5.1kΩ，允许误差±10%；“RXY-10-100Ω-Ⅰ”表示被釉线绕电阻，额定功率 10W，阻值 100Ω，允许误差±5%。

示例：RJ71-0.125-5.1kI 型的命令含义。

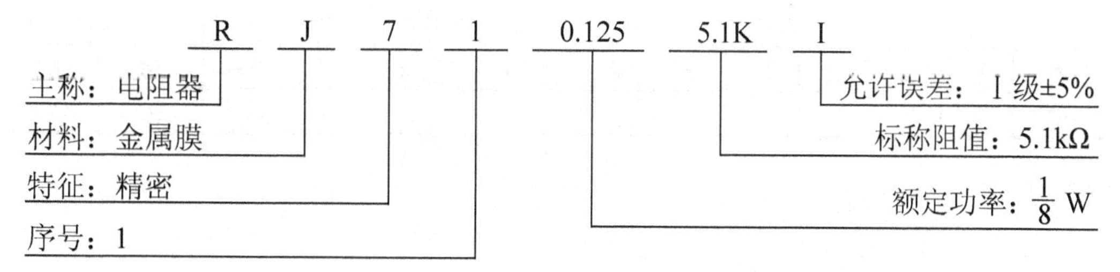

(2) 电阻标称阻值系列见表 B-3。

表 B-3　电阻标称阻值系列

Ⅰ级±5%	1.0	1.1	1.2	1.3	1.5	1.6	1.8	2.0	2.2	2.4	2.7	3.0
	3.3	3.6	3.9	4.3	4.7	5.1	5.6	6.2	6.8	7.5	8.2	9.1
Ⅱ级±10%	1.0	1.2	1.5	1.8	2.2	2.7	3.3	3.9	4.7	5.6	6.8	8.2
Ⅲ级±20%	1.0	1.5	2.2	3.3	4.7	6.8						

(3) 阻值和误差的色环表示法。实心碳质电阻的固定电容和固定电感较小，适用于超高频范围。这种电阻往往用在电阻上面的色环表示电阻及误差。当电阻为四环时，最后一环必为金色或银色，前两位为有效数字，第 3 位为乘方数，第 4 位为偏差。当电阻为五环时，最后一环与前面四环距离较大。前 3 位为有效数字，第 4 位为乘方数，第 5 位为偏差。如图 B.2 所示。

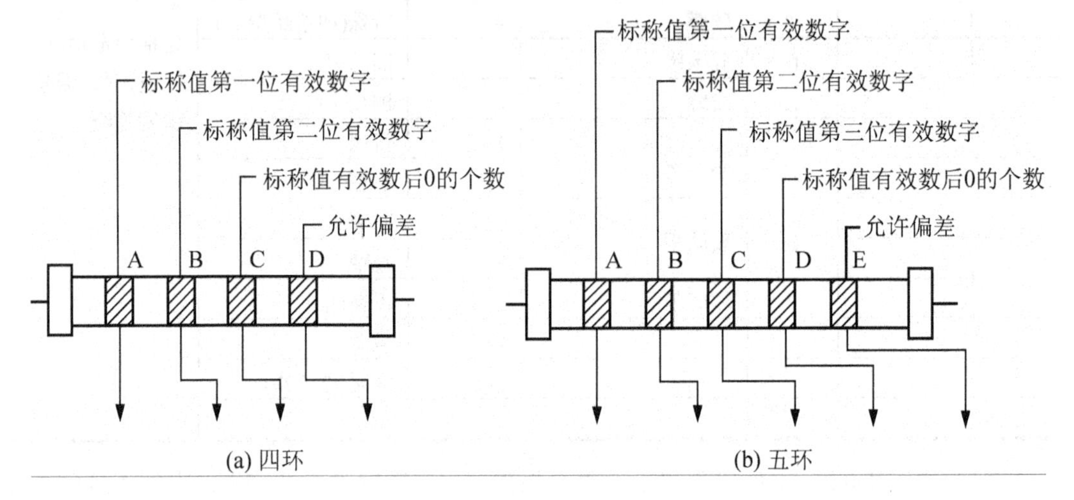

图 B.2　色环标志法

各种颜色代表的数见表 B-4。

表 B-4　电阻色环标志法各种颜色代表数表

颜色	黑	棕	红	橙	黄	绿	蓝	紫	灰	白	金	银	本色
数值	0	1	2	3	4	5	6	7	8	9	±5%	±10%	±20%

示例：

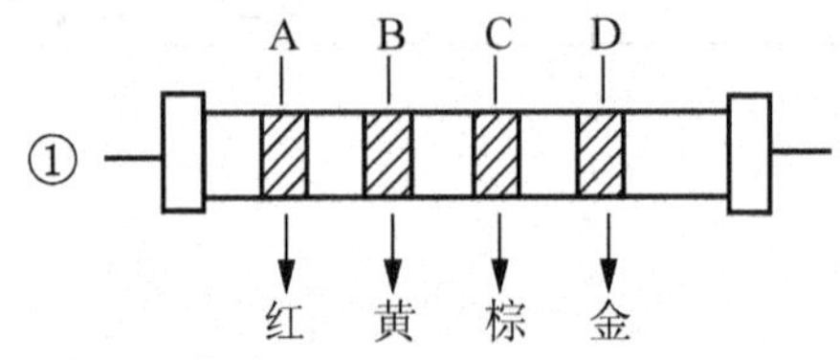

则该阻值为

$24\times10^1\pm5\%=240\Omega\pm5\%$。

②
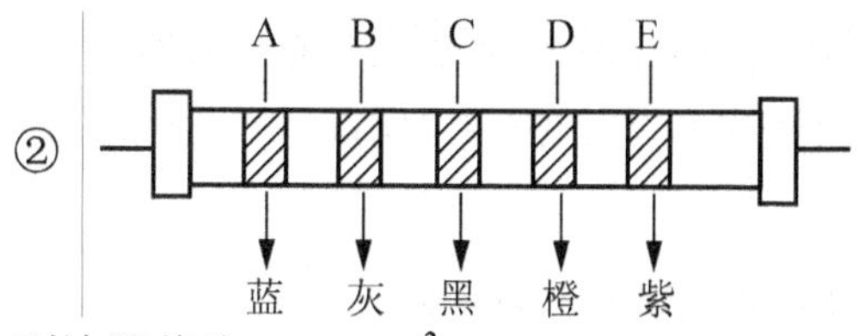

则该阻值为 680×10^3=680kΩ±0.1%。

(4) 常用电阻技术特征见表 B-5。

表 B-5　常用电阻技术特征

名称和型号	额定功率/W	标称阻值范围	运用频率
RT 型碳膜电阻	0.05	$1.0\sim100\times10^3$	10MHz 以下
	0.125	$5.1\sim510\times10^3$	
	0.25	$5.1\sim910\times10^3$	
	0.5	$5.1\sim2\times10^6$	
	1.0	$5.1\sim5.1\times10^3$	
RU 型碳膜电阻	0.125　0.25	$5.1\sim510\times10^3$	10MHz 以下
	0.5	$10\sim1\times10^6$	
	1.0	$10\sim10\times10^6$	
RJ 型金属膜电阻	0.125	$30\sim510\times10^3$	10MHz 以下
	0.25	$30\sim1\times10^6$	
	0.5	30~	
	1.0		

(5) 电路中电阻符号及参数标注规则。为了简便，我国一些电子电路中的电阻常按下面规则来标注。

① 1Ω以下电阻在注明数值后，应写上“Ω”的符号。$1\sim1\times10^3$Ω，有的只写数值，不注单位。例如，100Ω只写上 100。1×10^3Ω~1×10^6Ω，以 kΩ为单位，习惯上只写 k。例如，4700Ω只写上 4.7k。

② 1×10^6 以上的以 MΩ为单位，习惯上只标 M。例如，1×10^6Ω写成 1M，5.1×10^6Ω写成 5.1M。

非线绕电阻标称功率符号及电阻符号表示如图 B.3 所示。

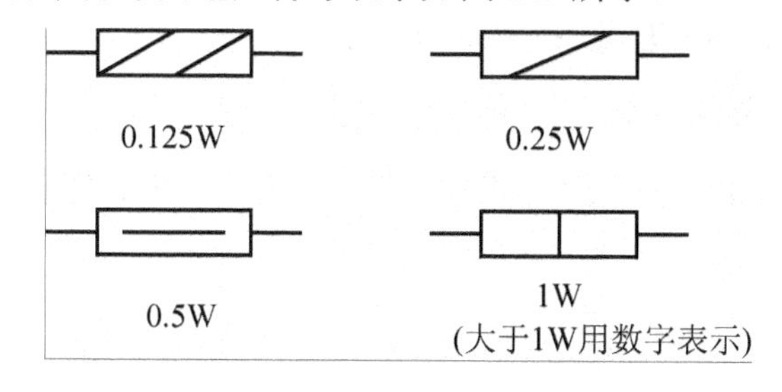

图 B.3　非线绕电阻标称功率符号及电阻符号

(6) 电位器分碳质、薄膜和线绕 3 种。线绕电位器的阻值变化一般是线性的。非线绕电位器的阻值变化特性分为直线式(X 型)、对数式(D 型)、指数式(Z)3 种。几种常用的线绕电位器的型号和规格见表 B-6。

表 B-6　几种常见的线绕电位器的型号和规格

型　　号	功率/W	阻值范围	型　　号	功率/W	阻值范围
WXX-3A、4A	0.5	2.2～2.7kΩ	WXD3-13	2	220～68kΩ
WX8-2、3	8	27～20kΩ	WXD4-23	3	330～100kΩ
WXX-5、6	0.5	27～4.7kΩ	WXD2-53	1.6	330～47kΩ

非线绕电位器的型号和规格见表 B-7。

表 B-7　非线绕电位器的型号和规格

型　　号	名　　称	功率/W	线　　性
WT WTK	碳膜电位器	0.25	X
		0.1	Z、D
WTH	合成碳膜电位器	1.2	X
		0.5、1	Z、D
WHq	合成碳膜电位器	0.25	X
		0.1	Z、D
WSi	耐热实心电位器	2	X
		1	Z、D
WSi	耐热实心电位器	0.5	X
WTX	小型碳膜电位器	0.1	X Z、D
		0.05	
WHX	超小型微调电位器	0.1	

二、电容器

电容器的主要参数有：电容量、容许误差、耐压强度、绝缘电阻、损耗、温度系数和固有电感等。在选择电容器时，首先考虑电容的容量、耐压强度，其次是考虑电路对电容其他性能的要求，有时还需要考虑元件的尺寸。

1. 电容器型号的意义

电容器的标注代号由下列几部分组成：型号、额定功率、容量、误差等级，电容器的型号命名法见表 B-8。

表 B-8 电容器型号命名法

第一部分		第二部分		第三部分		第四部分
用字母表示主称		用字母表示材料		用字母表示特征		用字母或数字表示序号
符号	意义	符号	意义	符号	意义	
C	电容器	C	瓷介	T	铁电	包括品种、尺寸代号、温度特性、直流工作电压、标称值、允许误差、标准代号
		I	玻璃釉	W	微调	
		O	玻璃膜	J	金属化	
		Y	云母	X	小型	
		V	云母纸	S	独石	
		Z	纸介质	D	低压	
		J	金属化纸介质	M	密封	
		B	聚苯乙烯	Y	高压	
		F	聚四氟乙烯	C	穿心式	
		L	涤纶(聚酯)			
		S	聚碳酸酯			
		Q	漆膜			
		H	纸膜复合			
		D	铝电解			
		A	钽电解			
		G	金属电解			
		N	铌电解			
		T	钛电解			
		M	压敏			
		E	其他材料电解			

示例：CJX-250-0.33-±10%电容器的命名含义如下。

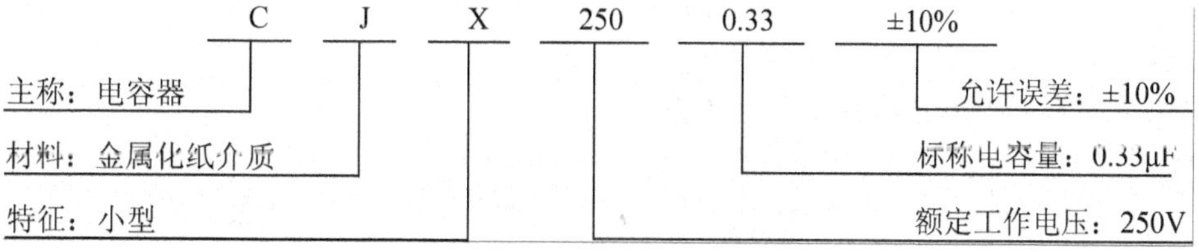

C　J　X　250　0.33　±10%

主称：电容器

材料：金属化纸介质

特征：小型

允许误差：±10%

标称电容量：0.33μF

额定工作电压：250V

2. 电容器的容许误差

固定电容的容许误差等级见表 B-9。

表 B-9 固定电容的容许误差等级表

级　别	01	02	I	II	III	IV	V	VI
允许误差	±1%	±2%	±5%	±10%	±20%	+20%～-30%	+50%～-20%	+100%～-10%

3. 常用电容器的几项特性

表 B-10 给出了常用电容的几项特性，供选择电容时参考。

表 B-10 常用电容的几项特性

名 称	容量范围	直流工作电压/V	运用频率/MHz	精 确 度	漏阻/MΩ
纸介电容器(中、小型)	470pF～0.2μF	63～630	0～8	Ⅰ～Ⅱ	>5000
薄膜电容器	3pF～0.1μF	63～500	高频 低频	Ⅰ～Ⅲ	>10000
金属壳密封纸介电容器	0.01μF～10μF	250～1600	直流 脉动直流	Ⅰ～Ⅲ	>2000
云母电容器	10pF～0.51μF	100～7000	高频	0.2～Ⅲ	>10000
铝电解电容器	10μF～10000μF	4～500	直流 脉动直流	Ⅳ、Ⅴ	
钽铌电解电容器	0.47μF～1000μF	6.3～160	直流 脉动直流	Ⅲ、Ⅳ	

4. 电路中电容器的图形符号及参数的标注规则

在一些电子线路图中，大于 1000pF 和小于 1μF 的电容器不注单位。无小数点者，其单位为 pF，有小数点者其单位为μF。如 3300 就是 3300pF，0.1 就是 0.1μF。

低压瓷介质电容器的容量，标注其元件表面的方法：

标 志	010D	1P5-C	100F	101K	561J
相应容量	1P±0.5P	1.5P±0.25	10P±1P	100±10%	560±5%

左起第一、二位数为该电容器的有效数字，第三位表示从第三位起“零”的个数，最后的字母表示误差等级，例如：小型陶瓷电容器表面标有：103K，表示 103K=10000PF =0.01μF。

电路图中常见的电容器图形符号如图 B.4 所示。

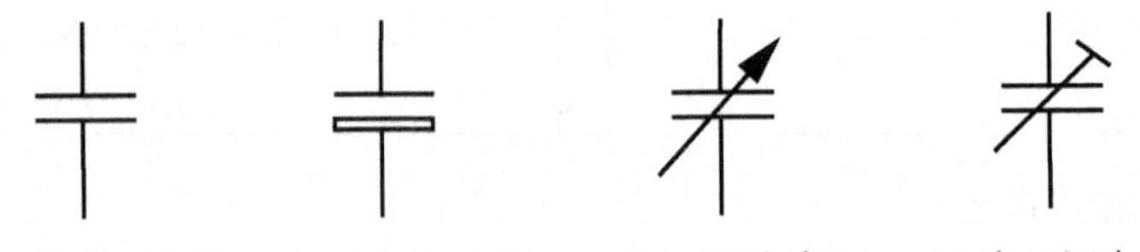

(a) 固定电容器 (b) 电解电容器 (c) 可调电容器 (d) 半可调电容器

图 B.4 电路图中常见的电容器图形符号

附录C　常用仪器仪表介绍

一、DT9205(折叠式大屏幕)数字万用表使用说明书

1. 概述

DT9205型数字万用表是一种操作方便、读数准确、功能齐全、体积小巧、携带方便，使用电池作为电源的手持袖珍式大屏幕液晶显示3位半数字万用表，可用来测量直流电压/电流，交流电压/电流、电阻、电容、二极管正向管压降、晶体三极管hFE参数及电路通断。可供工程设计、实验室、生产实验、工场事务、野外作业和工业维修等应用。

它具有CMOS集成电路，并有双积分原理转换、自动较零、自动极性选择、超量程指示等功能。其液晶显示屏幕采用高反差70mm×40mm大屏幕，字高达25mm。按观察位置需要，屏幕可自由改变角度约为70°，以获得最佳观察效果。

具有自动关机功能，开机之后约15min会自动切断电源，以防止仪表使用完毕忘关电源。重复电源开关操作，即可继续开机。

还具有新优化设计的高可靠量程/功能旋转开关结构。采用32档位，能更有效地避免误操作。

2. 性能

(1) 直流基本精度±0.5%。

(2) 快速电容测试1pF～20μF自动调零。

(3) 具备全量程保护功能。

(4) 过量程显示：最高位显示“1”，其余消除。

(5) 通断测试有蜂鸣音响指示，还附加有发光二极管指示。

(6) 最大显示值：1999(即3位半数字)。

(7) 读数显示率：每秒2～3次读数。

(8) 保证精度的温度：20℃±2℃，温度范围：工作温度0～40℃(32～104°F)。

(9) 相对温度<75%；贮存温度-10～50℃(10～122°F)

(10) 电源：9V叠层电池一节。

(11) 电池不足指示：在LED左上方显示“[+ −]”。

(12) 尺寸：186mm×86mm×33mm。

(13) 重量：约为280g。

3. 技术指标精度：±(%读数±字数)

(1) 直流电压：0.5%±5。
(2) 交流电压：0.8%±5。
(3) 直流电流：1%±5。
(4) 交流阻抗：1.2%±5。
(5) 输入阻抗：10MΩ。
(6) 频率范围：40～400Hz。
(7) Ω档：0.8%±5。
(8) 电容：2.5%±5。
(9) 二极管测试条件及说明见表C-1。

表C-1　二极管测试条件及说明

量　　程	说　　明	测试条件
(二极管符号)	显示近似二极管正向电压值当电阻低于70Ω时，蜂鸣器发声	正向直流电流约为 1mA，反向直流电压约为3V

过载保护：250V 直流或交流有效值。
(10) 晶体三极管hFE测试条件及说明见表C-2。

表C-2　晶体三极管hFE测试条件及说明

量　　程	说　　明	测试条件
hFE	可测NPN型或PNP型晶体三极管hFE，参数显示范围：0～1000β	基极电流10μA，Vce约为3V

4. 使用操作

首先，请注意检查9V电池，将ON-OFF按钮按下，如果电池不足，则显示屏左上角会出现符号“[+ −]”；其次，还要注意测试笔插孔旁符号，用于警告实验者要留意测试电压和电流不要超出指示数字。此外，在使用前要先将功能开关放置在想测量的档位上。

1) 电压测量

(1) 将黑表笔插入COM插孔，红表笔插入VΩ插孔。

(2) 当测DCV时，将功能开关置于DCV量程范围，测ACV则应置于ACV量程范围。并将测试笔连接到被测负载或信号源上，在显示电压读数时，同时会指示出红表笔的极性。

注意：

(1) 如果不知被测电压范围，则首先将功能开关置于最大量程后，视情况降至合适量程。

(2) 如果只显示“1”，表示过量程，功能开关则应置于更高量程。

(3) 当测DCV不要输入高于1000V的电压(当测ACV时，不要输入高于750V的有效值电压)，显示更高的电压是可能的，但有损坏内部线路的危险。

2) 电流测量

(1) 将黑表笔插入COM插孔，若被测电流在200mA～20A时，则将红表笔插入20A插孔。

(2) 将功能开关置于DCA或ACA量程范围，测试笔串入被测电路中。

注意：

(1) 如果被测电流范围未知，则应将功能开关置于高档量程逐步调低。

(2) 如果只显示“1”，表示超过量程，必须调高量程档位。

(3) 当A插孔为输入时，过载会将内装保险丝熔断，必须予以更换。保险丝规格为0.2A(外形φ5×20mm)。

(4) 20A插孔没有用保险丝，测量时间应小于15s。

3) 电阻测量

(1) 将黑表笔插入COM插孔，红表笔插入VΩHz插孔(注意：红表笔极性为“+”)。

(2) 将功能开关置于Ω档量程上，将测试笔跨接在被测电阻上。

注意：

① 当输入开路时，会显示过量程状态“1”。

② 如果被测电阻超过所用量程，则会指示出过量程“1”，此时必须换用高档量程。当被测电阻在1MΩ以上时，该表需数秒后才能稳定读数，对于高电阻测量这是正常的。

③ 当检测在线电阻时，必须确认被测电路已关去电源，同时电容已被放电，才能进行测量。

④ 当用200MΩ量程进行测量时，必须注意在此量程两表笔短接时读数为1.0左右，这是正常现象，此计数是一个固定的偏移值。在实际测量时，显示减去此数即为测量值。

测量高阻值电阻时应尽可能将电阻直接插入“VΩHz”和“COM”插孔中，因为长线在高阻抗测量时容易感应干扰信号，使读数不稳。

4) 电容测量

(1) 接上电容器以前，显示可以缓慢地自动校零，但在2nF量程上剩余10个字以内无效是正常的。

(2) 把测量电容连接到电容输入插孔(不用表笔)，必要时注意极性连接。

注意：

(1) 测试前，被测电容应放完电，以免损伤仪表。

(2) 当测试单个电容器时，把脚插进位于面板左边的两个C_X插孔中。

(3) 当测试大电容时，注意在最后指示之前会存在一个一定的滞后时间。

(4) 单位：$1\mu F=10^3 nF$，$1nF=10^3 pF$。

(5) 不要把一个外部电压或已充好电的电容器(特别是大电容器)连接到测试端。

二、DF4321型双通道示波器

1. 概述

DF4321示波器为便携式双通道示波器。本机垂直系统具有0～20MHz的频带宽度和5mV/DIV～5V/DIV的偏转灵敏度。本机在全频带范围内可获得稳定触发，触发方式设有常态、自动、电视场和电视行，给使用带来了极大的方便。内触设置了交替触发，可以稳定地显示两个频率不相关的信号。本机水平系统具有 0.2s/DIV～0.2μs/DIV 的扫描速度，并设有扩展×10，可将最快扫速度提高到 20ns/DIV。

2. 面板控制件介绍

DF4321 型双通道示波器前后面板图如图 C.1 所示。

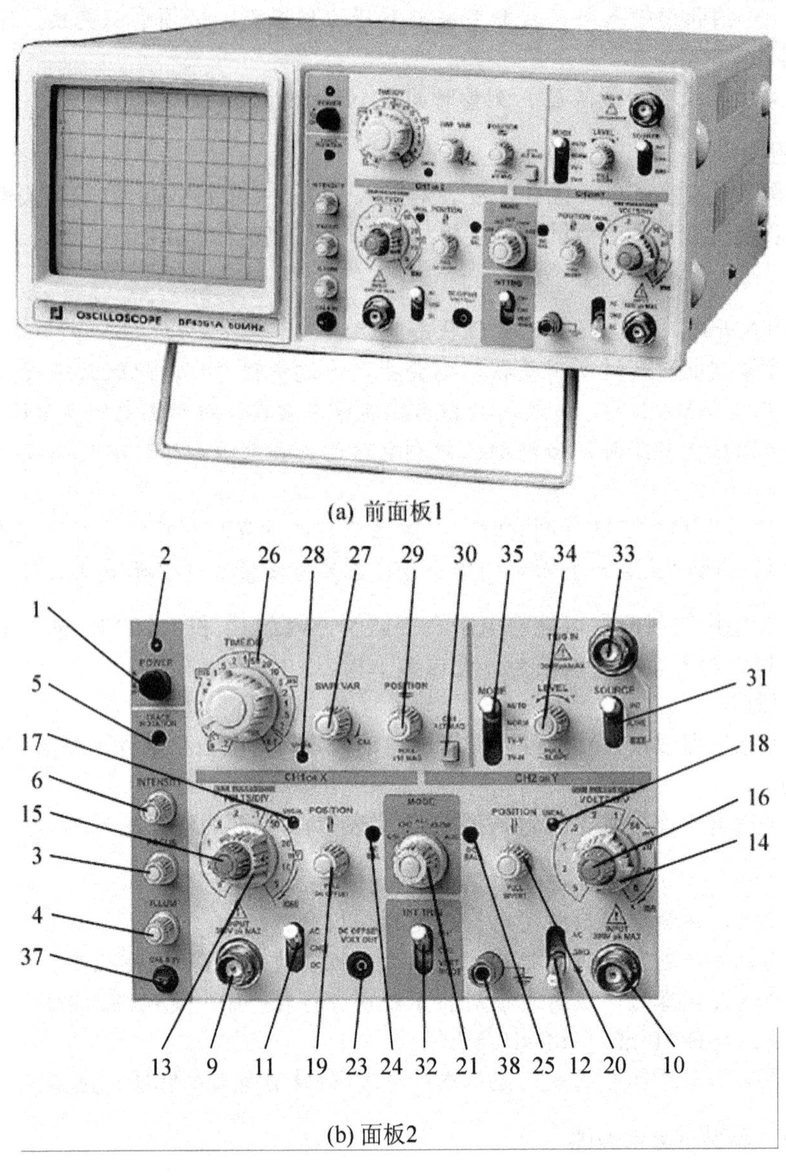

图 C.1　DF4321 型双通道示波器前后面板图

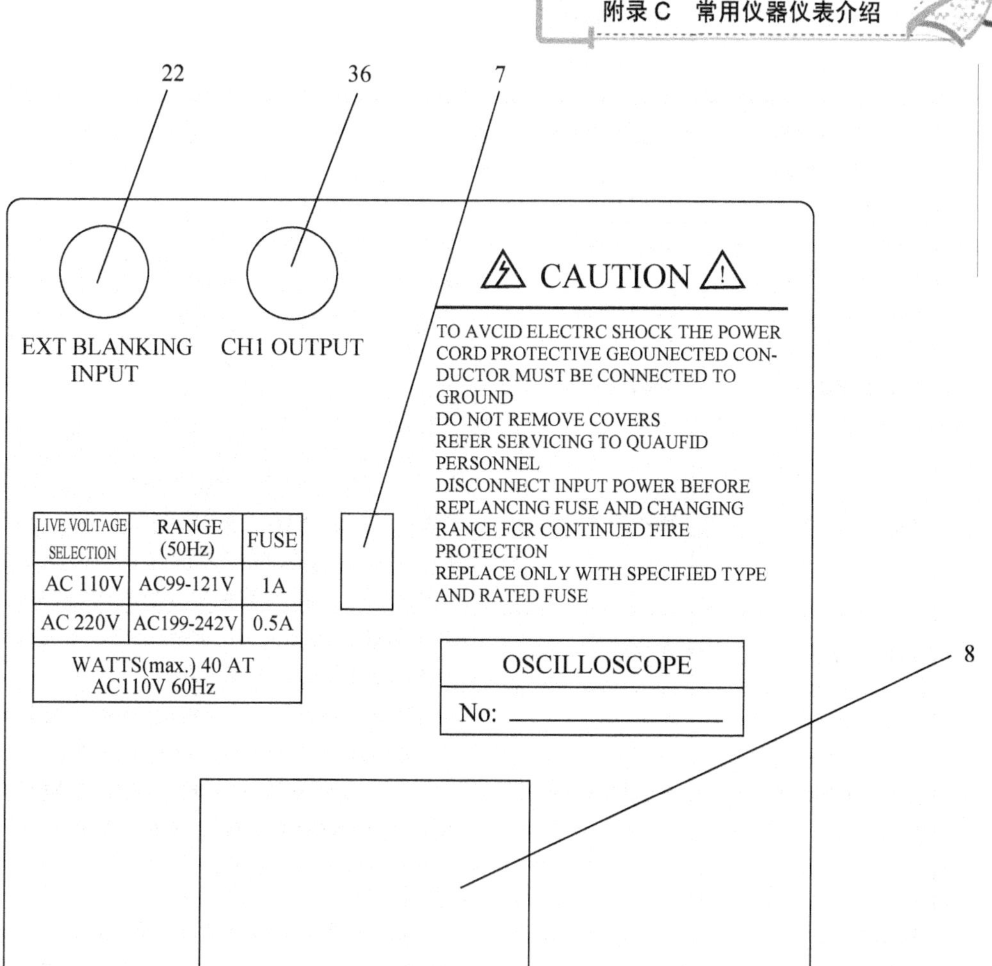

(c) 后面板

图 C.1　DF4321 型双通道示波器前后面板图(续)

表 C-3 为 DF4321 型双通道示波器面板标志控件名称及其功能说明。

表 C-3　DF4321 型双通道示波器面板标志控件名称及其功能说明

序号	面板标志	控件名称	功　能
1	POWER	电源开关	按下时电源接通，弹出时关闭
2	POWER LAMP	电源指示灯	当电源在“ON”状态时，指示灯亮
3	FOCUS	聚焦控制	调节光点的清晰度，使其圆变小
4	SCALE ILLUM	刻度照明控制	在黑暗的环境或照明刻度线时调此旋钮
5	TRACE ROTATION	轨迹旋转控制	用来调节扫描线和水平刻度线的平行
6	INTEN SITY	亮度控制	用来轨迹亮度的调节

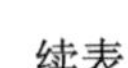

续表

序号	面板标志	控件名称	功　　能
7	POWER SOURCE SELECT	电源选择开关	110V 或 220V 电源设置
8	AC INLET	电源插座	交流电源输入插座
9	CH1 INPUT	通道1输入	被测信号的输入端口，当仪器工作在 X-Y 方式时，此端输入的信号变为 X 轴信号
10	CH2 INPUT	通道2输入	与 CH1 相同，但当仪器工作在 X-Y 方式时，此端输入的信号变为 Y 轴信号
11 12	AC-GND-DC	输入耦合开关	开关用于选择输入信号反馈至 Y 轴放大器之间的耦合方式。AC：输入信号通过电容器与垂直轴放大器相连，输入信号的 DC 成分被截止，且仅有 AC 成分显示。GND：垂直轴放大器的输入接地。DC：输入信号直接连接到垂直轴放大器，包括 DC 和 AC 成分
13 14	VOLTS/DIV	选择开关	CH1 和 CH2 通道灵敏度调节，当 10∶1 的探头与仪器组合使用时，读数倍乘 10
15 16	VAR PULL×5	微调扩展控制开关	当旋转此旋钮时，可小范围地改变垂直偏转灵敏度，当逆时针旋转到底时，其变化范围应大于 2.5 倍，通常将此旋钮顺时针旋到底。当旋钮位于 PULL 位置时(拉出状态)，垂直轴的增益扩展 5 倍，且最大灵敏度为 1mV/div
17 18	UNCAL	衰减不校正灯	灯亮表示微调旋钮没有处在校准位置
19	POSITION PULL DC OFFSET	旋钮	此旋钮用于调节垂直方向位移。当旋钮拉出时，垂直轴的轨迹调节范围可通过 DC 偏置功能扩展，可测量大幅度的波形
20	POSITION PULL INVERT	旋钮	位移功能与 CH1 相同，但当旋钮处于 PULL 位置时(拉出状态)用来倒置 CH2 上的输入信号极性。此控制件能方便地比较不同极性的两个波形，利用 ADD 功能键还可获得(CH1)−(CH2)的信号差
21	MODE	工作方式选择开关	此开关用于选择垂直偏转系统的工作方式。CH1：只有加到 CH1 的信号出现在屏幕上。CH2：只有加到 CH2 的信号出现在屏幕上。ALT：加到 CH1 和 CH2 通道的信号能交替显示在屏幕上，这个工作方式通常用于观察加到两通道上信号频率较高的情况。CHOP：在这个工作方式时，加到 CH1 和 CH2 的信号受 250kHz 自然振荡电子开关的控制，同时显示在屏幕上。这个方式用于观察两通道信号频率较低的情况。ADD：加到 CH1 和 CH2 输入信号的代数和出现在屏幕上

续表

序号	面板标志	控件名称	功　能
22	EXT BLANKING	外增辉插座	本输入端用于辉度调节。它是直流耦合，加入正信号辉度降低，加入负信号辉度增加
23	DC OFFSET VOLT OUT	直流电压偏置输出口	当仪器设置为 DC 偏置方式时，该插口可配接数字万用表，读出被测量电压值
24 25	DC BAL	直流平衡调节	用于直流平衡调节
26	TIME/DIV	扫速选择开关	扫描时间为 19 挡，从 0.2μS/div～0.2S/div。X-Y：此位置用于仪器工作在 X-Y 状态，在此位置时，*X* 轴的信号连接到 CH1 输入，*Y* 轴信号加到 CH2 输入，并且偏转范围从 1mV/div～5mV/div
27	SWP	扫描微调控制	(当开关不在校正位置时)扫描因素可连续改变。当开关按箭头的方向顺时针旋转到底时，为校正状态，此扫描时间由 TIME/DIV 开关准确读出，逆时针旋转到底扫描时间扩大 2.5 倍
28	SWEEP UNCAL LAPM	扫描不校正灯	灯亮表示扫描因素不校正
29	POITION PUL×10MAG	控制旋钮	此旋钮用于水平方面移动扫描线，在测量波形的时间时适用。当旋钮顺时针旋转，扫描线向右移动，反之，向左移动。拉出此旋钮，扫描倍率乘 10
30	CH1 ALT MAG	通道 1 交替扩展开关	CH1 输入信号能以×1(常态)和×10(扩展)两种状态交替显示
31	INT LINE EXT	触发源选择开关	INT(内)：取加到 CH1 和 CH2 上的输入信号为触发源，LINE(电源)：取电源信号为触发源。EXT(外)：取加到 TRIG INTPUT 上的外接触发信号为触发源，用于垂直方向上特殊的信号触发
32	INT TRIG	内触发选择开关	此开关用来选择不同的内部触发源。CH1：取加到 CH1 上的输入信号为触发源。CH2：取加到 CH2 上的输入信号为触发源。组合方式 VERT 和 MODE 用于同时观察两个不同频率的波形，同步触发信号交替取自于 CH1 和 CH2。
33	TRIG INPUT	外触发输入连接器	输入端用于外接触发信号
34	TRIG LEVEL	触发电平控制旋钮	通过调节本旋钮控制触发电平的起始点，且能控制触发极性。按进去(常用)是“+”极性，按出来是“-”极性

续表

序号	面板标志	控件名称	功　　能
35	TRIG MODE	触发方式选择开关	自动(AUTO)：仪器始终自动触发，无信号时，屏幕上能显示扫描线。当有触发信号存在时，同正常的触发扫描，波形能稳定显示。该功能使用方便；常态(NORM)：只有当触发信号存在时，才能触发扫描，在没有信号和非同步状态情况下，没有扫描线。该工作方式，适合信号频率较低的情况(25Hz 以下)；电视场(TV-V)：本方式能观察电视信号的场信号波形，用于显示电视场信号；电视行(TV-H)：本方式能观察电视信号的行信号波形，用于显示电视行信号。 注：TV-V 和 TV-H 同步仅适用于负的同步信号
36	CH1 OUTPUT	通道 1 输出插口	输出 CH1 通道信号的取样信号
37	PROBE ADJUST	校正信号	提供幅度为 0.5V，频率为 1kHz 的方波信号，用于调整探头的补偿电容器和检测示波器垂直与水平电路的基本功能
38	GND	接地端	与示波器机壳相连的接地端

对于同步极性选择说明如图 C.2 所示。

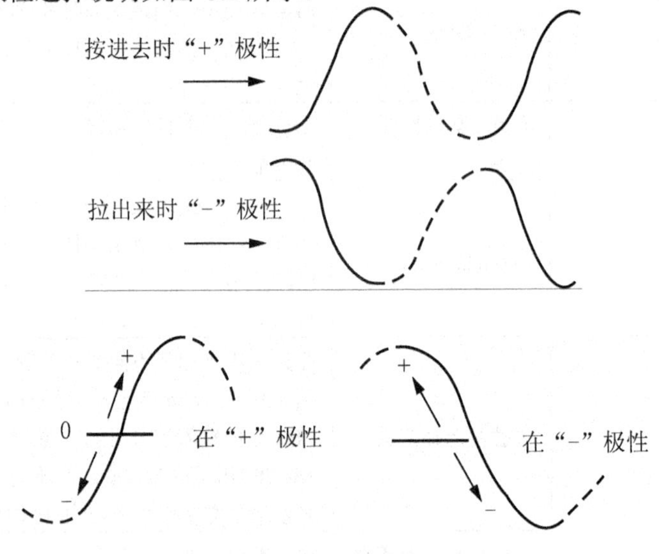

图 C.2　同步极性选择

图 C.3 所示为“+”、“−”极性同步信号。

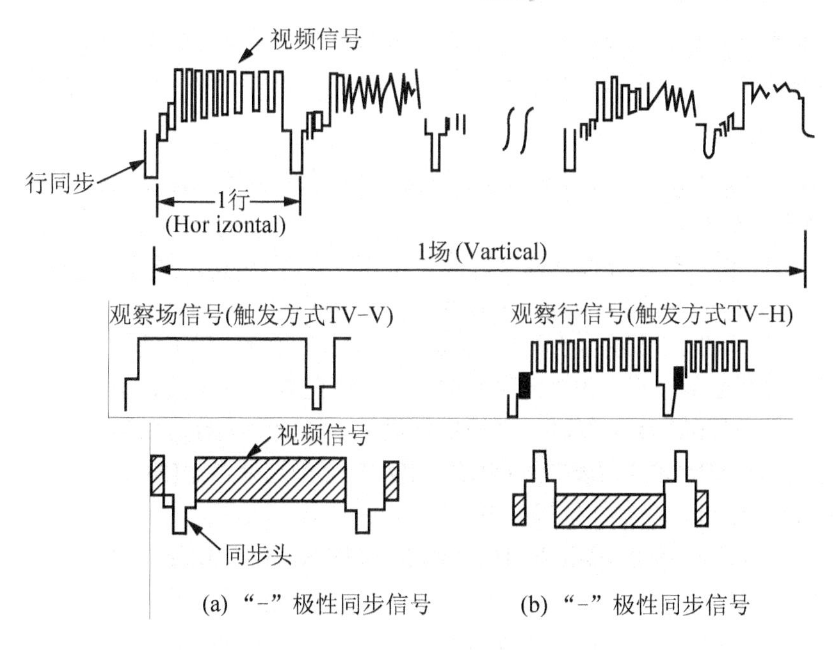

图 C.3　同步信号

3. 操作方法

1) 测定前的检查

为了使本仪器能经常保持良好的使用状态，请进行测定前的检查。这种检查适用以后的操作方法及应用测量。

(1) 电源电压设置。本仪器有两种电源设置，在接通电源前应根据当地标准，参见仪器后盖提示将开关置于合适档位，并选择合适的保险丝接入保险丝盒。

(2) 使用前各调整钮预设情况见表 C-4。

表 C-4　DF4321 型双通道示波器使用前各调整钮预设情况

控制件名称	作用位置	控制件名称	作用位置
电源(POWER)	关(OFF)	触发方式(TRIG)	自动(AUTO)
辉度(INTEN)	逆时针旋到底	触发源(TRIG SOURCE)	内(INT)
聚焦(FOCUS)	居中	内触发(INT TRIG)	CH1
输入耦合(AC-GND-DC)	GND	扫描时间(TIME/DIV)	0.5ms/div
↑↓位移(POSITION)	居中(旋钮按进)	位移(POSITION)	居中
垂直工作方式(V.ODE)	CH1		

在完成了所有上面的准备工作后，打开电源。15s 后，顺时针旋转辉度旋钮，扫描线将出现。并调聚焦旋钮置扫描线最细，接着调整 TRACE ROTATION 以使扫描线与水平刻度保持平行。

如果打开电源而仪器不使用，应反时针旋转辉度旋钮，降低亮度。

注意：在测量参数过程中，应将带校正功能的旋钮置于“校正”位置，为使所测得数值正确，预热时间至少应在30min以上。若仅为显示波形，则不必进行预热。

2) 操作方法

(1) 观察一个波形。当不观察两个波形的相位差或除X-Y工作方式以外的其他工作状态，可用CH1或CH2。

当选用CH1时，控制件位置如下：垂直工作方式(V.ODE)；通道1(CH1)；触发方式(TRIG)；自动(AUTO)；触发源(TRIG SOURCE)；内(INT)；内触发(INT TRIG)；通道1(CH1)。

在此情况下，可同步所有加到CH1通道上，频率在25Hz以下的重复信号。调节触发电平旋钮可获得稳定的波形。因为水平轴的触发方式处在自动位置，当没有信号输入或当输入耦合开关处在地(GND)位置时，亮线仍然显示。这就意味着可以测量直流电压。当观察低频信号(小于25Hz)时，触发方式(TRIG MODE)必须选择常态(NORN)。

当用CH2通道时，控制件位置如下：

垂直工作方式(V.ODE)；通道2(CH2)；触发源(TRIG SOURCE)；内(INT)；内触发(INT TRIG)；通道2(CH2)。

(2) 观察两个波形。当垂直工作方式开关置交替(ALT)或断续(CHOP)时，就可以很方便地观察两个波型。当两个波形的频率较高时，工作方式用交替(ALT)，当两个波形的频率较低时，工作方式用断续(CHOP)。

3) 信号连接

(1) 探头的使用。当高精度测量高频波形时，应使用附件中探头。然而应注意到，当输入信号接到示波器输入端被探头衰减到原来的1/10时，对小信号观察不利，但却扩大了信号的测量范围。

注意：

(1) 不要直接加大于400V(直流加交流峰峰值)的信号。

(2) 当测量高速脉冲信号或高频信号时，探头接地点要靠近被测点，较长接地线能引起振玲和过冲之类波形的畸变。良好的测量必须使用经过选择的接地附件。V/div读数的幅值乘10。

例如，如果V/div的读数在50mA/div，读出的波形是50mA/div×10=500mA/div，为了避免测量误差，在测量前应按下列方法进行校正和检查以消除误差。将探头探针接到校正方波0.5V(1kHz)输出端，正确的电容值将产生如图C.4(a)所示的平顶波形。如果波形出现图C.4(b)如图C.4(c)所示的波形，则可调整探头上校正孔的电容补偿，直至获得平顶波形。

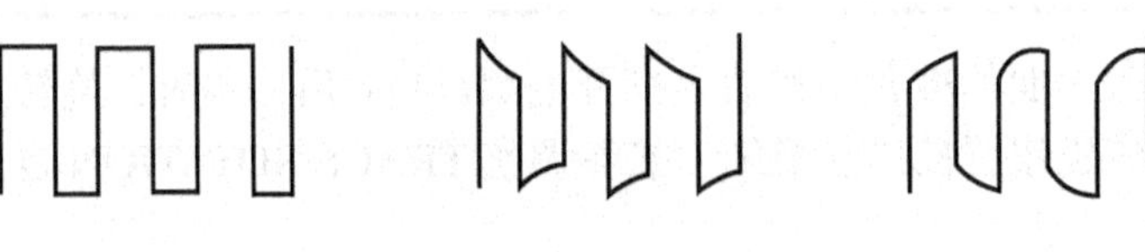

(a) 正常工作　　(b) 电容太小　　(c) 电容太大

图C.4　波形

(2) 直接馈入。当不使用探头 AT-10AK1.5(10∶1)而直接将信号接到示波器时，应注意下列几点，以最大限度减少测量误差。

当使用无屏蔽层连接导线时，对于低阻抗，高电平电路不会产生干扰。但应注意到，其他电路和电源线的静态寄生耦合可能引起测量误差。即便在低频范围。这种测量误差也是不能忽视的。通常为使用可靠应采用屏蔽导线。使用屏蔽线时，应将屏蔽层的一端与示波器接地端连接，另一端接至被测电路的地线。最好是使用具有 BNC 连接头的同轴电缆线。

当进行宽频带测量时，必须注意下列情况：当测量快速上升波形和高频信号波形时，需使用终端阻抗匹配的电缆。特别在使用长电缆时，当终端不匹配时，将会因振铃现象而导致测量误差。有些测量电路还要求端电阻等于测量的电缆特性阻抗。而 BNC 型电缆的终端电阻(50Ω)可以满足此目的。

为了对具有一定工作特性的被测电路进行测量，就需要用终端与被测电路阻抗相当的电缆。

当使用较长的屏蔽线进行测量时，屏蔽线本身的分布电容要考虑在内。因为通常的屏蔽线具有 100pF/m 的分布电容，它对被测电路的影响是不能忽略的。使用探头能减少对被测电路的影响。

当所用的屏蔽线或无终端电缆的长度达到被测信号的 1/4 波长或它的倍数时，即使使用同轴电缆，在 5mV/div (最灵敏档)范围附近也能引起振荡。这是由于外接线高 Q 值电感和仪器输入电容谐振引起的。避免此问题的方法是降低连接线的 Q 值。可将 100Ω～1kΩ 的电阻串联到无屏蔽线或电缆中加到仪器的输入端，或在其他 V/div 档进行测量。

(3) 观察 X-Y 工作方式下的波形。置时基开关 TIME/div 到 X-Y 状态，示波器工作在 X-Y 方式。

加到示波器各输入端的情况如下：X 轴信号：由 CH1 输入；Y 轴信号：由 CH2 输入。同时，水平扩展开关(PULL×10MAG)关闭。

4. 测量

1) 测量前的准备工作

(1) 调节亮度和聚焦于适当的位置。

(2) 最大可能地减小显示波读数误差。

(3) 使用探头时，应检查电容补偿。

2) 直流电压的测量

置 AC-GND-DC 输入开关于 GND 位置，确定零电平的位置。

置 V/div 开关于适当位置(避免信号过大或过小而观察不出)，置 AC-GXD-DC 开关于 DC 位置。这时扫描亮线随 DC 电压的大小上下移动(相对于零电平时)，信号的直流电压是位移幅值与 V/div 开关标称值的乘积。当 V/div 开关指在 50mV/div×4.2div=210mV，如果使用了 10∶1 探头，则直流电压为上述值的 10 倍。即 50mV/div×4.2×10div=2.1V，如图 C.5(a)所示。

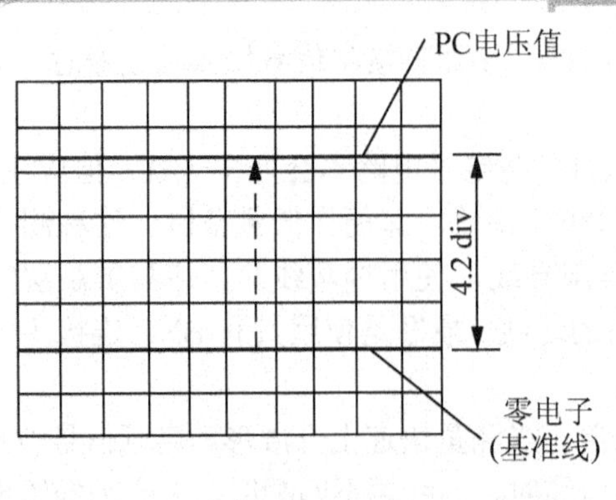

(a) 4.2 div

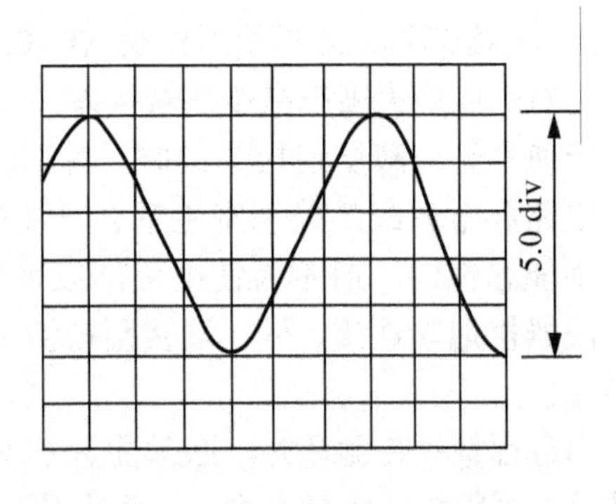

(b) 5.0 div

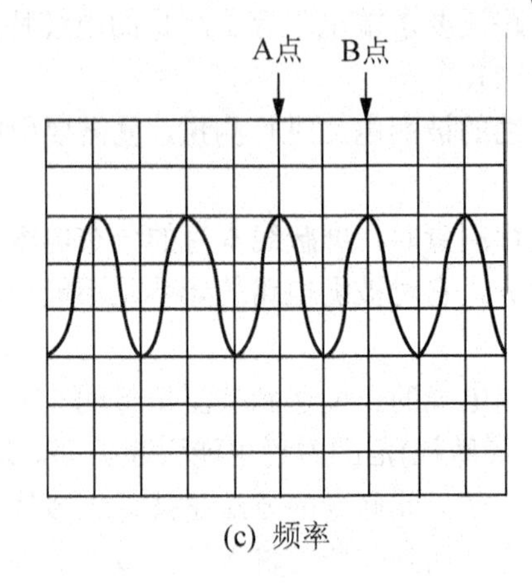

(c) 频率

图 C.5　电压频率周期测量

3) 交流电压的测量

与前述直流电压的测量相似。但在这里不必在刻度上确定零电平。可以按方便观察的目的调节零电平。如图 C.5(b)所示，当 V/div 开关为 1V/div 时，图形显示 5div，则 1V/div ×5div=5V_{P-P}(当使用 10∶1 的探头测量时是 50V_{P-P})。当观察叠加在较高直流电平上的小幅度交流信号时，置 AC-GND-DC 开关于 AC 位置，这样就截断了直流电压，从而能大大提高 AC 电压的测量灵敏度。

4) 频率的测量

一个周期的 A 点和 B 点在屏幕上的间隔为 2div(水平方向)，如图 C.5(c)所示。

当扫描时间定为 1ms/div 时，周期是 1ms/div×2.0div=2ms，频率是 1/2ms=500Hz。

然而，当扩展乘 10 旋钮被拉出时，TIME / div 开关的读数必须乘 1/10，因为扫描扩展 10 倍。

5) 时间差的测量

触发信号源“SOURCE”为测量两信号之间的时间差提供基准信号源。假如脉冲串如图 C.6(a)所示，则图 C.6(b)是 CH1 信号作触发信号源时的波形图，图 C.6(c)是 CH2 信号作触发信号源时的波形图。

这就说明当研究 CH1 信号与滞后它的 CH2 信号时间间隔时，以 CH1 信号作触发信号；反之，则以 CH2 信号作触发信号。换句话说，总是相位超前的信号作为触发信号源的。

否则，被测部分波形有时会超出屏面外。

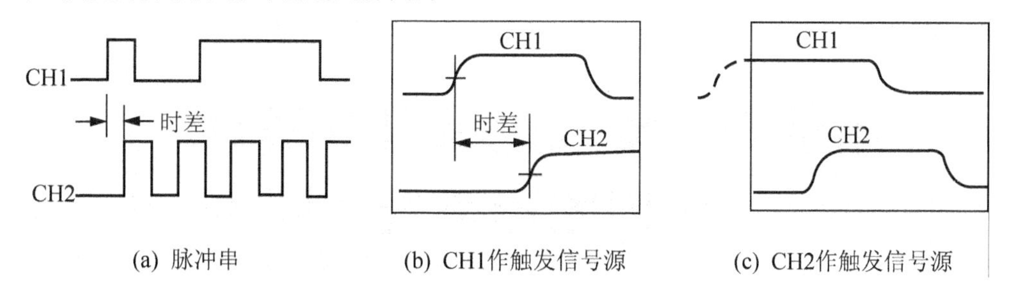

(a) 脉冲串　　(b) CH1作触发信号源　　(c) CH2作触发信号源

图 C.6　不同触发信号源测时间差

另外，使屏面上显示的两信号波形调节到幅度相等或者垂直方向叠加，则两信号各自50%幅度点间的时间间隔即为时间差。就操作规则而言，叠加法有时较方便，如图 C.7(a)、图 C.7(b)所示。

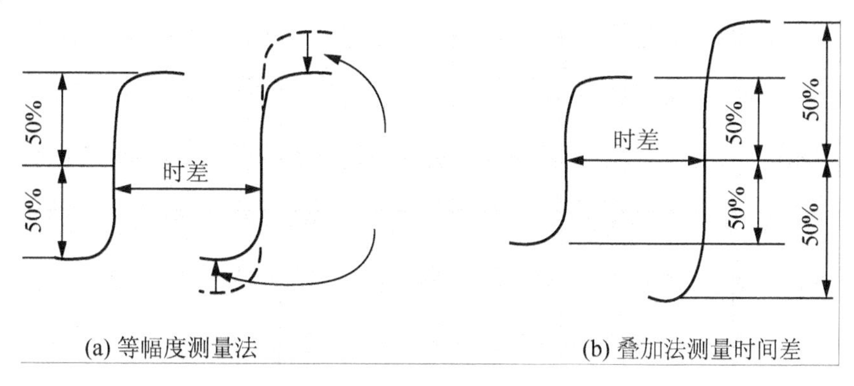

(a) 等幅度测量法　　(b) 叠加法测量时间差

图 C.7　不同方法测量时间差

注意： 因为脉冲波形包含有许多决定本身脉宽和周期的高频分量(高次谐波)，在处理这类信号时要像对待高频信号那样，使用探头和同轴电缆，并缩短地线。

6) 上升(下降)时间的测量

测量上升时间不仅要注意上述条款，还要注意测量误差。

被测波形上升时间 T_{rx}，示波器上升时间 T_{rs} 和在荧光屏上显示的上升时间 T_{ro} 存在下列关系。

$$T_{ro}^2 = T_{rx}^2 + T_{rs}^2$$

$$T_{ro} = \sqrt{T_{rx}^2 + T_{rs}^2}$$

当被测脉冲的上升时间比示波器的上升时间足够长时，示波器本身的上升时间在测量中可以忽略。如果两者相差不多，测量引起的误差将是个可避免的，实际的上升时间应是

$$T_{ro}^2 = T_{rx}^2 + T_{rs}^2$$

通常在一般情况下，在无过冲和下凹类畸波形的电路里，频宽和上升时间之间的关系为

$$f_e \times t_r = 0.35$$

式中：f_e 为频带度(单位 Hz)；t_r 为上升时间(单位 s)。上升时间和下降时间均由脉冲从0%、10%、90%、100%的位置开始计算，便于测量。

附录 D　集成逻辑门电路新、旧图形符号对照表

名　称	新国标图形符号	旧图形符号	逻辑表达式
“与”门	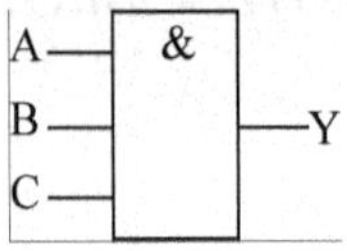 A B C & Y	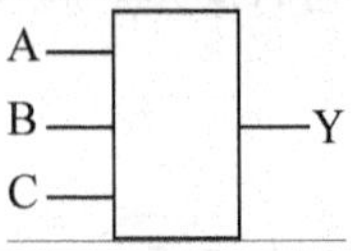 A B C Y	Y=ABC
“或”门	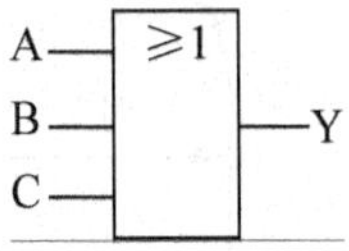 A B C ≥1 Y	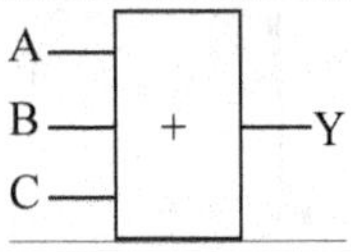 A B C + Y	Y=A+B+C
“非”门	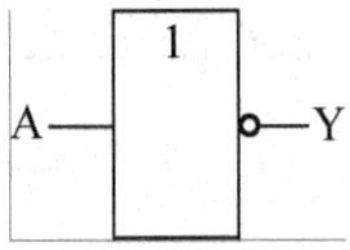 A 1 Y	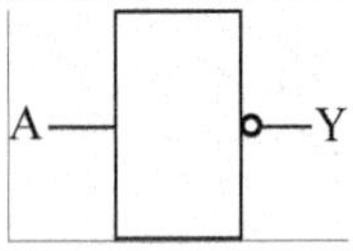 A Y	$Y=\overline{A}$
“与非”门	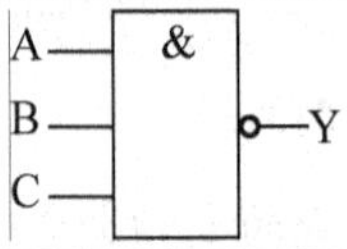 A B C & Y	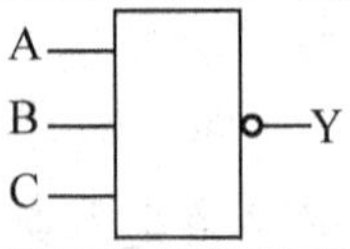 A B C Y	$Y=\overline{ABC}$
“或非”门	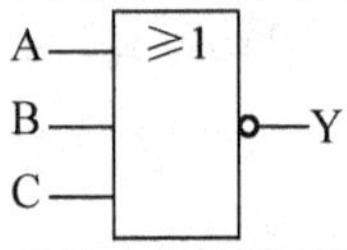 A B C ≥1 Y	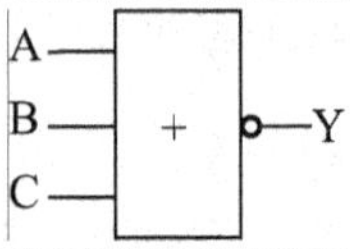 A B C + Y	$Y=\overline{A+B+C}$
“与或非”门	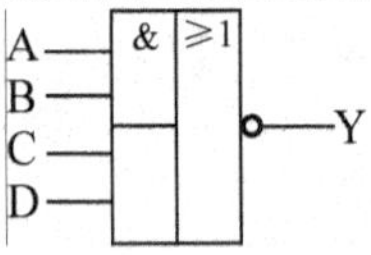 A B C D & ≥1 Y	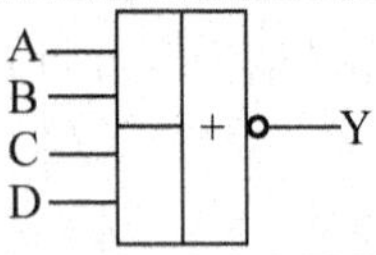 A B C D + Y	$Y=\overline{AB+CD}$
“异或"门	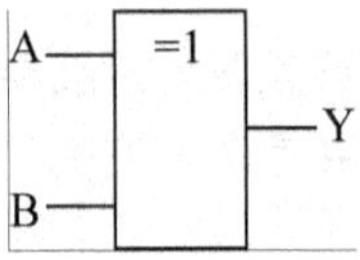 A B =1 Y	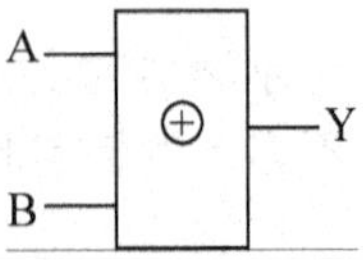 A B ⊕ Y	$Y=A\overline{B}+\overline{A}B$

附录 E　集成触发器新、旧图形符号对照表

名　　称	新国标图形符号	旧图形符号	触发方式
由与非门构成的基本 RS 触发器	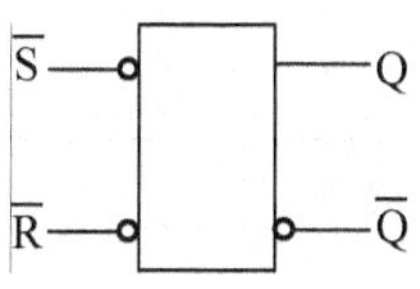 $\overline{S}$　$\overline{R}$　Q　$\overline{Q}$	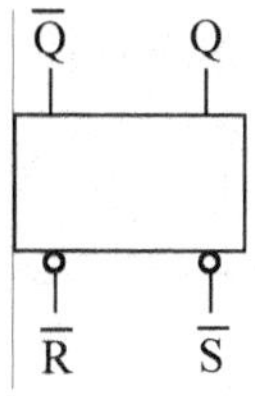 $\overline{Q}$　Q　$\overline{R}$　$\overline{S}$	无时钟输入，触发器状态直接由 S 和 R 的电平控制
由或非门构成的基本 RS 触发器	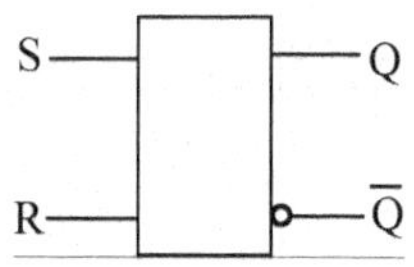 S　R　Q　$\overline{Q}$	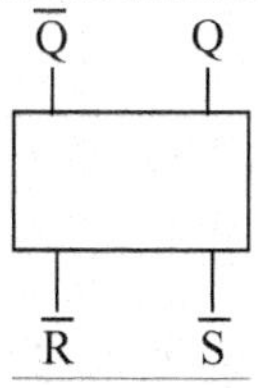 $\overline{Q}$　Q　$\overline{R}$　$\overline{S}$	
TTL 边沿型 JK 触发器	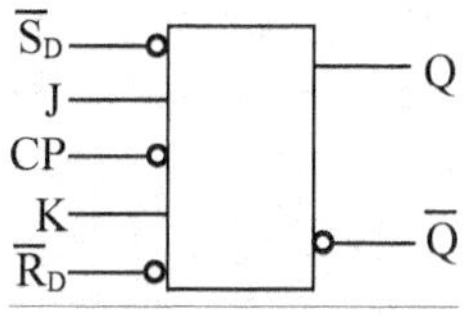 $\overline{S}_D$　J　CP　K　$\overline{R}_D$　Q　$\overline{Q}$	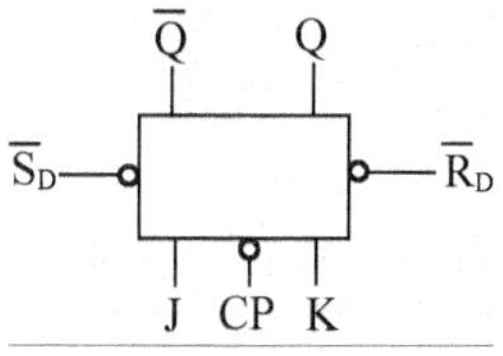 $\overline{Q}$　Q　$\overline{S}_D$　$\overline{R}_D$　J　CP　K	CP 脉冲下降沿
TTL 边沿型 D 触发器	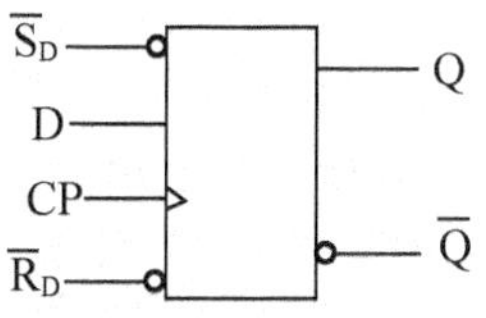 $\overline{S}_D$　D　CP　$\overline{R}_D$　Q　$\overline{Q}$	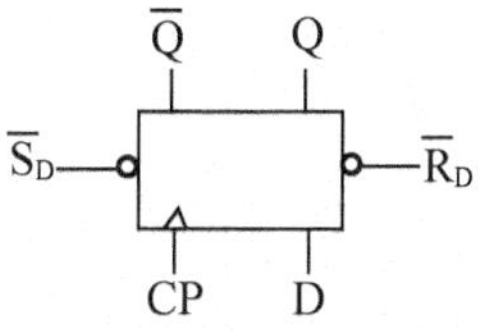 $\overline{Q}$　Q　$\overline{S}_D$　$\overline{R}_D$　CP　D	CP 脉冲上升沿
CMOS 边沿型 JK 触发器	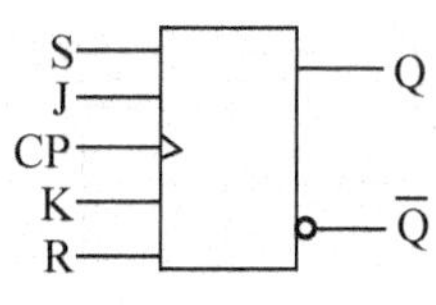 S　J　CP　K　R　Q　$\overline{Q}$	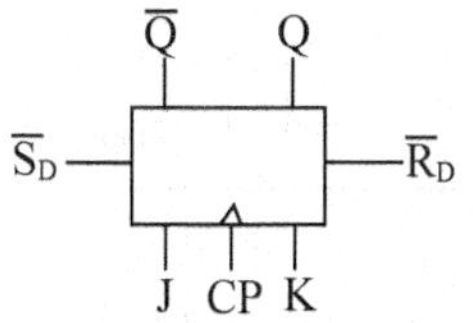 $\overline{Q}$　Q　$\overline{S}_D$　$\overline{R}_D$　J　CP　K	CP 脉冲上升沿
CMOS 边沿型 D 触发器	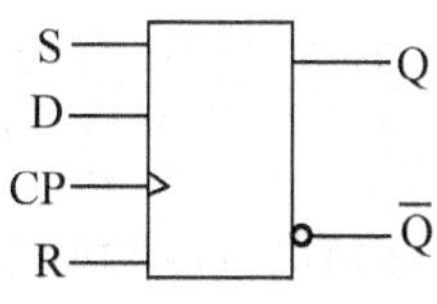 S　D　CP　R　Q　$\overline{Q}$	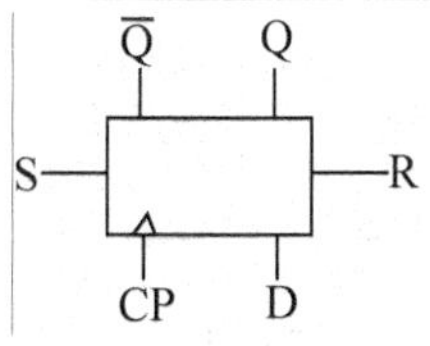 $\overline{Q}$　Q　S　R　CP　D	CP 脉冲上升沿

附录F　部分集成电路引脚排列

一、74LS系列

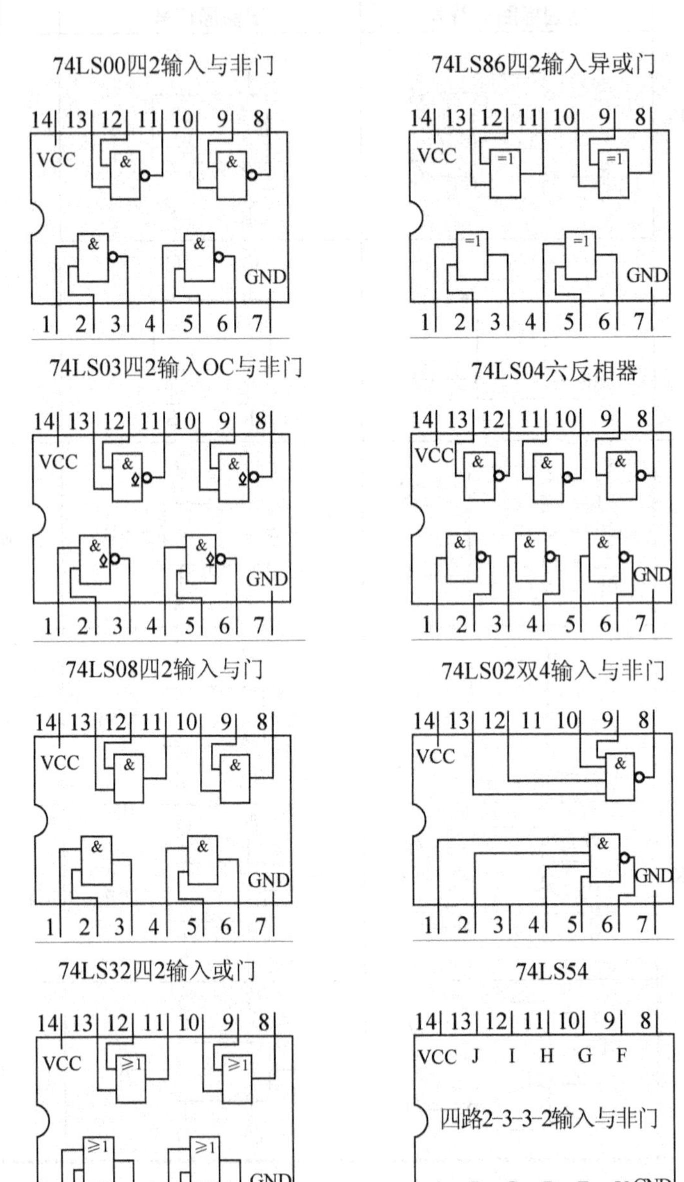

74LS74

双D触发器

14	13	12	11	10	9	8
VCC	$2\overline{R}_D$	2D	2CP	$2\overline{S}_D$	2Q	$2\overline{Q}$
$1\overline{R}_D$	1D	1CP	$1\overline{S}_D$	1Q	$1\overline{Q}$	GND
1	2	3	4	5	6	7

74LS02

四2输入或非门

14	13	12	11	10	9	8
VCC	4Y	4B	4A	3Y	3B	3A
1Y	1A	1B	2Y	2A	2B	GND
1	2	3	4	5	6	7

74LS90

二-五-十进制异步加法计数器

14	13	12	11	10	9	8
CP_1	NC	Q_A	Q_D	GND	Q_B	Q_C
CP_2	$R0_{(1)}$	$R0_{(2)}$	NC	V_{CC}	$S9_{(1)}$	$S9_{(2)}$
1	2	3	4	5	6	7

74LS112

双JK触发器

16	15	14	13	12	11	10	9
VCC	$1\overline{R}_D$	$2\overline{R}_D$	$2\overline{CP}$	2K	2J	$2\overline{S}_D$	2Q
$1\overline{CP}$	1K	1J	$1\overline{S}_D$	1Q	$1\overline{Q}$	$2\overline{Q}$	GND
1	2	3	4	5	6	7	8

74LS125

三态输出四总线缓冲器

14	13	12	11	10	9	8
VCC	$4\overline{E}$	4A	4Y	$3\overline{E}$	3A	3Y
$1\overline{E}$	1A	1Y	$2\overline{E}$	2A	$2\overline{Y}$	GND
1	2	3	4	5	6	7

74LS138

3线-8线译码器

16	15	14	13	12	11	10	9
VCC	$\overline{Y}_0$	$\overline{Y}_1$	$\overline{Y}_2$	$\overline{Y}_3$	$\overline{Y}_4$	$\overline{Y}_5$	$\overline{Y}_6$
A_0	A_1	A_2	$\overline{S}_2$	$\overline{S}_3$	S_1	$\overline{Y}_7$	GND
1	2	3	4	5	6	7	8

74LS151

八选一数据选择器

16	15	14	13	12	11	10	9
VCC	D_4	D_5	D_6	D_7	A_0	A_1	A_2
D_3	D_2	D_1	D_0	Y	$\overline{Y}$	$\overline{G}$	GND
1	2	3	4	5	6	7	8

74LS153

双四选一数据选择器

16	15	14	13	12	11	10	9
VCC	$2\overline{G}$	A_0	$2D_3$	$2D_2$	$2D_1$	$2D_0$	2Y
1G	A_1	$1D_3$	$1D_2$	$1D_1$	$1D_0$	1Y	GND
1	2	3	4	5	6	7	8

74LS175

四D触发器

16	15	14	13	12	11	10	9
VCC	4Q	$4\overline{Q}$	4D	3D	3Q	$3\overline{Q}$	CP
$\overline{CR}$	1Q	$1\overline{Q}$	1D	2D	$2\overline{Q}$	2Q	GND
1	2	3	4	5	6	7	8

74LS192

同步十进制双时钟可逆计数器

16	15	14	13	12	11	10	9
VCC	D_0	CR	$\overline{BO}$	$\overline{CO}$	$\overline{LD}$	D_2	D_3
D_1	Q_1	Q_0	CP_D	CP_U	Q_2	Q_3	GND
1	2	3	4	5	6	7	8

74LS193

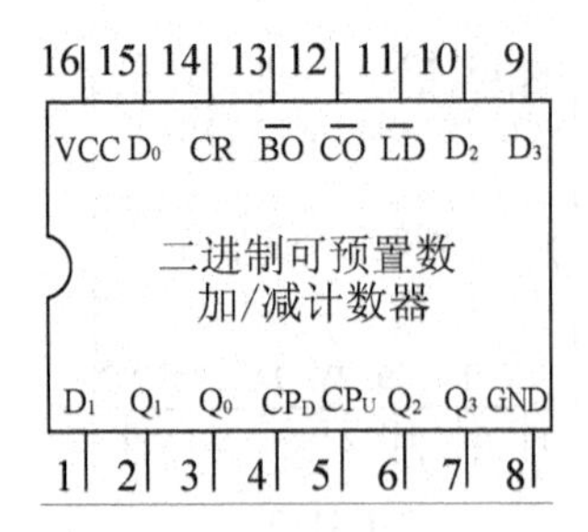

74LS194

16 15 14 13 12 11 10 9
VCC Q_0 Q_1 Q_2 Q_3 CP S_1 S_0
四位双向移位寄存器
$\overline{CR}$ S_R D_0 D_1 D_2 D_3 S_L GND
1 2 3 4 5 6 7 8

ADC0809

1 IN_3 — IN_2 28
2 IN_4 — IN_1 27
3 IN_5 — IN_0 26
4 IN_6 — A_0 25
5 IN_7 — A_1 24
6 START — A_2 23
7 EOC — ALE 22
8 D_3 — D_7 21
9 OE — D_6 20
10 CLOCK — D_5 19
11 V_{CC} — D_4 18
12 $V_{REF(-)}$ — D_0 17
13 GND — $V_{REF(-)}$ 16
14 D_1 — D_2 15
八路八位模数转换器

DAC0832

1 CS — VCC 20
2 WR_1 — ILE 19
3 AGND — WR_2 18
4 D_3 — XEFR 17
5 D_2 — D_4 16
6 D_1 — D_5 15
7 D_0 — D_6 14
8 V_{REF} — D_7 13
9 R_{XB} — I_{OUT2} 12
10 DGND — I_{OUT1} 11
八位数—模转换器

uA741运算放大器

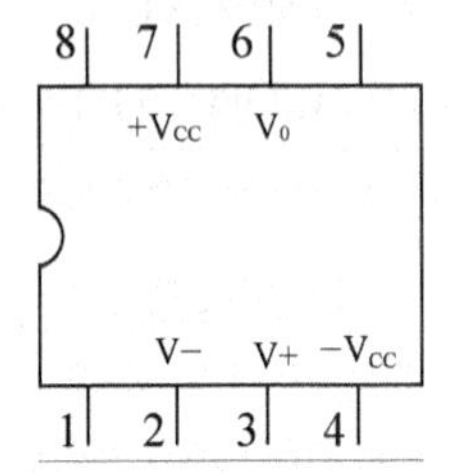

555时基电路

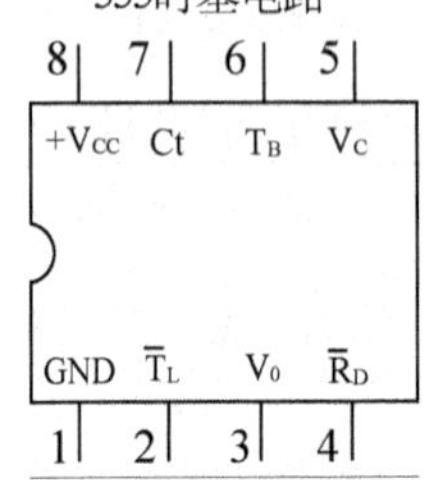

74LS175

16 15 14 13 12 11 10 9
VCC CO Q_0 Q_1 Q_2 Q_3 CT_T $\overline{LD}$
4位二进制同步计数器
$\overline{CK}$ CP D_0 D_1 D_2 D_3 CT_P GND
1 2 3 4 5 6 7 8

74LS148

16 15 14 13 12 11 10 9
VCC Y_S $\overline{Y}_{BX}$ $\overline{IN}_3$ $\overline{IN}_2$ $\overline{IN}_1$ $\overline{IN}_0$ $\overline{Y}_0$
8线-3线优先编码器
$\overline{IN}_4$ $\overline{IN}_5$ $\overline{IN}_6$ $\overline{IN}_7$ $\overline{ST}$ $\overline{Y}_2$ $\overline{Y}_1$ GND
1 2 3 4 5 6 7 8

74LS30

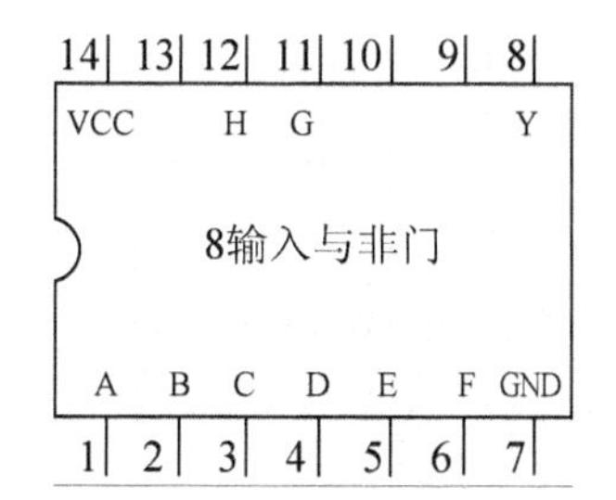

74LS244

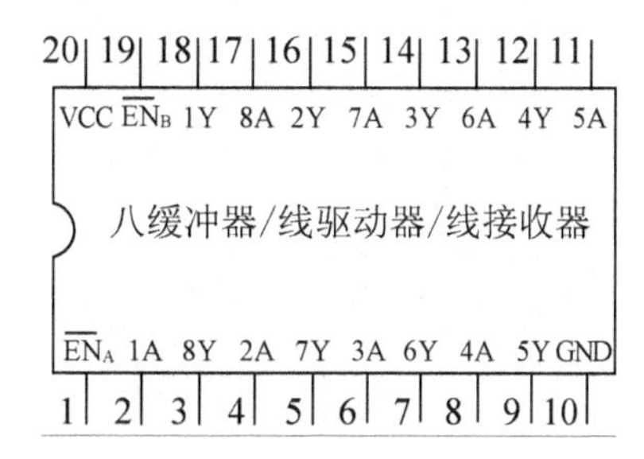

二、CC4000 系列

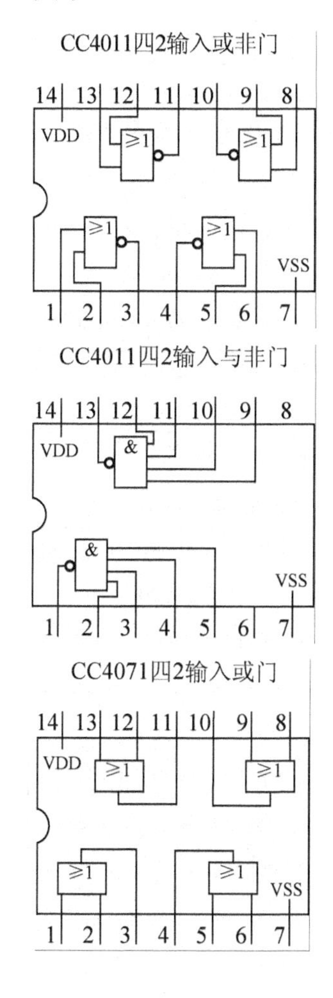

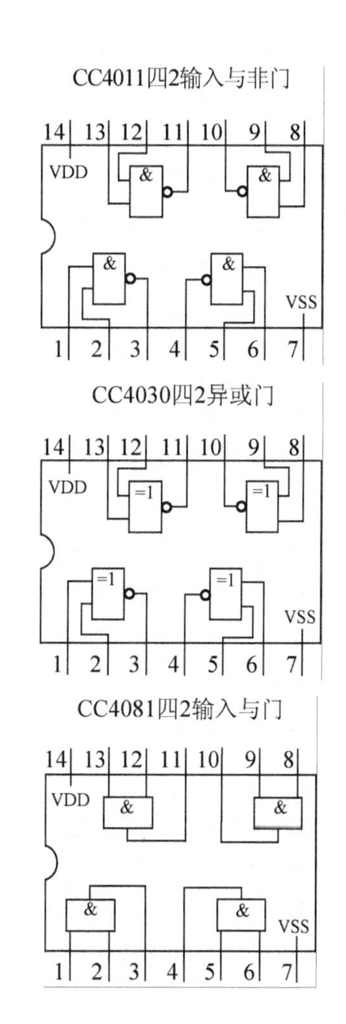

CC4069六反相器

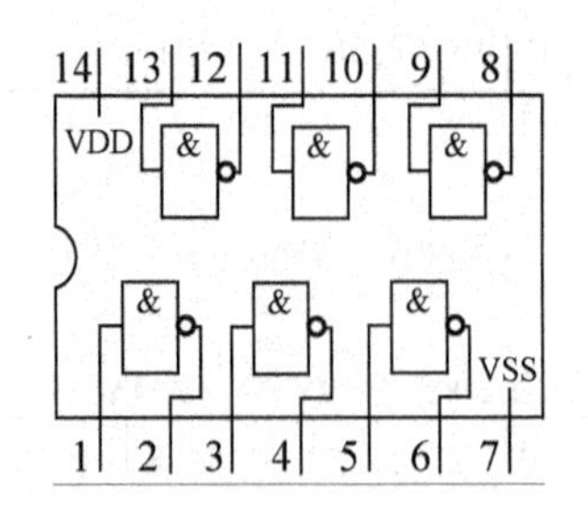

CC40106六施密特触发器

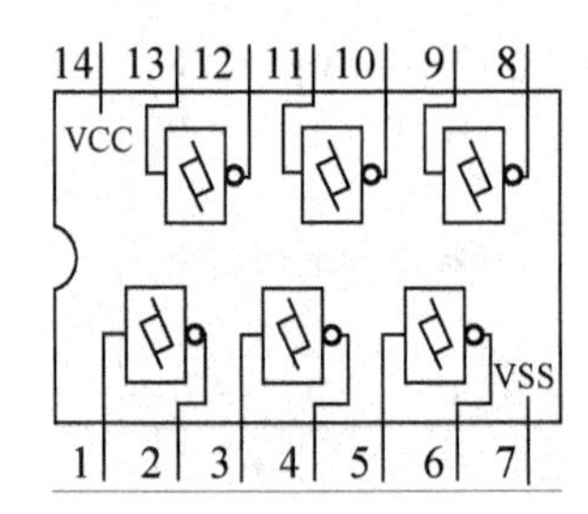

CC4027

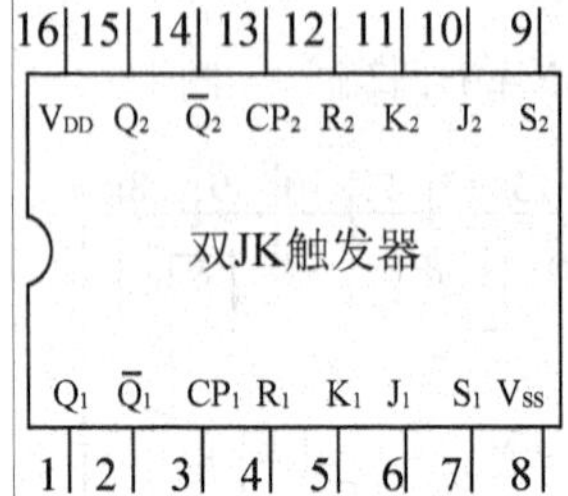

CC4028

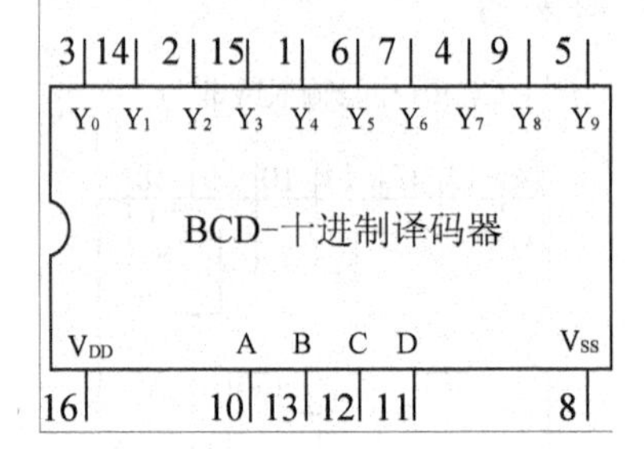

CC4013

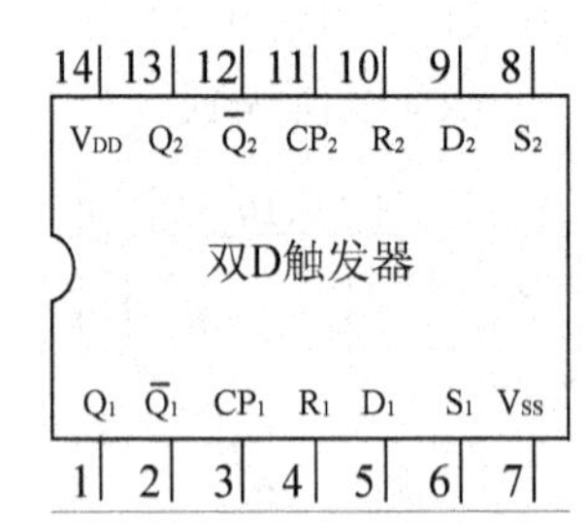

CC4042

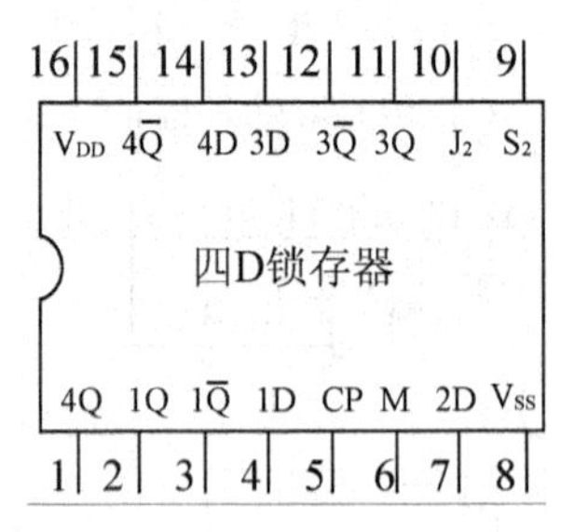

CC4068

CC4020

16 15 14 13 12 11 10 9

V_{DD} Q_{11} Q_{10} Q_8 Q_9 R CP Q_1

14级二进制计数器

Q_{12} Q_{13} Q_{14} Q_6 Q_4 Q_7 Q_5 V_{SS}

1 2 3 4 5 6 7 8

CC4017

3 2 4 7 10 1 5 6 9 11 12

Y_0 Y_1 Y_2 Y_3 Y_4 Y_5 Y_6 Y_7 Y_8 Y_9 CO

十进制计数器/脉冲分配器

V_{DD} CR CP INH V_{SS}

16 15 14 13 8

CC4022

2 1 3 7 11 4 5 10 12

Y_0 Y_1 Y_2 Y_3 Y_4 Y_5 Y_6 Y_7 CO

八进制计数器/脉冲分配器

V_{DD} CR CP INH V_{SS}

16 15 14 13 8

CC4082

14 13 12 11 10 9 8

V_{DD} 2Y 2D 2C 2B 2A

双4输入与门

1Y 1A 1B 1C 1D V_{SS}

1 2 3 4 5 6 7

CC4085

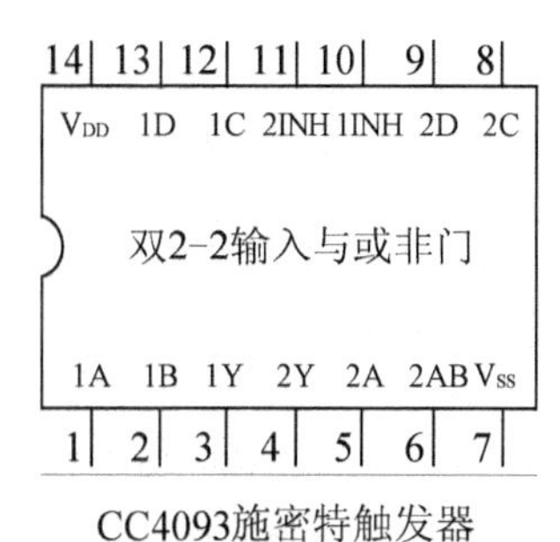

CC4086

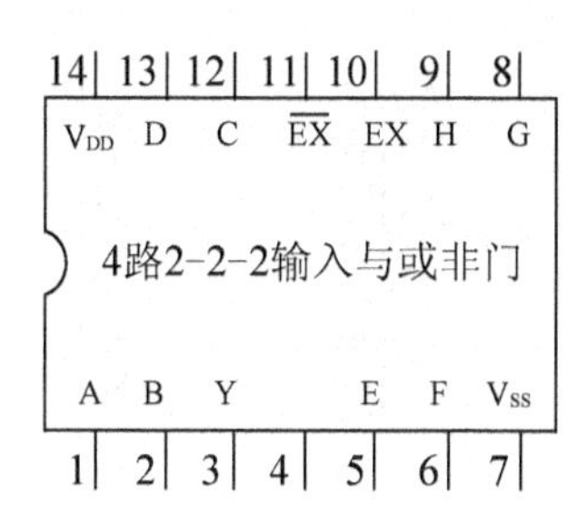

CC4093施密特触发器

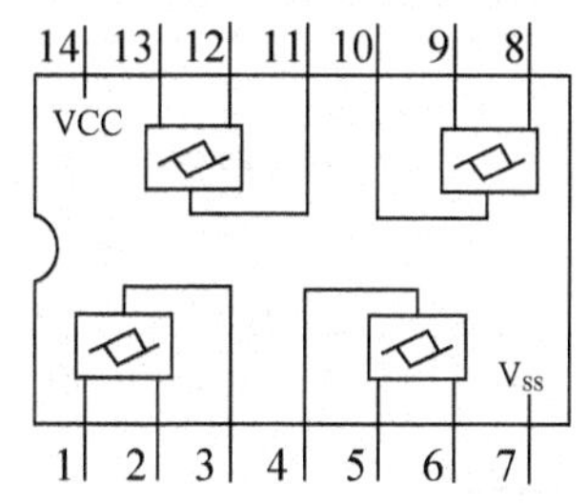

双时钟BCD可预置数
十进制同步加/减计数器

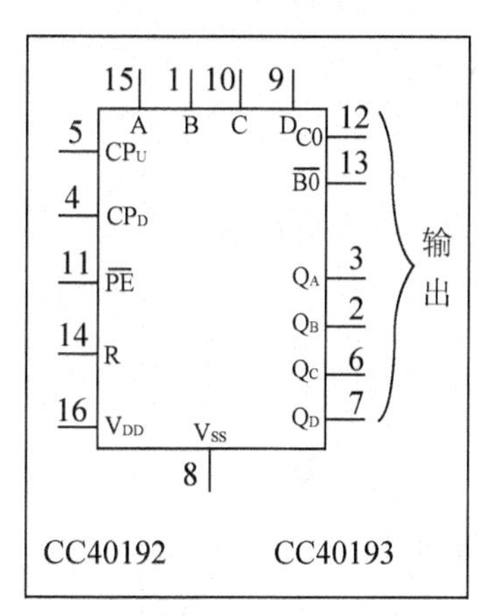

CC14528(CC4098)

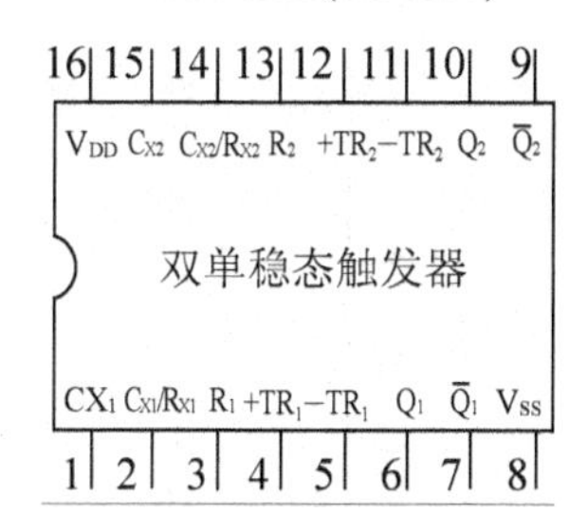

CC4024

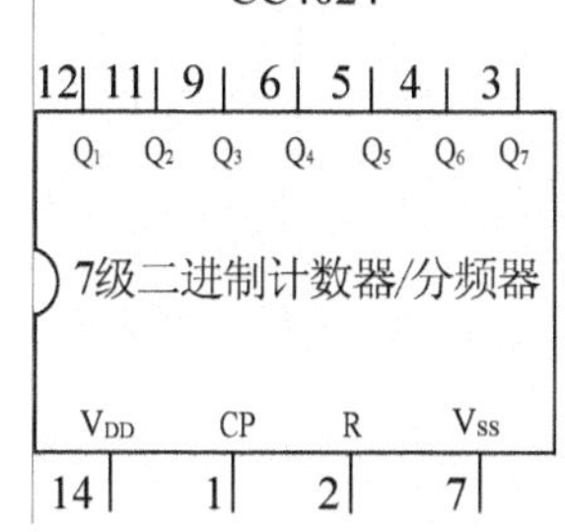

CC40194

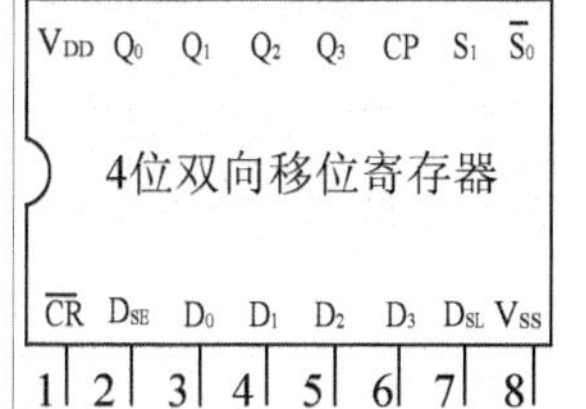

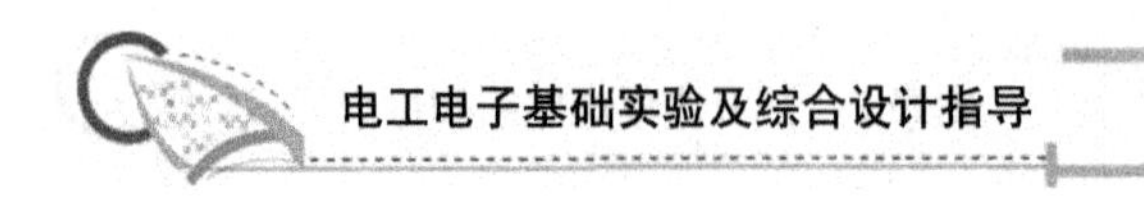

CC7107

引脚	名称	引脚	名称
1	V+	40	OSC_1
2	DU	39	OSC_2
3	cU	38	OSC_3
4	bU	37	TEST
5	aU	36	V_{RBF+}
6	fU	35	V_{RBF-}
7	gU	34	C_{RBF}
8	aU	33	C_{RBF}
9	dU	32	COM
10	cT	31	IN+
11	bT	30	IN−
12	aT	29	AZ
13	fT	28	BUF
14	eT	27	INT
15	dH	26	V−
16	bH	25	GT
17	fH	24	cH
18	eH	23	aH
19	abK	22	gH
20	PM	21	GND

CC14433

三位半双积分模数转换器(A/D)

24	23	22	21	20	19	18	17	16	15	14	13
V_{DD}	Q_3	Q_2	Q_1	Q_0	D_{S1}	D_{S2}	D_{S3}	D_{S4}	$\overline{OR}$	EOC	V_{SS}
V_{AG}	V_R	V_X	R_1	R_1/C_1	C_1	C_{01}	C_{02}	DU	CLK_1	CLK_3	V_{EE}
1	2	3	4	5	6	7	8	9	10	11	12

三、CC4500 系列

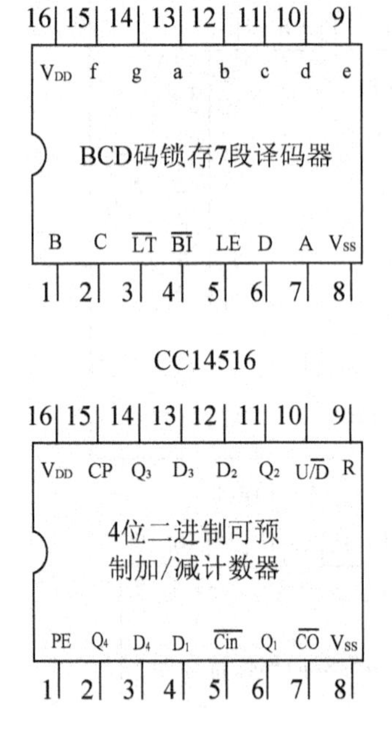

CC4518

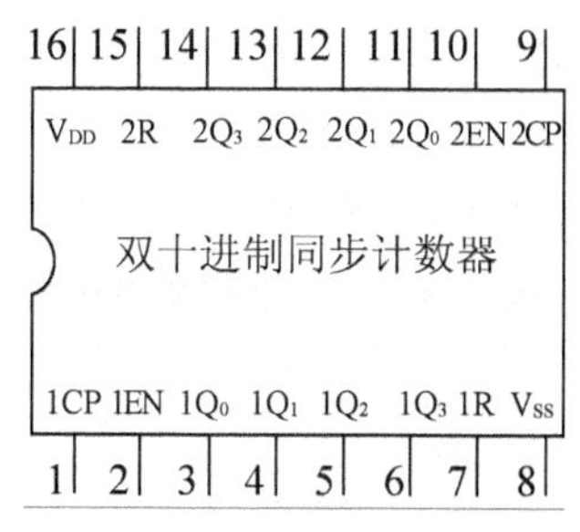

CC4553

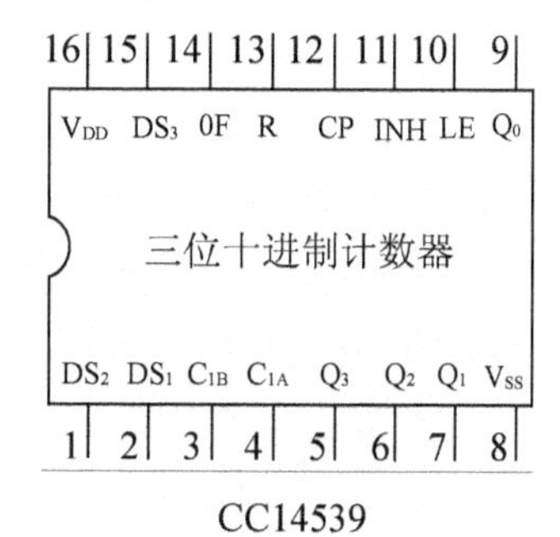

CC14512

CC14539

16 15 14 13 12 11 10 9
VDD 2ST A0 2D3 2D2 2D1 2D0 2Y
双4选1数据选择器
1ST A1 1D2 1D3 1D1 1D0 1Y VSS
1 2 3 4 5 6 7 8

MC1413(ULN2003)
七路NPN达林顿列阵

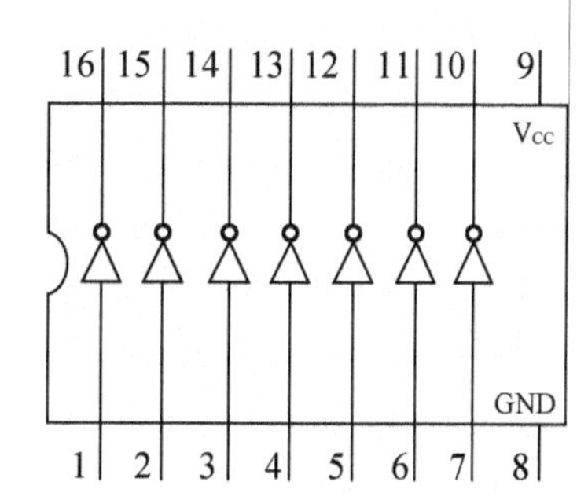

CC3130

调零补偿 1
2 V−
3 V+
4 VSS
运算放大器
8 选通补偿
7 VDD
6 V0
5 调零

MC1403

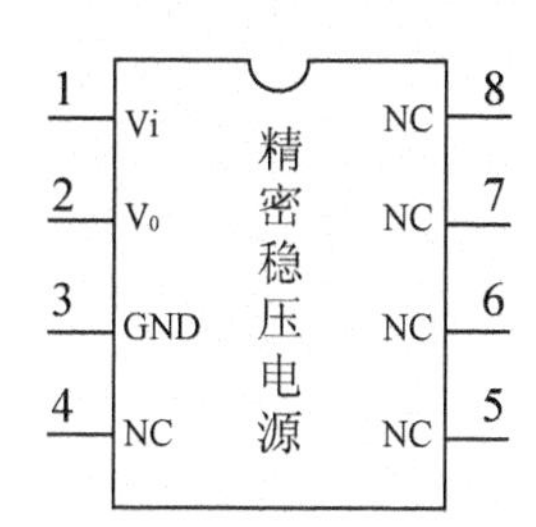

CC4068

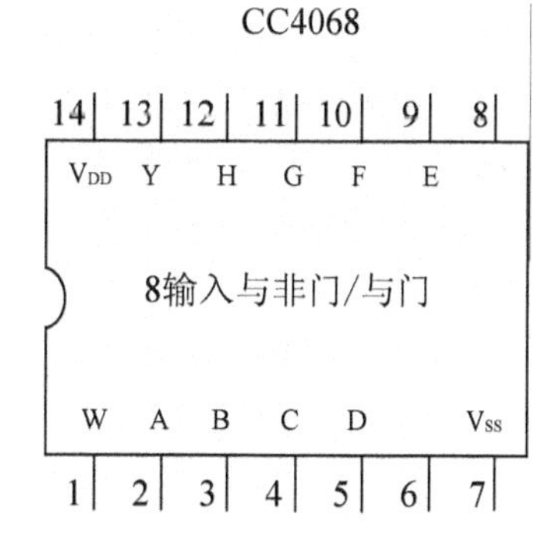

参 考 文 献

[1] 景新幸. 电子电路创新性实验指导[M]. 北京：高等教育出版社，2011.

[2] 方路线，崔士杰. 电路理论与电子技术实验教程[M]. 武汉：华中师范大学出版社，2012.

[3] 张林行. 数字电路实验指导书[M]. 长春：吉林大学出版社，2011.

[4] 高艳萍. 电工电子实验指导[M]. 北京：中国电力出版社，2011.

[5] 廖英杰，许勤. 电工电子实验指导[M]. 北京：中国电力出版社，2011.

[6] 任坤. 电工电子实验指导[M]. 北京：北京工业大学出版社，2011.

[7] 胡仁杰. 电工电子创新实验[M]. 北京：高等教育出版社，2010.

[8] 吴兴华. 电工电子技术基础实验指导[M]. 天津：天津大学出版社，2009.

北京大学出版社本科计算机系列实用规划教材

序号	标准书号	书　名	主　编	定价	序号	标准书号	书　名	主　编	定价
1	7-301-10511-5	离散数学	段禅伦	28	38	7-301-13684-3	单片机原理及应用	王新颖	25
2	7-301-10457-X	线性代数	陈付贵	20	39	7-301-14505-0	Visual C++程序设计案例教程	张荣梅	30
3	7-301-10510-X	概率论与数理统计	陈荣江	26	40	7-301-14259-2	多媒体技术应用案例教程	李　建	30
4	7-301-10503-0	Visual Basic 程序设计	闵联营	22	41	7-301-14503-6	ASP .NET 动态网页设计案例教程(Visual Basic .NET 版)	江　红	35
5	7-301-21752-8	多媒体技术及其应用(第 2 版)	张　明	39	42	7-301-14504-3	C++面向对象与 Visual C++程序设计案例教程	黄贤英	35
6	7-301-10466-8	C++程序设计	刘天印	33	43	7-301-14506-7	Photoshop CS3 案例教程	李建芳	34
7	7-301-10467-5	C++程序设计实验指导与习题解答	李　兰	20	44	7-301-14510-4	C++程序设计基础案例教程	于永彦	33
8	7-301-10505-4	Visual C++程序设计教程与上机指导	高志伟	25	45	7-301-14942-3	ASP .NET 网络应用案例教程(C# .NET 版)	张登辉	33
9	7-301-10462-0	XML 实用教程	丁跃潮	26	46	7-301-12377-5	计算机硬件技术基础	石　磊	26
10	7-301-10463-7	计算机网络系统集成	斯桃枝	22	47	7-301-15208-9	计算机组成原理	娄国焕	24
11	7-301-22437-3	单片机原理及应用教程(第 2 版)	范立南	43	48	7-301-15463-2	网页设计与制作案例教程	房爱莲	36
12	7-5038-4421-3	ASP .NET 网络编程实用教程(C#版)	崔良海	31	49	7-301-04852-8	线性代数	姚喜妍	22
13	7-5038-4427-2	C 语言程序设计	赵建锋	25	50	7-301-15461-8	计算机网络技术	陈代武	33
14	7-5038-4420-5	Delphi 程序设计基础教程	张世明	37	51	7-301-15697-1	计算机辅助设计二次开发案例教程	谢安俊	26
15	7-5038-4417-5	SQL Server 数据库设计与管理	姜　力	31	52	7-301-15740-4	Visual C# 程序开发案例教程	韩朝阳	30
16	7-5038-4424-9	大学计算机基础	贾丽娟	34	53	7-301-16597-3	Visual C++程序设计实用案例教程	于永彦	32
17	7-5038-4430-0	计算机科学与技术导论	王昆仑	30	54	7-301-16850-9	Java 程序设计案例教程	胡巧多	32
18	7-5038-4418-3	计算机网络应用实例教程	魏　峥	25	55	7-301-16842-4	数据库原理与应用(SQL Server 版)	毛一梅	36
19	7-5038-4415-9	面向对象程序设计	冷英男	28	56	7-301-16910-0	计算机网络技术基础与应用	马秀峰	33
20	7-5038-4429-4	软件工程	赵春刚	22	57	7-301-15063-4	计算机网络基础与应用	刘远生	32
21	7-5038-4431-0	数据结构(C++版)	秦　锋	28	58	7-301-15250-8	汇编语言程序设计	张光长	28
22	7-5038-4423-2	微机应用基础	吕晓燕	33	59	7-301-15064-1	网络安全技术	骆耀祖	30
23	7-5038-4426-4	微型计算机原理与接口技术	刘彦文	26	60	7-301-15584-4	数据结构与算法	佟伟光	32
24	7-5038-4425-6	办公自动化教程	钱　俊	30	61	7-301-17087-8	操作系统实用教程	范立南	36
25	7-5038-4419-1	Java 语言程序设计实用教程	董迎红	33	62	7-301-16631-4	Visual Basic 2008 程序设计教程	隋晓红	34
26	7-5038-4428-0	计算机图形技术	龚声蓉	28	63	7-301-17537-8	C 语言基础案例教程	汪新民	31
27	7-301-11501-5	计算机软件技术基础	高　巍	25	64	7-301-17397-8	C++程序设计基础教程	郗亚辉	30
28	7-301-11500-8	计算机组装与维护实用教程	崔明远	33	65	7-301-17578-1	图论算法理论、实现及应用	王桂平	54
29	7-301-12174-0	Visual FoxPro 实用教程	马秀峰	29	66	7-301-17964-2	PHP 动态网页设计与制作案例教程	房爱莲	42
30	7-301-11500-8	管理信息系统实用教程	杨月江	27	67	7-301-18514-8	多媒体开发与编程	于永彦	35
31	7-301-11445-2	Photoshop CS 实用教程	张　瑾	28	68	7-301-18538-4	实用计算方法	徐亚平	24
32	7-301-12378-2	ASP .NET 课程设计指导	潘志红	35	69	7-301-18539-1	Visual FoxPro 数据库设计案例教程	谭红杨	35
33	7-301-12394-2	C# .NET 课程设计指导	龚自霞	32	70	7-301-19313-6	Java 程序设计案例教程与实训	董迎红	45
34	7-301-13259-3	VisualBasic .NET 课程设计指导	潘志红	30	71	7-301-19389-1	Visual FoxPro 实用教程与上机指导（第 2 版）	马秀峰	40
35	7-301-12371-3	网络工程实用教程	汪新民	34	72	7-301-19435-5	计算方法	尹景本	28
36	7-301-14132-8	J2EE 课程设计指导	王立丰	32	73	7-301-19388-4	Java 程序设计教程	张剑飞	35
37	7-301-21088-8	计算机专业英语(第 2 版)	张　勇	42	74	7-301-19386-0	计算机图形技术(第 2 版)	许承东	44

序号	标准书号	书　名	主　编	定价	序号	标准书号	书　名	主　编	定价
75	7-301-15689-6	Photoshop CS5 案例教程(第 2 版)	李建芳	39	85	7-301-20328-6	ASP. NET 动态网页案例教程(C#.NET 版)	江　红	45
76	7-301-18395-3	概率论与数理统计	姚喜妍	29	86	7-301-16528-7	C#程序设计	胡艳菊	40
77	7-301-19980-0	3ds Max 2011 案例教程	李建芳	44	87	7-301-21271-4	C#面向对象程序设计及实践教程	唐　燕	45
78	7-301-20052-0	数据结构与算法应用实践教程	李文书	36	88	7-301-21295-0	计算机专业英语	吴丽君	34
79	7-301-12375-1	汇编语言程序设计	张宝剑	36	89	7-301-21341-4	计算机组成与结构教程	姚玉霞	42
80	7-301-20523-5	Visual C++程序设计教程与上机指导(第 2 版)	牛江川	40	90	7-301-21367-4	计算机组成与结构实验实训教程	姚玉霞	22
81	7-301-20630-0	C#程序开发案例教程	李挥剑	39	91	7-301-22119-8	UML 实用基础教程	赵春刚	36
82	7-301-20898-4	SQL Server 2008 数据库应用案例教程	钱哨	38	92	7-301-22965-1	数据结构(C 语言版)	陈超祥	32
83	7-301-21052-9	ASP.NET 程序设计与开发	张绍兵	39	93	7-301-23122-7	算法分析与设计教程	秦　明	29
84	7-301-16824-0	软件测试案例教程	丁宋涛	28					

北京大学出版社电气信息类教材书目(已出版)
欢迎选订

序号	标准书号	书　名	主　编	定价	序号	标准书号	书　名	主　编	定价
1	7-301-10759-1	DSP 技术及应用	吴冬梅	26	38	7-5038-4400-3	工厂供配电	王玉华	34
2	7-301-10760-7	单片机原理与应用技术	魏立峰	25	39	7-5038-4410-2	控制系统仿真	郑恩让	26
3	7-301-10765-2	电工学	蒋　中	29	40	7-5038-4398-3	数字电子技术	李　元	27
4	7-301-19183-5	电工与电子技术(上册)(第2版)	吴舒辞	30	41	7-5038-4412-6	现代控制理论	刘永信	22
5	7-301-19229-0	电工与电子技术(下册)(第2版)	徐卓农	32	42	7-5038-4401-0	自动化仪表	齐志才	27
6	7-301-10699-0	电子工艺实习	周春阳	19	43	7-5038-4408-9	自动化专业英语	李国厚	32
7	7-301-10744-7	电子工艺学教程	张立毅	32	44	7-301-23081-7	集散控制系统(第 2 版)	刘翠玲	36
8	7-301-10915-6	电子线路 CAD	吕建平	34	45	7-301-19174-3	传感器基础(第 2 版)	赵玉刚	32
9	7-301-10764-1	数据通信技术教程	吴延海	29	46	7-5038-4396-9	自动控制原理	潘　丰	32
10	7-301-18784-5	数字信号处理(第 2 版)	阎　毅	32	47	7-301-10512-2	现代控制理论基础(国家级十一五规划教材)	侯媛彬	20
11	7-301-18889-7	现代交换技术(第 2 版)	姚　军	36	48	7-301-11151-2	电路基础学习指导与典型题解	公茂法	32
12	7-301-10761-4	信号与系统	华　容	33	49	7-301-12326-3	过程控制与自动化仪表	张井岗	36
13	7-301-19318-1	信息与通信工程专业英语（第 2 版）	韩定定	32	50	7-301-23271-2	计算机控制系统(第 2 版)	徐文尚	48
14	7-301-10757-7	自动控制原理	袁德成	29	51	7-5038-4414-0	微机原理及接口技术	赵志诚	38
15	7-301-16520-1	高频电子线路(第 2 版)	宋树祥	35	52	7-301-10465-1	单片机原理及应用教程	范立南	30
16	7-301-11507-7	微机原理与接口技术	陈光军	34	53	7-5038-4426-4	微型计算机原理与接口技术	刘彦文	26
17	7-301-11442-1	MATLAB 基础及其应用教程	周开利	24	54	7-301-12562-5	嵌入式基础实践教程	杨　刚	30
18	7-301-11508-4	计算机网络	郭银景	31	55	7-301-12530-4	嵌入式 ARM 系统原理与实例开发	杨宗德	25
19	7-301-12178-8	通信原理	隋晓红	32	56	7-301-13676-8	单片机原理与应用及 C51 程序设计	唐　颖	30
20	7-301-12175-7	电子系统综合设计	郭　勇	25	57	7-301-13577-8	电力电子技术及应用	张润和	38
21	7-301-11503-9	EDA 技术基础	赵明富	22	58	7-301-20508-2	电磁场与电磁波（第 2 版）	邬春明	30
22	7-301-12176-4	数字图像处理	曹茂永	23	59	7-301-12179-5	电路分析	王艳红	38
23	7-301-12177-1	现代通信系统	李白萍	27	60	7-301-12380-5	电子测量与传感技术	杨　雷	35
24	7-301-12340-9	模拟电子技术	陆秀令	28	61	7-301-14461-9	高电压技术	马永翔	28
25	7-301-13121-3	模拟电子技术实验教程	谭海曙	24	62	7-301-14472-5	生物医学数据分析及其 MATLAB 实现	尚志刚	25
26	7-301-11502-2	移动通信	郭俊强	22	63	7-301-14460-2	电力系统分析	曹　娜	35
27	7-301-11504-6	数字电子技术	梅开乡	30	64	7-301-14459-6	DSP 技术与应用基础	俞一彪	34
28	7-301-18860-6	运筹学(第 2 版)	吴亚丽	28	65	7-301-14994-2	综合布线系统基础教程	吴达金	24
29	7-5038-4407-2	传感器与检测技术	祝诗平	30	66	7-301-15168-6	信号处理 MATLAB 实验教程	李　杰	20
30	7-5038-4413-3	单片机原理及应用	刘　刚	24	67	7-301-15440-3	电工电子实验教程	魏　伟	26
31	7-5038-4409-6	电机与拖动	杨天明	27	68	7-301-15445-8	检测与控制实验教程	魏　伟	24
32	7-5038-4411-9	电力电子技术	樊立萍	25	69	7-301-04595-4	电路与模拟电子技术	张绪光	35
33	7-5038-4399-0	电力市场原理与实践	邹　斌	24	70	7-301-15458-8	信号、系统与控制理论(上、下册)	邱德润	70
34	7-5038-4405-8	电力系统继电保护	马永翔	27	71	7-301-15786-2	通信网的信令系统	张云麟	24
35	7-5038-4397-6	电力系统自动化	孟祥忠	25	72	7-301-16493-8	发电厂变电所电气部分	马永翔	35
36	7-5038-4404-1	电气控制技术	韩顺杰	22	73	7-301-16076-3	数字信号处理	王震宇	32
37	7-5038-4403-4	电器与 PLC 控制技术	陈志新	38	74	7-301-16931-5	微机原理及接口技术	肖洪兵	32

序号	标准书号	书 名	主 编	定价	序号	标准书号	书 名	主 编	定价
75	7-301-16932-2	数字电子技术	刘金华	30	113	7-301-20918-9	Mathcad 在信号与系统中的应用	郭仁春	30
76	7-301-16933-9	自动控制原理	丁 红	32	114	7-301-20327-9	电工学实验教程	王士军	34
77	7-301-17540-8	单片机原理及应用教程	周广兴	40	115	7-301-16367-2	供配电技术	王玉华	49
78	7-301-17614-6	微机原理及接口技术实验指导书	李干林	22	116	7-301-20351-4	电路与模拟电子技术实验指导书	唐 颖	26
79	7-301-12379-9	光纤通信	卢志茂	28	117	7-301-21247-9	MATLAB 基础与应用教程	王月明	32
80	7-301-17382-4	离散信息论基础	范九伦	25	118	7-301-21235-6	集成电路版图设计	陆学斌	36
81	7-301-17677-1	新能源与分布式发电技术	朱永强	32	119	7-301-21304-9	数字电子技术	秦长海	49
82	7-301-17683-2	光纤通信	李丽君	26	120	7-301-21366-7	电力系统继电保护(第 2 版)	马永翔	42
83	7-301-17700-6	模拟电子技术	张绪光	36	121	7-301-21450-3	模拟电子与数字逻辑	邬春明	39
84	7-301-17318-3	ARM 嵌入式系统基础与开发教程	丁文龙	36	122	7-301-21439-8	物联网概论	王金甫	42
85	7-301-17797-6	PLC 原理及应用	缪志农	26	123	7-301-21849-5	微波技术基础及其应用	李泽民	49
86	7-301-17986-4	数字信号处理	王玉德	32	124	7-301-21688-0	电子信息与通信工程专业英语	孙桂芝	36
87	7-301-18131-7	集散控制系统	周荣富	36	125	7-301-22110-5	传感器技术及应用电路项目化教程	钱裕禄	30
88	7-301-18285-7	电子线路 CAD	周荣富	41	126	7-301-21672-9	单片机系统设计与实例开发（MSP430）	顾 涛	44
89	7-301-16739-7	MATLAB 基础及应用	李国朝	39	127	7-301-22112-9	自动控制原理	许丽佳	30
90	7-301-18352-6	信息论与编码	隋晓红	24	128	7-301-22109-9	DSP 技术及应用	董 胜	39
91	7-301-18260-4	控制电机与特种电机及其控制系统	孙冠群	42	129	7-301-21607-1	数字图像处理算法及应用	李文书	48
92	7-301-18493-6	电工技术	张 莉	26	130	7-301-22111-2	平板显示技术基础	王丽娟	52
93	7-301-18496-7	现代电子系统设计教程	宋晓梅	36	131	7-301-22448-9	自动控制原理	谭功全	44
94	7-301-18672-5	太阳能电池原理与应用	靳瑞敏	25	132	7-301-22474-8	电子电路基础实验与课程设计	武 林	36
95	7-301-18314-4	通信电子线路及仿真设计	王鲜芳	29	133	7-301-22484-7	电文化——电气信息学科概论	高 心	30
96	7-301-19175-0	单片机原理与接口技术	李 升	46	134	7-301-22436-6	物联网技术案例教程	崔逊学	40
97	7-301-19320-4	移动通信	刘维超	39	135	7-301-22598-1	实用数字电子技术	钱裕禄	30
98	7-301-19447-8	电气信息类专业英语	缪志农	40	136	7-301-22529-5	PLC 技术与应用(西门子版)	丁金婷	32
99	7-301-19451-5	嵌入式系统设计及应用	邢吉生	44	137	7-301-22386-4	自动控制原理	佟 威	30
100	7-301-19452-2	电子信息类专业 MATLAB 实验教程	李明明	42	138	7-301-22528-8	通信原理实验与课程设计	邬春明	34
101	7-301-16914-8	物理光学理论与应用	宋贵才	32	139	7-301-22582-0	信号与系统	许丽佳	38
102	7-301-16598-0	综合布线系统管理教程	吴达金	39	140	7-301-22447-2	嵌入式系统基础实践教程	韩 磊	35
103	7-301-20394-1	物联网基础与应用	李蔚田	44	141	7-301-22776-3	信号与线性系统	朱明旱	33
104	7-301-20339-2	数字图像处理	李云红	36	142	7-301-22872-2	电机、拖动与控制	万芳瑛	34
105	7-301-20340-8	信号与系统	李云红	29	143	7-301-22882-1	MCS-51 单片机原理及应用	黄翠翠	34
106	7-301-20505-1	电路分析基础	吴舒辞	38	144	7-301-22936-1	自动控制原理	邢春芳	39
107	7-301-22447-2	嵌入式系统基础实践教程	韩 磊	35	145	7-301-22920-0	电气信息工程专业英语	余兴波	26
108	7-301-20506-8	编码调制技术	黄 平	26	146	7-301-22919-4	信号分析与处理	李会容	39
109	7-301-20763-5	网络工程与管理	谢 慧	39	147	7-301-22385-7	家居物联网技术开发与实践	付 蔚	39
110	7-301-20845-8	单片机原理与接口技术实验与课程设计	徐懂理	26	148	7-301-23124-1	模拟电子技术学习指导及习题精选	姚娅川	30
111	301-20725-3	模拟电子线路	宋树祥	38	149	7-301-23022-0	MATLAB 基础及实验教程	杨成慧	36
112	7-301-21058-1	单片机原理与应用及其实验指导书	邵发森	44	150	7-301-23221-7	电工电子基础实验及综合设计指导	盛桂珍	32

相关教学资源如电子课件、电子教材、习题答案等可以登录 www.pup6.com 下载或在线阅读。

扑六知识网(www.pup6.com)有海量的相关教学资源和电子教材供阅读及下载(包括北京大学出版社第六事业部的相关资源)，同时欢迎您将教学课件、视频、教案、素材、习题、试卷、辅导材料、课改成果、设计作品、论文等教学资源上传到 pup6.com，与全国高校师生分享您的教学成就与经验，并可自由设定价格，知识也能创造财富。具体情况请登录网站查询。

如您需要免费纸质样书用于教学，欢迎登陆第六事业部门户网(www.pup6.com)填表申请，并欢迎在线登记选题以到北京大学出版社来出版您的大作，也可下载相关表格填写后发到我们的邮箱，我们将及时与您取得联系并做好全方位的服务。

扑六知识网将打造成全国最大的教育资源共享平台，欢迎您的加入——让知识有价值，让教学无界限，让学习更轻松。